Urbanisation et espaces périurbains en Afrique subsaharienne

Aristide YEMMAFOUO

Urbanisation et espaces périurbains en Afrique subsaharienne

Pratiques à l'Ouest-Cameroun

Préface de Martin Kuete

Postface de Laurien Uwizeyimana

L'Harmattan

Images de couverture d'A. Yemmafouo, août 2009 et novembre 2003. Il s'agit d'une illustration de l'urbanisation et de la périurbanisation à Bagangté, Dschang et Mbouda.Le plan de lotissement a été obtenu au cadastre de Mbouda en 2004 lors de nos enquêtes et redessiné par A. Yemmafouo en 2006.

5-7, rue de l'Ecole-Polytechnique, 75005 Paris

http://www.librairieharmattan.com
diffusion.harmattan@wanadoo.fr
harmattan1@wanadoo.fr

ISBN : 978-2-336-009325-4
EAN : 9782336009254

Préface

Les hautes terres de l'ouest du Cameroun ont été de tout temps l'objet de grands enjeux. Mais c'est surtout la campagne qui se trouvait au-devant de la scène. Il a fallu attendre l'accession à l'indépendance du pays pour voir les villes émerger réellement et dépendre moins des lois de la vie au village. Dès les années 1930, la sortie de certaines denrées alimentaires comme le maïs, le haricot de la région est très contrôlée, voire interdite. En effet, les administrateurs coloniaux redoutent la famine dans une région considérée comme surpeuplée. Les densités de population qui varient alors entre 30 et 50 habitants/km^2 inquiètent. Aujourd'hui, avec des densités dix fois plus, la menace est encore plus forte. Il est vrai que l'espace disponible s'est émietté par les jeux de succession ; l'habitat s'est densifié et les estimations les plus optimistes pensent que, dans nombre de villages, la superficie qui revient à chaque habitant ne dépasse pas celle d'un terrain de football (Yemmafouo, 2000). Depuis l'indépendance, des situations diverses ont catalysé la naissance et le développement de petites et moyennes villes dont le destin ne dépendait plus uniquement de l'économie de l'arabica. Elles ont sécrété leurs propres enjeux. La question de l'espace constructible se pose avec une grande acuité. Avoir un lopin de terrain dans le centre urbain relève alors d'un exploit.

Les mutations s'opèrent, insensibles, mais de manière irréversible, alors que les idées, parfois bâties sur des a priori se maintiennent et se transmettent dans le sens du surpeuplement et des conséquences qui en découlent. Les changements vont aujourd'hui dans le sens de la décompression et non plus de la pression croissante sur l'espace. En effet, pour qui suit les évolutions dans les espaces ruraux, il est aisé de constater le renoncement à la terre-patrimoine, outil de production auquel chaque natif a droit. Les générations animées par cette conviction s'étiolent et s'éteignent progressivement. Et, le village n'est plus uniquement le territoire des agriculteurs. Le nombre des gens pour qui la terre ne représente pas grand-chose augmentent. Ceux qui observent une certaine neutralité vis-à-vis d'elle deviennent aussi nombreux.

La sociologie de la ville se recompose au moins de deux manières. Soit, par un centre ville où se concentrent les classes aisées ou moyennes par le jeu de la modernisation grâce à de plans de structuration ; soit on assiste à la mise en place progressive d'une ville hybride, où la misère des anciens occupants (aujourd'hui incapables, dans leur immense majorité, d'innover et de suivre le rythme d'évolution qu'exige la ville moderne) accueille et jouxte des constructions d'un luxe parfois agressif. Quoi qu'il en soit, la tendance générale est au déplacement des moins aisés du centre de la ville vers la périphérie.

La périphérie des villes est devenue la zone de convergence de tous les maux dont souffraient les hautes terres et auxquels il faut ajouter ceux spécifiques à une zone d'interface. Dans un tel contexte, on apprécie à sa juste valeur, la pertinence et l'importance de ce document. Il est le fruit que nous offre un jeune enseignant-chercheur qui se spécialise résolument dans les questions foncières. Le champ d'investigation est le périurbain : domaine resté peu exploré, du moins dans le contexte camerounais. On avait jusque-là, dit-il, le sentiment que ces spécialités étaient la chasse gardée de l'Occident. En plaçant le périurbain au centre de sa problématique, du moins dans son orientation actuelle, l'auteur fait œuvre de pionnier. Il est convaincu que nous ne devons plus concevoir les villes sans prendre en compte le fait périurbain. Aujourd'hui, il est évident que le périurbain est un tiers espace que personne n'avait prévu entre la ville et la campagne, le rural et l'urbain. Les citadins du monde déconstruisent le modèle de ville que nous connaissions, de l'époque gréco-romaine à la colonisation de l'Afrique subsaharienne en passant par la révolution industrielle. On peut alors s'interroger sur ce qui arrive aux citadins. Ne veulent-ils plus vivre en ville mais autour de celle-ci et se soumettre au mouvement pendulaire que leur impose quotidiennement le rythme de travail ? En réalité, s'agit-il d'un choix raisonné ou forcé ? Faut-il reconceptualiser la ville ?

Où se trouve l'Afrique subsaharienne dans cette dynamique ? Le mérite d'Aristide Yemmafouo est d'avoir mis en relief ce qui fait la spécificité de notre périurbain, c'est-à-dire le foncier. La terre, plus que le développement des transports ou l'accessibilité, rythme les processus périurbains. Accéder à la terre pour se construire un logement fait partie de la socialisation, du niveau de réussite du Bamiléké d'abord, de l'acte d'intégration à la ville ensuite. L'autoproduction du logement qui caractérise nos villes ouvre justement la voie à toutes les formes de négociations foncières. Puisqu'elles ne peuvent grandir en hauteur parce que nous n'avons pas les moyens, elles sont condamnées à s'étendre latéralement et de manière discontinue dans l'espace rural selon l'offre foncière.

Le choix de faire sa démonstration à partir des villes de l'Ouest-Cameroun qui, à dire vrai, ne sont pas de grandes villes, peut étonner à première vue. Mais à la réflexion, on s'aperçoit que les réalités péri-foncières y sont aussi poignantes qu'à Douala ou à Yaoundé. La réalité est que ce sont pratiquement les mêmes acteurs qui sont en œuvre aussi bien sur le littoral, l'hinterland que dans la montagne. À l'Ouest, les enjeux fonciers sont renforcés par des fortes densités de population, mais surtout par le fait que ces acteurs partagent les mêmes valeurs, les mêmes représentations de la terre : patrimoine inaliénable, lieu où reposent les crânes des ancêtres et le nombril des natifs. Elle est alors difficilement cessible. On comprend pourquoi le phagocytage de l'espace rural par la ville se fait dans la douleur et dans les conflits.

Les paysages périurbains devraient naturellement être spontanés et anarchiques puisque la périurbanisation se fait sans une canalisation des pouvoirs publics, puisque la ville vient trouver le village et ne peut l'éliminer, mais il semble que les citadins africains retiennent de plus en plus les leçons du passé de leurs villes et essayent de structurer urbanistiquement par eux-mêmes les espaces périurbains qu'ils conquièrent. Lotissements privés, pavillons semi-planifiés montrent bien qu'à côté de la ville mal-aimée ou « monstruifiée », il y a une ville qui fait rêver en construction au périurbain et ce, indépendamment des insolences de la modernité. Aristide Yemmafouo a bien voulu nous faire vivre cela pour déconstruire notre vision dichotomique et colonialiste de la ville africaine en dépit de toutes ses tares. Le seul rôle que devrait jouer les pouvoirs publics dans ce contexte est de reconnaître le périurbain en tant qu'entité territoriale, restructurer les conditions d'accès au foncier et veiller à la durabilité des investissements.

Je suis convaincu que cet ouvrage ouvre un débat qui va d'ailleurs passionner les scientifiques de la ville africaine et interrompre la dormance des décideurs et des magistrats municipaux ; surtout en ce moment où ils reçoivent pleinement les moyens pour appliquer la décentralisation tant attendue.

Dschang, le 06 juillet 2012
Martin KUETE
Professeur, Université de Dschang, Cameroun

Avant-propos

Cet ouvrage est une invitation à s'interroger sur la manière dont l'urbanisation se déroule et s'étudie en Afrique. Beaucoup de pays sont désormais majoritairement urbains, et ce sont les citadins qui produisent ces villes aux marges des villes dites *« officielles »* ou *« légiférées »* car elles paraissent stagnantes ou n'arrivent qu'après coup et sous fond de *« casses au bulldozer »,* comme on l'observe actuellement dans les villes camerounaises. Les clichés colonialistes ou le rêve de *« la ville des autres »*, par exemple celles des Occidentaux, obnubilent décideurs et chercheurs. A-t-on vraiment le choix de ne pas regarder autrement les processus d'urbanisation par le bas – non pas pour les justifier – quand on sait que les pouvoirs publics n'offrent que 20-30% de solutions de logements aux citadins ? Ces dynamiques de bas sont certes spontanées et/ou anarchiques, mais avons-nous interrogé le sens de ces mots ou désigne-t-on autre chose ? Nous refusons de participer à la construction des idées reçues pour étudier ces dynamiques de l'intérieur. Ce regard est peut-être osé pour certains. Mais nous sommes heureux de constater que nous ne sommes pas seul à penser ainsi et que les nouvelles orientations des organismes internationaux (ONU-Habitat, Banque Mondiale) tendent vers une reconsidération de la situation des villes des pays en développement.

Pour apprécier ces dynamiques, nous devons déterminer au préalable jusqu'à quel niveau les individus par rapport aux pouvoirs publics peuvent participer à la production de l'urbain. Nous sommes donc obligés d'ôter nos carcans normatifs pour faire face à cette urbanisation et l'apprécier par rapport aux réalités locales.

Le présent ouvrage est le résultat de plus d'une dizaine d'années de recherche sur les questions foncières dans et autour des villes de l'Ouest-Cameroun, recherches menées au sein du Centre de Recherche sur les Hautes Terres (CEREHT)/Labo. Géomatique du département de Géographie de l'Université de Dschang au Cameroun. Deux projets nous ont facilité les recherches de terrain : le projet *« Montagnes et Café (MOCA) »* et le projet *« L'Ouest-Cameroun entre le rural et l'urbain : processus de restructuration économique et sociale post-crise »*, tous financés par le gouvernement français. Notre démarche n'étant pas comparative, mais explicative, nous avons mis l'accent sur les détails élémentaires de terrain les plus marquants et les plus représentatifs des situations foncières vécues. Aussi, pour permettre à nos lecteurs, en cas de besoin, de mieux apprécier les réalités socio-spatiales et de construire leur propre interprétation, avons-nous mené des enquêtes et observations dans toutes les villes de l'Ouest. Mais les exemples pris à Mbouda et Dschang reviennent le plus souvent. Bafoussam, en tant que capitale régionale, n'a pas été spécialement étudié.

L'étude propose un regard optimisant sur les questions urbaines en Afrique subsaharienne en partant du fait que la périurbanisation et le foncier sont à la base des dynamiques urbaines actuelles. Nous voilà plongé dans le *« défi de la complexité »,* pour reprendre cette expression chère à Edgar Morin. Peu d'acquis sont définitifs et on assiste à une remise en cause permanente des normes en ayant l'impression que les règles n'existent plus. Les hypothèses de l'entre-deux sont vacillantes et exposent aux critiques. Pour autant, il faut démêler ces ensembles complexes qui ont des logiques échappant à nos règles et qu'il faut transformer en dynamique de développement. Dans les littératures existantes, on a du mal à lire les contributions de l'Afrique centrale par rapport à celles d'Afrique de l'Ouest.

Nous sommes heureux de constater que cet engagement pour la recherche dans l'entre-deux des villes africaines est soutenu par nos pairs que nous nous devons de nommer pour leur exprimer notre gratitude : Martin Kuété, Réné Joly Assako Assako des Universités camerounaises, Laurien Uwizeyimana, Bernard Charlery de la Massellière, François Bart des Universités françaises. Nous ne manquerons pas de souligner l'influence des travaux de certains auteurs dans la construction de cette perspective de recherche : Jean-Luc Piermay, Fréderic Giraut, Roland Pourtier, Alain Dubresson, Monique Bertrand pour la ville africaine positive ; Martin Vanier, Bernard Debarbieux, Marie-Christine Jaillet, Christopher Bryant, pour la mise en lumière du périurbain comme espace géographique à part entière. Pour le foncier, Etienne Le Roy, Philippe Lavigne Delville, Jean François Tribillon et leurs équipes constituent notre référence. Nous nous devons aussi d'exprimer notre gratitude à l'endroit de l'AUF (Agence Universitaire de la Francophonie) qui a soutenu ce projet en nous offrant un stage de perfectionnement en études périurbaines.

Introduction

« En 2008, pour la première fois de l'histoire de l'humanité, plus de la moitié de la population du globe, soit 3,3 milliards d'habitants, vivra en milieu urbain. D'ici 2030, ce chiffre devrait avoisiner les 5 milliards. La population urbaine du monde en développement est appelée à doubler en l'espace d'une génération ». Tel est le constat qui introduit le rapport 2007 de l'UNFPA sur l'état de la population mondiale. Le monde tend vers une urbanisation généralisée (Roncayolo, 2001) commandée et dominée par des villes géantes ; une urbanisation que l'on n'arrive plus à nommer : métropoles, mégalopoles, mégalopolis (Gottmann, 1961), métapolis (Ascher, 1995), archipels… urbains (Dolfus, 1996, Veltz, 2005), villes globales (Sassen, 1996), villes éparpillées (Bauer et Roux, 1976), villes émergentes (Dubois-Taine et Chalas, 1997), villes éclatées (Haumont et Lévy, 1998, May, Veltz, Landrieu, Spector, 1998) et bien d'autres. Quoi qu'il en soit, on a visiblement dépassé les cadres originels de la ville et on vit autre chose qu'aucun spécialiste n'aurait prévue.

Comme d'habitude, les pays en développement sont encore au centre des inquiétudes. Taux de croissance urbaine annuel entre 2,5 et 4,1 % pour des conditions de vie toujours médiocres ; et donc toujours plus de risques pour l'humanité. Bien que ces villes cumulent toutes les tares de l'urbanisation souhaitée, elles ont été longtemps *monstruifiées* parce qu'elles ne dérivaient pas d'un processus de développement comme dans les pays du Nord. Cette vision stigmatisante a contribué plus à les enfoncer à travers des politiques de gestion de l'urgence, notamment les plans d'ajustements structurels et les pressions politiques. Les nouvelles formes d'urbanisation en cours sont le moment de positiver sur leur situation. On peut aujourd'hui se réjouir du revirement des politiques internationales en faveur de ces villes, et notamment celles de la Banque Mondiale. Dans son rapport de 2009, elle se recentre sur le financement des projets métropolitains, partant du fait que ces centres de mondialisation devraient stimuler leurs périphéries par un système de redistribution des richesses produites (Giraut, Cavin, Walther, 2009). L'UNFPA dans son rapport de 2007 sur la population mondiale prenait déjà position pour une nouvelle approche et soutenait que *« l'urbanisation [...] est inévitable, mais elle peut aussi être positive. Aucun pays, à l'ère industrielle, n'a connu de croissance économique significative sans urbanisation. Les villes, foyers de concentration de la pauvreté, offrent aussi aux pauvres le meilleur espoir d'échapper à celle-ci. Elles créent des problèmes environnementaux, mais elles peuvent aussi formuler des solutions. La concentration de la population dans les centres urbains peut contribuer à la durabilité de ces centres à long terme. La menace la plus grave provient sans doute de l'étalement incontrôlé, mais et les bienfaits de l'urbanisation en compensent très largement les inconvénients. Le défi à relever est celui de tirer parti des possibilités dont le phénomène est porteur ».*

Comment l'Afrique subsaharienne des grandes ou des petites villes vit-elle les processus d'urbanisation actuelle ? On y dispose des connaissances éparses sur les processus de périurbanisation et d'étalement urbain. En Afrique centrale les études de Piermay (1993, 1997, 2002, 2003) sont révélatrices de dynamiques positives dans les processus d'urbanisation aux marges des *« villes légiférées ».* Pourtier (2001), Dubresson et Bertrand (1993, 1997, 2002), Giraut (1993, 1994, 1997) soulignent tous la nécessité d'un regard moins alarmiste de l'urbanisation en Afrique subsaharienne. Selon les indicateurs de l'ONU (2008), cette Afrique est encore majoritairement rurale. L'Afrique de l'Est n'a que 23% de citadins, mais un taux de croissance urbaine annuel de 3,9. L'Afrique centrale, avec 42% de citadins, a la plus forte croissance annuelle (4,3) tandis que l'Afrique de l'Ouest, avec 43%, maintient son taux à 3,8. Entre les pays, les écarts sont particulièrement élevés. Le Cameroun a 57% de citadins alors que le Burundi n'a que 10% mais avec un taux annuel de 6,8. La même source estime à 72% la proportion des citadins mal logés dans cette partie d'Afrique, soit environ 166 millions de citadins mal logés sur un effectif total de 231 millions.

Ces mal-logés ne sont plus seulement entassés dans les fameux bidonvilles de l'époque où l'on parlait *« d'explosion urbaine ».* Ils se relogent à la périphérie des villes *« officielles »,* selon des processus complexes qui relèvent des spécificités du périurbain et de l'urbanisation africaine. D'ailleurs, ils ne sont pas seuls dans leur mouvement, même les moins pauvres s'inscrivent dans cette dynamique. Mais il faut le préciser, il s'agit moins d'un fait culturel comme en Europe, mais avant tout d'une incapacité à s'installer au centre pour des raisons évidemment foncières. L'exemple des villes de l'Ouest-Cameroun en est une illustration. Quels sont les processus de périurbanisation et les paysages qui en découlent ? Il paraît bien clair, comme partout ailleurs, que le foncier est au cœur de ces mouvements vers la périphérie. Cette région de montagnes polarisée par la métropole littorale (Douala) est connue pour être l'une des plus urbanisées, mais aussi l'une des plus densément peuplées du Cameroun. Elle permet d'étayer un certain niveau de périurbanisation en Afrique subsaharienne. Certes, il ne s'agit pas de grandes métropoles comme dans les représentations populaires, mais des villes modestes par leur taille autour de 100 000 hab.[1] Elles offrent cependant un dynamisme ne faisant aucun doute pour ceux qui connaissent les montagnards bamiléké.[2] Ceux-ci les peuplent et animent le jeu foncier dans toutes les villes du Cameroun.

---

[1] Si on y intègre la population de l'aire urbaine ou celles des villages polarisés, on atteindrait le double, voire le triple de la population urbanisée.

[2] Pour en savoir plus sur les Bamiléké, lire entre autres Tardits (1960), Dongmo (1981), Marguerat (1983), Champaud (1983), Warnier (1993).

Notre premier regard interroge la validité de la périurbanisation et du périurbain dans le débat conceptuel en cours et mesure sa portée dans les villes africaines. Une application aux villes de l'Ouest permet de distinguer les logiques d'urbanisation de celles de périurbanisation et de spatialiser l'étalement urbain. Notre second point d'ancrage est celui des pratiques de *« bas »,* particulièrement les pratiques foncières qui sont à la base de la périurbanisation et des paysages, lesquels constituent, justement, notre dernier point de réflexion. Les apories de l'urbanisation planifiée, spontanée et anarchique en Afrique subsaharienne nous invitent à la prudence quant aux conclusions hâtives. Il est nécessaire de pouvoir en dégager au préalable les responsabilités urbaines de chaque acteur avant de s'y prononcer. Dans tous les cas, on observe qu'un modèle de périurbanisation et de paysage se dessine dans le respect des réalités socioculturelles locales et sans se soustraire aux constances de la modernité.

Première partie

Comment saisir le périurbain dans les villes africaines ?

Chapitre 1

Le périurbain : une entrée pour comprendre et analyser l'urbanisation contemporaine

L'urbanisation d'aujourd'hui est partagée entre métropolisation et émergence des petites villes. Le concept de métropolisation tend d'ailleurs à remplacer celui d'urbanisation chez ceux qui pensent que les petites villes se diluent dans les systèmes *métropolisés*. Parmi les concepts qui permettent d'appréhender l'urbanisation actuelle, la périurbanisation paraît être celui qui soulève le moins de polémique une fois que l'on peut définir et circonscrire ce qu'est la ville originelle. Chaque fois que cette ville se forme, le périurbain l'entoure et capte les citadins qui se lassent d'elle. Cet espace dont l'importance s'accroît s'impose et fait naturellement l'objet de curiosité d'abord, puis de discussions tant chez les chercheurs que chez les politiques. Comment ces débats se présentent-ils ? Et comment l'Afrique et ses petites villes s'y impliquent-elles ?

I- L'urbanisation actuelle entre métropolisation et émergence des petites villes : la place de l'Afrique subsaharienne

La métropolisation n'empêche pas les petites villes de se développer

La métropolisation est le processus par lequel les villes, surtout les plus grandes, renforcent leur polarisation sur des zones d'influences qui s'élargissent progressivement en engloutissant espaces ruraux et petites villes. Les liaisons au centre-ville sont soutenues par de puissants et rapides réseaux de communication. Elle suppose donc que ces villes concentrent des fonctions de commandements politiques, financiers, commerciaux, industriels, culturels, qu'elles redistribuent dans leurs territoires d'influence par le biais de ces réseaux. Elles concentrent alors hommes et activités suivant les règles d'une ségrégation basées sur la valeur ajoutée (activités) ou le niveau de revenu (hommes). Comme telle, la métropolisation généralisée sous-tend implicitement la disparition des petites villes par engloutissement. À la limite, la petite ville n'existerait qu'en tant qu'esclave de la grande qui la contrôlerait et déciderait de son sort. Mêmes les comparaisons Nord-Sud montrent qu'en dépit des disparités d'échelles de métropolisation, il existe les linéarités des expansions, mais aussi les récurrences dans les rythmes et les modes de croissance, les limites et les formes de développement et de transformation des espaces métropolitains, dans le temps et dans l'espace (Dureau et al., 2000). On s'achemine donc partout vers de très grands ensembles urbanisés. Mais est-ce à dire que tout ce processus se fait inéluctablement dans un système de métropolisation ? Si oui, asphyxie-t-il obligatoirement la petite ville ? On a certes fait une hiérarchie de la métropolisation (ou des métropoles), mais elle n'est pas aussi généralisée qu'on le pense. L'urbanisation l'est pourtant (Roncayolo, 2001), mais pas au point de nier une ruralité qui se renouvelle (Thomsin, 2001 ; Vanier 2004) malgré la proclamation de sa fin (Weber, 1983).

Depuis 2008, plus de la moitié de la population mondiale vit dans les villes, ce qui signifie évidemment que les grands défis mondiaux sont désormais plus tournés vers les villes que les campagnes. L'UNFPA, dans son rapport de 2007,[3] souligne avec force que la majorité de cette croissance se déroulera dans les pays en développement, et plus particulièrement dans ceux d'Afrique et d'Asie. Le même rapport défend, en outre, que de la manière dont le monde prendra en compte la résolution des problèmes de cette croissance dépendront *« les perspectives mondiales de la croissance économique, de l'atténuation de la pauvreté, de la stabilisation démographique, de la durabilité de l'environnement et, en dernière analyse, de l'exercice des droits de l'homme »*. On comprend donc que quoi qu'il en soit, l'avenir du développement du monde se trouve dans la maîtrise de l'urbanisation dans les villes du Sud et demande que l'on change radicalement d'approche. C'est ce que semble avoir compris la Banque Mondiale.

En effet, dans son rapport de 2009 sur le développement dans le monde, elle fait un revirement de politique en soutenant que la grande ville du Sud jusque-là *monstruifiée* serait une chance pour son développement. Cet éloge de la concentration urbaine (Salomon Cavin, 2009), s'inspirant du triomphe de l'école de la nouvelle économie géographique[4] comme le dit Giraut (2009), replace l'espace et les dynamiques centre-périphérie au cœur du développement et dégage trois dynamiques de croissance qui iraient des aires métropolitaines aux zones marginales en passant par les zones de croissance intermédiaire, comme les géographes le démontraient déjà (Reynaud, 1981). Il s'en dégage, dès lors, les inquiétudes de Giraut (2009) qui y voit un abandon implicite du développement des périphéries *« inutiles »* aux mains des organismes communautaires, bien que des mécanismes de redistribution des richesses produites dans les agglomérations mondialisées – mise sur pied d'infrastructures de communication et autres – soient prévus dans ce plan.

L'autre constat édifiant, c'est que la métropolisation des grandes villes n'a pas littéralement empêché la croissance des petites villes comme d'aucuns l'ont

---

[3] www.unfpa.org/swp/2007/french

[4] Paul Krugman, un des pères de cette école, vient d'avoir le prix Nobel d'économie sur l'ensemble de ses travaux organisés autour des effets des économies d'échelle sur les modèles du commerce international et la localisation de l'activité économique.

postulé. Bien au contraire, les villes satellites sont engagées dans un processus d'autonomisation encouragé par les politiques d'aménagement et de décentralisation. Entre métropolisation, mondialisation, étalement des grandes villes et constitution de vastes aires urbaines – *mégalopolis, métapolis ou archipels urbains* –, leur avenir n'est pas compromis (Ginet et al., 2003[5]). Elles s'inscrivent dans un système de villes où leur rôle de petites centralités structurant les territoires environnants est plutôt renforcé. Cela ne signifie en aucun cas qu'elles se soustraient des dynamiques métropolisantes, mais plutôt, qu'elles en tirent profit. En 2006, les agglomérations de moins de 500 000 hab. considérées comme villes moyennes et petites à l'échelle mondiale (ONU), abritent plus de 52% de la population urbaine mondiale. Il est même révélé qu'elles ont toujours abrité plus de la moitié de la population urbaine depuis plusieurs décennies et continueront à être les pôles de croissance urbaine (figure 1).

Figure 1 : Les villes de moins de 500 000 hab. dans la population urbaine mondiale de 1975 à 2015

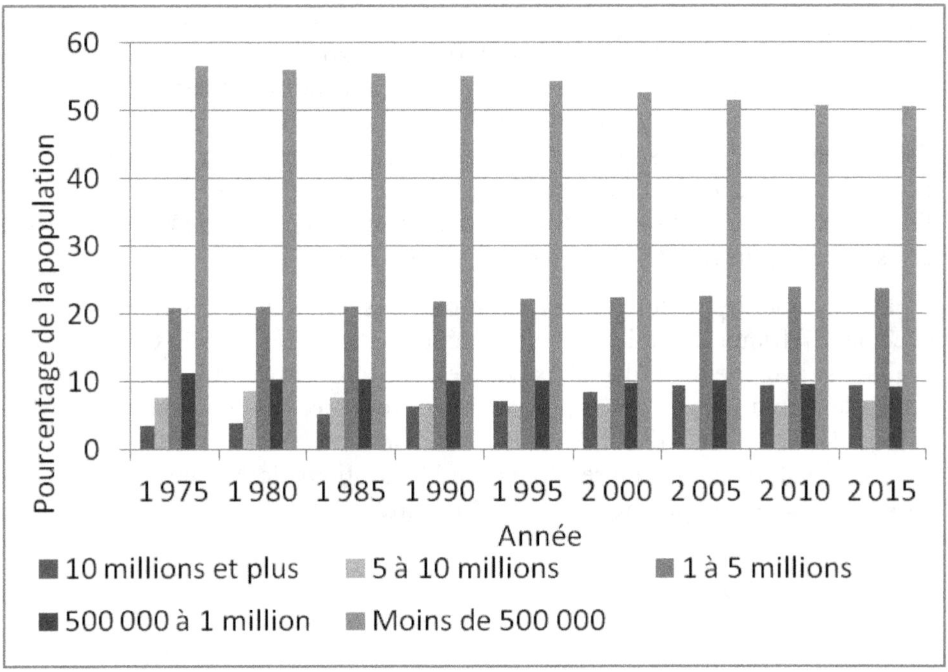

Aussi curieux que cela puisse paraître, on est en droit de se demander pourquoi ces petites villes suscitent toujours tant de désintérêt, que ce soit chez

[5] Les actes du colloque international de Clermont Ferrand, 20-21 novembre 2002 portent justement sur l'avenir des petites villes face à la métropolisation, la mondialisation et la constitution de grandes aires urbaines.

les chercheurs ou chez les politiques. Quand bien même les chercheurs s'y intéressent, c'est pour les analyser en tant que des *« succursales »* des grandes villes ou leurs bassins d'approvisionnement selon le classique centre-périphérie. C'est dans ces villes qu'on devrait pourtant expérimenter avec beaucoup plus d'aisance les nouvelles requêtes d'aménagement comme par exemple celles des villes calquées sur le modèle périurbain qui se dessine plus clairement depuis au moins les années 1980 en Europe. Et l'Afrique subsaharienne dans cette mouvance ?

Le processus d'urbanisation en Afrique subsaharienne

Selon l'ONU, le monde vit une deuxième phase de transitions démographique, économique et urbaine, d'une ampleur et d'une rapidité considérablement supérieures à celles de la première qui a débuté, en Europe et en Amérique du Nord, il y a deux siècles (1750-1950). *« La population urbaine étant passée entre ces deux dates de 15 à 423 millions d'habitants, soit de 10 % à 52 % de la population totale. Lors de la seconde vague, dans les pays en développement, le nombre de citadins passera de 309 millions d'habitants en 1950 à près de 3,9 milliards en 2030. Au cours de ces 80 ans, le pourcentage de la population urbaine de ces pays passera de 18 % à environ 56 %[6] ».*Cela confirme davantage le rôle ou mieux l'attention qui devra être portée sur les pays en développement et notamment ceux d'Afrique subsaharienne dont l'urbanisation est plus souvent source d'inquiétudes parce qu'elle mobilise très peu le développement. L'Asie et l'Afrique sont certes à la traîne de l'urbanisation du monde (41% de citadins), mais cette dernière a le taux de croissance le plus rapide, 4,3% par an (Véron, 2006).

En Afrique, les taux d'urbanisation ont presque doublé entre 1970 et 2010, excepté l'Afrique australe qui avait déjà un taux très élevé. Cette région a d'ailleurs actuellement des taux annuels de croissance urbaine décroissant. Après le boom urbain des indépendances, ces taux se stabilisent aujourd'hui autour de 3% dans toute l'Afrique subsaharienne. Les villes de moins d'un million d'habitants concentrent plus de 237 millions de citadins africains, soit 57,4% de toute la population urbaine (Encadré 1).

[6]www.unfpa.org/swp/2007/french

Encadré 1 : Évolution de l'urbanisation en Afrique

Taux d'urbanisation

% urbain	1970	1990	2010	2030	2050
Afrique de l'Est	10,44	17,92	23,72	33,73	47,64
Afrique centrale	24,86	32,53	42,93	55,3	67,41
Afrique du Nord	36,31	44,67	52,02	61,32	71,97
Afrique australe	43,67	48,82	58,78	68,76	77,61
Afrique de l'Ouest	21,44	33,16	44,63	56,52	67,95
Afrique	**23,6**	**32,13**	**39,98**	**50**	**61,6**

Taux annuels de croissance urbaine

% par an	1965-1970	1985-1990	2005-2010	2025-2030	2045-2050
Afrique de l'Est	6,29	4,97	3,92	3,81	2,89
Afrique centrale	6,01	4,21	4,29	3,47	2,49
Afrique du Nord	3,89	3,36	2,4	1,94	1,26
Afrique australe	2,92	3,42	1,47	1,13	0,74
Afrique de l'Ouest	5,26	4,8	3,77	2,89	2,06
Afrique	**4,65**	**4,16**	**3,31**	**2,87**	**2,15**

Taille des villes d'Afrique en 2010

Tailles	>10M	5 - 10M	1 - 5M	0,5 - 1M	<0,5M
Nombre	2	2	46	61	500 ?
Population (M)	21,6	13,926	98,211	41,97	237,304
% de la population urbaine	5,3	3,3	23,8	10,2	57,4

Source : Biau Daniel, ONU-Habitat, Bamako, 2010

L'armature urbaine de l'Afrique ci-après montre bien l'existence de 03 grandes régions urbaines, à savoir : l'Afrique du nord et l'Afrique australe, très urbanisées (et ce depuis longtemps), l'Afrique subsaharienne dont la jeunesse et la rapidité de l'urbanisation organisée autour des petites villes suscitent les pires craintes en même temps que les meilleurs espoirs de développement.

Figure 2 : L'armature urbaine de l'Afrique

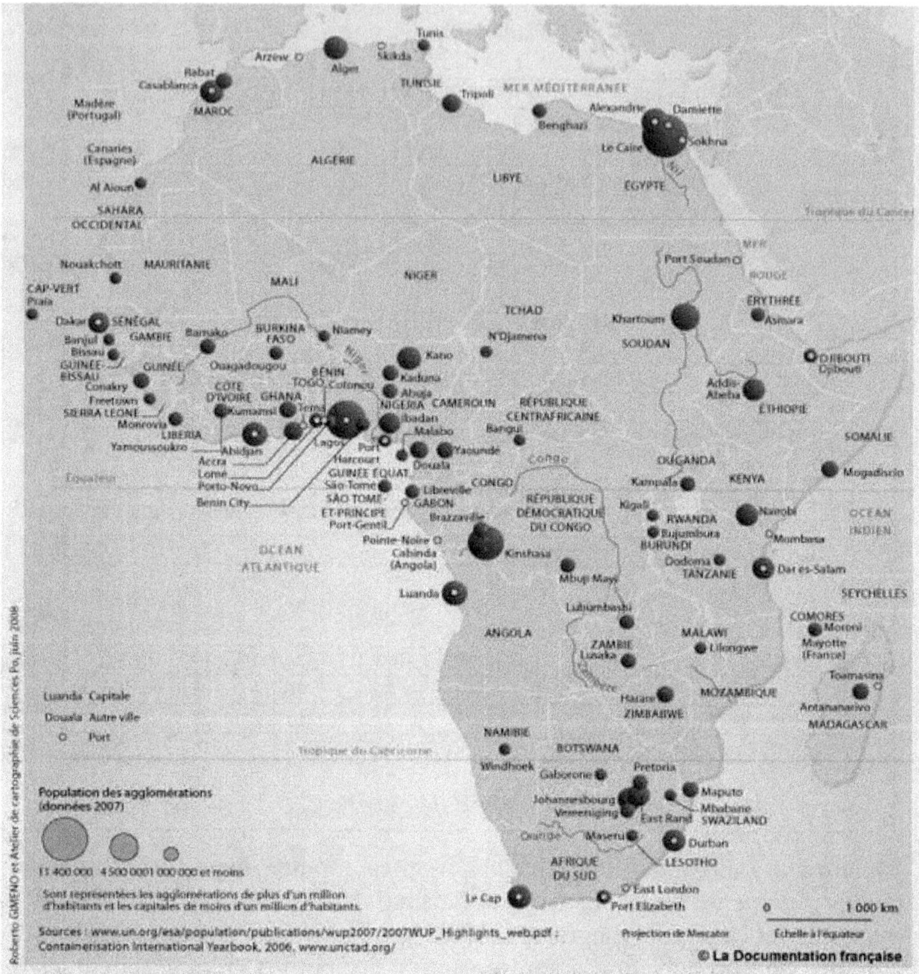

L'Afrique, ses villes et principaux ports

Source : *Questions internationales* n° 33, septembre-octobre 2008

Deux approches ont jusque-là orientées les recherches sur les villes d'Afrique subsaharienne, et principalement les villes francophones. L'approche développementaliste qui a orienté les études coloniales et postcoloniales. La ville africaine est conçue selon un modèle ségrégé. La *« bonne ville »* est centrée sur l'Occident alors que la ville africaine, expression des dysfonctionnements, ne serait qu'une pseudo-ville, un *« gros village »* à transformer à l'européenne. L'approche culturaliste soutient que la ville du Nord, fruit de la révolution industrielle, est fondamentalement différente de celle du Sud qui n'est que le fruit de l'exode rural et dont la caractéristique principale est la pauvreté et l'opposition permanente entre tradition et modernité. La ville africaine n'est alors qu'une importation mal réussie datant de la colonisation, d'où les notions d'habitat spontané et anarchique, de bidonvilles ; bref, un vocabulaire qui lui est propre. On se plaît à peindre un paysage urbain binaire opposant la ville, c'est-à-dire les quartiers européens, et le village ou la non-ville des migrants. Si aujourd'hui les approches n'ont pas fondamentalement changé, elles ont tout au moins évolué vers une meilleure prise en compte des réalités africaines, même si l'action politique ne suit pas toujours (Kengne Fodouop et al., 2000 ; Elouga et al., 2009 ; Aloko-N'guessan et al., 2010).

Les formes d'urbanisation en cours, loin d'être apocalyptiques, sont une chance de développement pour les petites villes d'Afrique. Introduisant *« Petites et moyennes villes d'Afrique noire »,* Bertrand et Dubresson (1997) constataient, à la suite de Sauter (1982), que la recherche urbaine française n'était focalisée que sur les capitales et les grandes métropoles. Ils convenaient que les échelons inférieurs de l'urbanisation, encore mal connus, offraient des laboratoires pertinents de remise en question des paradigmes dominants. De nos jours, le constat est clair : les petites et moyennes cités africaines ne sont plus des étapes intermédiaires, des relais transitoires *« dans un processus uniforme et linéaire de passage du rural à l'urbain, des campagnes à la grande ville »* (Bertrand, 1993). L'approche fonctionnaliste des réseaux urbains africains est vivement critiqué (Dubresson, 1987, 1989 ; Rochefort[7], 1990), et les débats sur l'urbanité des petites et moyennes villes sont clos. On s'oriente plus vers les processus de citadinisation et l'identité urbaine. Les études sur les villes secondaires d'Afrique noire se sont multipliées au cours des deux dernières décennies. Bertrand[8] a constitué un répertoire d'au moins 1213 références. L'état de crise et la proximité avec le milieu rural justifient largement l'attrait que ces villes exercent sur les chercheurs. Par leur taille, elles apparaissent comme des unités spatiales offrant des cadres propices à des recherches globales. Selon l'expression de Pourtier (2001), *« c'est le temps des petites villes ».*

En Afrique subsaharienne, selon l'ONU, plus du tiers de la population vit actuellement en ville, mais il s'agit d'une urbanisation à la fois tardive et accélérée, voire brutale. Pour la région d'Afrique centrale, on est passé d'un taux d'urbanisation de 14 % en 1950 à 25 % 20 ans plus tard, pour atteindre 36 % en 2000. En Afrique occidentale, l'urbanisation est encore plus brutale au

---

[7] Même ce précurseur de la géographie urbaine fonctionnaliste française est revenu sur ses propos en 1990 après un essai infructueux d'application de la théorie fonctionnaliste sur les villes africaines. Il affirmait alors *« qu'il ne faut pas interpréter les réseaux urbains comme le moteur de la structuration des espaces ; ils ne sont qu'un résultat de différenciation régionale due à d'autres facteurs. Il ne faut donc pas en tirer un modèle qui servirait de base aux services d'aménagement pour un découpage volontariste du territoire dans les pays du Tiers-monde ».* (Rochefort, 1990 p.226 cité par Giraut, 1997). Le passage de réseau urbain à système de villes de nos jours confirme cette évolution de la pensée urbaine en Afrique.

[8] Bertrand, *Villes secondaires d'Afrique noire, 1970-1997 : bibliographie analytique commentée,* 1998.

cours des trente dernières années : on est passé de 20% à 41%[9]. Pourtier (2001) n'hésite pas d'ailleurs à parler de *« révolution urbaine »* bien qu'il faille de nos jours constater un essoufflement de la croissance – du moins dans les métropoles – au lendemain de l'euphorie des indépendances. Il est aussi constaté que dans les villes du Tiers-monde, souvent plus de la moitié de la population urbaine vit dans des espaces non planifiés. Cette situation fait l'objet de réflexions toujours pessimistes allant de l'urgence à la menace, de l'horreur à la détestation comme le souligne Solomon Cavin (2009) en évoquant l'ouvrage *Planets of Slum* de Micke Davis (2006) ou le catastrophisme ambiant de la Conférence Habitat II d'Istanbul en 1996 fustigé par Moriconi Ebrard. On ne peut plus se limiter à la recherche des espaces planifiés pour caractériser les processus urbains *« normaux »* dans le Tiers-monde. On doit davantage y intégrer la diversité des paysages construits par les acteurs urbains de base et par extension ceux qui font la ville en marge de l'action des pouvoirs publics : *« urbanisation par le bas »*. En effet, on constate ces deux dernières décennies que les paysages de cette urbanisation laissent apparaître quelquefois des éléments de rationalité conformes aux minimas urbains. En mettant au premier plan non plus la rationalité de la planification, qui d'ailleurs n'est pas toujours à l'œuvre[10], mais les mécanismes fonciers qui conduisent à la production des paysages urbains, on peut mieux appréhender les problèmes urbains des pays du Tiers-monde.

Beaucoup de pays africains sont marqués non seulement par la chute du modèle de l'économie de rente, soutenue par le café et le cacao, mais aussi par l'agitation politique marquant le retour de la démocratie au début des années 1990. Les replis identitaires, qui en ont résulté, font redécouvrir la notion de développement autocentré ayant marqué l'après indépendance. Cette fois, on parle de développer la ville *« natale »* et des expressions apparaissent pour qualifier l'influence de l'élite politique et/ou économique dans le développement de leur ville *« natale »* : ville du *« prince »*, ville du *« ministre X ou Y »,* ville de l'*« homme d'affaire Z »,* etc. L'assaut de cette élite sur les mairies de leur ville *« natale »* en est une preuve et montre combien le développement des villes secondaires est devenu une question d'identité et d'orgueil à l'échelle nationale. Elles sont confortées dans cette situation par deux processus à l'échelle supranationale : depuis la 8e Conférence de la Commission des Nations Unies pour les Établissements Humains (CNUEH), tenue à Kingston en 1985, jusqu'au Sommet d'Istanbul (Habitat II) en 1996, la nécessité de décentraliser et de développer localement fut clairement posée. Aussi la coopération décentralisée avec les ONG et surtout les collectivités

---

[9] Nations unies, *world urbanisation prospects*, 1995.

[10] Dans le temps, on constate très souvent que les indicateurs de planification se dégradent assez vite dans les cités planifiées. Ces cités doivent en principe perdre leur *« prestige »* de quartier de référence urbaine. Nous pensons à l'état délabré des logements sociaux créés par l'État (cité-SIC) dans nos grandes métropoles.

locales européennes à travers le jumelage des communes – phénomène plus ancien en Afrique de l'Ouest qu'en Afrique centrale (Giraut, 1994) – favorise-t-elle le processus de mondialisation des petites villes.

Notre étude se déroule dans un contexte scientifique marqué par une attention particulière aux petites et moyennes villes (Champaud, 1990 ; Giraut, 1994 ; Bertrand, 1997 ; Pourtier, 2001 ; Piermay, 1993, 2003). Face aux blocages juridiques de l'extension urbaine, de nouveaux espaces émergent aux marges de la ville et s'insèrent dans une problématique plus vaste et d'actualité, à savoir : celle du périurbain. On regarde le développement actuel des petites villes sous trois perspectives. D'abord, on peut penser qu'elles sont capables de produire des modèles d'urbanisation maîtrisée, parce que leurs modestes tailles et leurs croissances modérées donnent le temps aux gestionnaires de bien mener leurs politiques d'aménagement. Ensuite, on peut estimer que la croissance accélérée des petites villes produit les mêmes effets que celle des villes dites grandes : occupation anarchique de l'espace, prolifération des litiges fonciers, avec pour corollaire la dégradation de l'environnement et des catastrophes. Enfin, il faut soutenir que l'expérience des grandes métropoles et le relèvement général du niveau d'instruction sont bénéfiques pour les petites villes. La diffusion des règles élémentaires d'urbanisme permet alors aux citadins et aux propriétaires fonciers d'unir leurs intérêts pour la promotion d'un espace urbain viable. Le doute viendrait cependant du contexte socio-économique qui pousse les acteurs fonciers à agir dans l'urgence et donc à négliger les fondamentaux de l'urbanisme.

Il est clair que la gestion des petites villes attire de plus en plus les chercheurs et même les politiques dans le contexte de décentralisation en cours. Ces derniers font de l'aménagement de l'espace en cours d'urbanisation une préoccupation permanente. Les jeux électoraux se mesurent de plus en plus à la façon d'appréhender les problèmes périurbains. Le centre des préoccupations des uns et des autres est sans équivoque la terre, plus précisément, la manière dont elle doit être distribuée, utilisée et gérée.

II- La périurbanisation et les formes d'urbanisation contemporaines

Regard sur l'armature conceptuelle

La périurbanisation définit le processus d'extension de l'urbanisation dans les campagnes autour de la ville. Plus ancien aux États-Unis, ce phénomène s'intensifie en Europe à partir des années 1970 où l'on observe une certaine volonté des citadins à intégrer les maisons individuelles plutôt que de continuer à vivre dans les grands ensembles comme les immeubles HLM. Ainsi, pavillons et villas se multiplient en périphérie selon les principes de faible densité et de discontinuité du bâti. Elle s'oppose aux mouvements centripètes qui ont marqué l'euphorie urbaine du XIXe siècle par des mouvements centrifuges liés aux dysfonctionnements de la ville, mais envers laquelle on reste rattaché par les liens de travail. Le concept de *« counter urbanization »* utilisé dans la littérature anglo-saxonne a montré ses limites. Il exprimait l'idée d'une déconcentration délibérée de la population urbaine allant jusqu'à une rupture totale avec le centre ville. Vers la fin des années 1970, les géographes français Bauer et Roux introduisent les débats par le terme *« rurbanisation »,* mais il est vite abandonné parce qu'il ne laisse pas apparaître clairement le déploiement des fonctions urbaines à la périphérie de la ville. Face à la percée de l'urbain, on assiste de nos jours à un retour sur ce concept pour insister justement sur le milieu rural qui s'urbanise de façon diffuse. La rurbanisation suppose que l'on se limite à l'apport résidentiel d'une nouvelle population provenant de la ville polarisante et dont l'influence transforme le mode de vie rural. Thomsin (2001) est plus strict à ce sujet et insiste sur la distinction périurbanisation/rurbanisation. Pour lui, *« l'espace périurbain est un espace fonctionnellement urbain situé à la périphérie d'une agglomération urbaine. L'espace rurbain résulte d'une transformation sur place de l'espace rural, produisant, in fine, un territoire, conservant des structures héritées, où s'épanouit une culture individualiste calquée sur la culture urbaine et relativement à l'abri des contraintes collectives propres à l'urbanisation classique ».*[11] Racine (1967), utilisant pour la première fois le terme *« périurbanisation »,* insiste sur la nécessité de considérer les marges de l'agglomération où se côtoient à la fois les faits urbains et ruraux. Il dissocie du même coup ce concept de celui de suburbanisation plus caractéristique de l'urbanisation dense des banlieues à la fin du XIXe siècle.

Bien que la marge de différenciation entre périurbanisation et étalement urbain soit trop étroite, les deux concepts ne se confondent pas. L'*« urban sprawl »,* comme les Américains l'ont baptisé, décrit l'étalement des villes américaines sur des centaines de kilomètres concrétisant ainsi le rêve américain de maison individuelle. La ville centre perd progressivement le contrôle de ses parties étalées par émergence de centres secondaires jusqu'aux véritables « edges cities » (Garreau, 1991). En Europe, le principe est le même, sauf que les campagnes sont bien plus occupées avant « l'invasion » urbaine et la ville centre tend à contrôler le processus d'étalement. Ce concept traduit une dynamique urbaine particulière (Jaillet, 1981) marquée par la dilution des villes dans les campagnes avoisinantes, ce qui était appelé *« expansion urbaine »* par opposition à *« extension urbaine »* qui apparaissait assez neutre. L'étalement urbain sous-tend une urbanisation dévoratrice des espaces ruraux (Prost, 1994 ; Duvernoy, 2000) et un modèle de ville éclatée fortement remis en cause par

[11]Thomsin, *Un concept pour décrire : l'espace rural rurbanisé,* 2001, http ://ruralia.revues.org/document250.html

exemple en France depuis 2001[12] (Facon, 2001). Il sous-tend habituellement le processus de métropolisation des villes millionnaires et s'intéresse au processus allant du noyau originel de la ville jusqu'à ses signes les plus proches de la campagne. L'étalement urbain réduit l'espace périurbain au produit de l'espace urbain en occultant les dynamiques rurales ou internes qui se font aux alentours des villes indépendamment de la demande du centre urbain polarisant. Dans ce contexte, le périurbain n'est pas source de dynamique propre ; or tout concourt à soutenir son caractère structurant. Plus spécifiquement pour les villes africaines où les campagnes sont déjà fortement occupées, mais aussi pour les villes montagnardes comme à l'Ouest-Cameroun, d'aucuns envisageront mal l'utilisation du concept d'étalement urbain. Peut-être celui de ville dispersée ou éparpillée conviendrait-il, mais tout compte fait, périurbain et périurbanisation nous paraissent plus rassurants dans le contexte des villes africaines.

L'étalement urbain ou la périurbanisation symbolise un double desserrement des fonctions urbaines : Primo, les ménages les moins aisés sont obligés de quitter la ville pour s'installer dans la périphérie. Secundo, les activités économiques nécessitant assez d'espace s'y déploient avec leurs employés imposant à leur tour un appel aux infrastructures que les pouvoirs publics se hâtent de résoudre au gré des pressions électorales, car la masse de périurbains constituée devient une pression politique qui risque de devenir dangereuse (Bussi et al. 2005, Arlaud et al. 2005)[13] pour le pouvoir central installé au centre-ville. Ces nouvelles formes d'urbanisation sont devenues des enjeux politiques et démontrent à souhait les limites de l'urbanisme et des politiques urbaines postindustrielles. Les politiques n'ont pas pu loger et employer les citadins à leur convenance tandis que les urbanistes, en se concentrant sur les tours par souci d'économie de l'espace, n'ont pas conçu à temps les modèles de villes qui pouvaient tenir compte du fait que l'homme, dans son essence, avait à la fois besoin de la nature et du modernisme pour son épanouissement.

La périurbanisation n'est pas non plus à confondre avec toutes les mutations de l'espace rural autour des villes. Plus précisément, elle n'est pas *« l'urbanisation des campagnes ». « La périurbanisation fait référence à des transformations spatiales liées au desserrement des fonctions urbaines alors que l'urbanisation des campagnes se limite à un processus d'intégration (c'est-à-dire culturelle) sous l'influence des villes, mais indépendamment de la distance physique à celle-ci et, ne se traduisant que par la diffusion de manières*

---

[12] La loi SRU (Solidarité, Renouvellement Urbain) du 31 décembre 2000 vise particulièrement à limiter l'étalement urbain et à redensifier les villes-centres en partant du concept de renouvellement urbain marqué par la création de l'ANRU (Agence Nationale de Rénovation Urbaine) en 2003.

[13]Bussi et al., « Le vote comme expression des inégalités et des nouvelles frontières rurales-urbaines en France », in Arlaud et al. (dir), *Rural-urbain, nouveaux liens, nouvelles frontières*, 2005.

d'habiter et de consommer qualifiées d'urbaines ».[14] Cela nous amène à nous intéresser à l'effet contraire, où l'on verrait plutôt les campagnes résister en ville. De fait, les villes africaines offrent bien de telles situations, des enclaves de ruralité ont résisté à l'urbanisation (forêts sacrées, chefferies). En Europe, il en est de même du souci éprouvé de conservation des patrimoines architecturaux ou non des siècles médiévaux.

Par ailleurs, l'évolution des définitions de la ville conforte les mutations contemporaines en cours : le passage de la ville à l'urbain. La ville se définissait par l'espace et les rapports sociaux qu'elle créait. Max Sorre (1952)[15] la caractérisait par la coalescence et la cohérence de ses parties et se posait les questions suivantes : *« quelle force de cohésion maintient pendant des siècles les hommes rassemblés sur un même lieu, exigu, incapable de les nourrir ? Quelle force de coalescence empêche à tout moment le groupe de se dissoudre ? »* Si la coalescence est la force qui organise l'espace urbain dans un système économique, et la cohérence la force sociale qui sous-tend la coalescence, on doit naturellement admettre que la périurbanisation ou l'étalement urbain en tant que nouvelle forme d'urbanisation[16], induise des changements dans l'organisation des villes, et donc dans la coalescence et la cohérence du *« corps urbain ».* S'il en est ainsi, alors la véritable ville n'existerait-elle plus ? On se résout aujourd'hui à faire remarquer que l'organisation de l'espace urbain peut se faire de manière contigüe ou non, pourvu que le fonctionnement entre les hommes soit aisément assuré. Reymond (1998), reprenant l'idée de Max Sorre, parle plutôt de *« coalescence réticulée ».* Les déclinaisons de la ville en « aire urbaine », « pôle urbain », « unité urbaine », « ville-centre », « communauté d'agglomération », « communautés de communes », etc. traduisent le mouvement de l'urbanisation actuelle et les stratégies pour la maîtriser.

Comme on peut le remarquer, la question périurbaine pose celle des relations villes-campagnes qui ont marqué l'entrée de la géographie française dans les études urbaines. Quand Roncayolo qui a consacré 5 tomes de recherche à l'Histoire de la France urbaine pose la question *« Que reste-t-il du couple ville-campagne de nos débuts épistémologiques ? »* à la fin de l'ouvrage *« Ville et civilisation urbaine, XVIII-XIXes » (1992),* il envisage déjà la fin de l'urbanisation ou s'interroge sur le début d'un nouveau cycle. Dans le même sens, au nom de la métropolisation et de la mondialisation envahissante, on développe le scénario de la fin du rural. Or, force est de constater avec Vanier (2005) que plus on annonce la mort du rural, plus il nous hante. Dans les pays

---

[14] Thomsin, 2001, *op.cit.*

[15] Cité par Antoni, *Modélisation de la dynamique de l'étalement urbain, aspects conceptuels et gestionnaires. Application à Belfort*, thèse université de Strasbourg, 2003.

[16] L'urbanisation entendue comme le développement et l'expansion de la population urbaine (Brunet et al. 1993).

du Nord et encore plus dans les pays en développement, *« une certaine ruralisation de fragments d'espaces et de sociétés urbaines »* est constamment mise en évidence. Les généralisations hâtives dont parle Thomsin (2001) sont donc à prendre au sérieux si l'on veut aller plus loin dans la conceptualisation du périurbain. La rapidité et la diversité du phénomène de périurbanisation constituent sa faiblesse majeure. La relativité des indicateurs et le degré de fonctionnalité des espaces périurbains surtout dans les petites villes sèment le doute sur leur identification en temps que territoire autonome, c'est-à-dire capable de structurer son environnement et d'avoir des relations avec la banlieue et le milieu rural proprement dit. La périurbanisation invite à une réflexion sur les mutations rurales qui ne sont pas liées au phénomène périurbain. On a tendance à confondre la périurbanisation à l'évolution normale des campagnes, à leurs adaptations aux fluctuations de l'économie de marché ou à de nouvelles exigences des systèmes de production. Thomsin (2001) propose de revisiter le phénomène de rurbanisation en tant qu'évolution non périurbaine de la campagne et non comme étape transitoire vers la périurbanisation. Mais la crise, la mondialisation ou la métropolisation ayant rapproché au mieux les campagnes des villes, peut-on faire la part des choses sans aboutir à de nouvelles ambiguïtés conceptuelles ? Tout semble donc se décider au niveau du choix des indicateurs et comme le dit Debarbieux (2005), les géographes gagneraient plus à approfondir la conceptualisation du périurbain qu'à inventer de nouveaux mots.

Les deux encadrés ci-dessous présentent deux positions de recherche divergentes sur le périurbain et les formes d'urbanisation actuelle. Pour Thomsin (2001), on a trop vite enterré l'espace rural. Si en Europe, cette position peut être dépassée, elle est plus proche des ambiguïtés du périurbain dans les petites et moyennes villes des pays en développement. À l'opposé, Vanier (2001, 2002, 2003, 2005) est on ne peut plus clair : le débat actuel montre que le périurbain est un « tiers espace » incontestable auquel on doit s'habituer et lui réserver les mêmes soins que ceux dont le couple ville-campagne avait bénéficié son temps. C'est l'heure de la trilogie urbain-périurbain-rural et les politiques qui négocieront mal cette trilogie en subiront les conséquences.

***Encadré 2** : Position de recherche critique sur la périurbanisation : Laurence THOMSIN*

[La périurbanisation] correspond certes par son ampleur spatiale à l'une des grandes évolutions géographiques enregistrées depuis plus de vingt ans mais n'évoque en tant que phénomène qu'une forme d'extension du processus bien connu d'urbanisation. Sans être construit sur une réflexion des relations ville-campagne ou du devenir rural, la généralisation abusive de cette appellation périurbaine en terme descriptif à l'ensemble des changements affectant le rural a privilégié dans un contexte d'urbanophilie dominante l'idée d'une urbanisation généralisée où le rural n'exprime par défaut que ce qui n'est pas encore affecté par la péri-urbanisation. Sous la représentation d'une urbanisation quasi généralisée de l'espace, il n'y a plus un modèle dominant de représentation du rural, mais une mosaïque d'espaces interstitiels non encore métropolisés.

La mise en évidence du processus de péri-urbanisation n'est pas suffisamment née d'une réflexion théorique globale. La définition de ce concept (contenu, critères, intensité du processus et chronologie) repose sur une accumulation d'observations monographiques éparses ayant démultiplié à foison le nombre d'indicateurs périurbains rendant peu rigoureuse l'identification de ce mécanisme.[…] Sa reconnaissance en tant qu'espace fonctionnel n'est confirmée qu'autour d'agglomérations d'une certaine taille. D'après les travaux menés par Jean-Claude Bontron et autres (Jean-Claude BONTRON, S. CABANIS, J.W. AITCHISON, P. JONES P. et L. VELARD, Essai de typologie socio-économique des cantons français, 1992), le seuil minimal oscille, en France, entre 30 000 et 50 000 habitants, en Belgique il est rehaussé à au moins 65 000 habitants (H. VAN DER HAEGEN, E. VAN HECKE et G. JUCHTMANS, « Les régions urbaines belges en 1991 », art. cité). Au-delà, le seuil des 80 000 habitants, définissant de manière internationale le concept de région urbaine formé de l'ensemble agglomération plus banlieue, n'est pas atteint. L'entité spatiale élargie où la plupart des activités de base de la communauté urbaine (habiter, travailler, éduquer, faire des courses, participer aux activités culturelles, se divertir) sont déployées ne peut développer les relations intenses créant l'ensemble fonctionnel. Si, en revanche, on ne désire pas tenir compte dans la définition des territoires périurbains du lien structurel entre la banlieue et son agglomération, on peut toujours circonscrire un nouvel espace de construction de logements individuels en périphérie de noyaux d'habitats même de moins de 2 000 habitants (Marie-Christine JAILLET et Guy JALABERT, « Politique urbaine et logement : la production d'espace pavillonnaire », dans L'Espace géographique, n° 4, 1982, pp. 293-306.). Tous les éléments de définition d'activités liées à la ville ne s'y retrouvent pas.

Nous contestons la démarche théorique qui vise à étendre le concept de péri-urbanisation à tout espace rural en mutation. La péri-urbanisation, comme l'urbanisation des campagnes, ne sont pas des concepts adaptés pour interpréter les nouvelles dynamiques de l'espace rural. Ces concepts, tels qu'ils sont actuellement théorisés, sont trop figés pour être étendus à l'ensemble de l'espace rural en mutation. La collusion de l'ensemble de ces termes invite à une nouvelle exploration de la notion de rurbanisation, jadis assimilée au concept de péri-urbanisation, et à contrer la pensée urbanophile. La rurbanisation, phénomène économico-social nouveau plus complexe à saisir que la péri-urbanisation, est une évolution rurale non périurbaine. L'apparition du phénomène, postérieure au processus périurbain, a entraîné jusqu'ici son assimilation à une forme nouvelle d'urbanisation, définie, en l'état actuel des connaissances, comme transition vers une péri-urbanisation certaine. Cette thèse n'a pour autant jamais été démontrée. La tendance actuelle est de confondre les deux expressions péri-urbanisation et rurbanisation.

Laurence THOMSIN, *Un concept pour le décrire : l'espace rural rurbanisé,* Ruralia, 2001-09, [En ligne], mis en ligne le 19 janvier 2005. URL : http ://ruralia.revues.org/document250.html. Consulté le 25 mars 2006.

Laurence THOMSIN est enseignant-chercheur à l'Université de Liège en Belgique. Il a soutenu une thèse de doctorat en sciences (3 volumes) à l'Université de Liège, 1999, intitulée : Contribution à l'étude de la rurbanisation en Wallonie. Interrogation d'avenir du processus en Europe continentale du Nord-Ouest.

Encadré 3 : *Le périurbain comme « tiers espace » : Martin Vanier*

Qu'est-ce que le tiers espace ?

[...] Cette question, pour fantaisiste qu'elle soit, n'en a pas moins le mérite d'ouvrir un débat auquel la pensée actuelle de l'aménagement du territoire semble décidée à ne pas laisser de place.

[...] L'expression est due au sociologue Jean Viard (1990) et désigne chez lui « le lieu de la nature, un territoire inconnu avant la création en 1862 du premier parc à Yellowstone ».... le terme de tiers espace désigne cet espace mi-urbain mi-rural, c'est-à-dire en somme ni vraiment urbain ni vraiment rural, qui s'est considérablement développé durant les trente ou quarante dernières années sous les vocables de périurbain, suburbain, rurbain, exurbain, contre-urbain, etc., et qui, contrairement aux espaces de croissance et d'étalement urbain des étapes précédentes, semble devoir conserver durablement des caractéristiques d'organisation spatiale qui ne le feront ni basculer du côté de la ville en bonne et due forme, ni se fondre dans la campagne éternelle et toujours renouvelée. Le tiers espace, c'est une part de la Métapolis de François Ascher (1995), un aspect de la ville émergente d'Yves Chalas (1997), ce sont les couronnes périurbaines, multipolarisées ou sous faible influence urbaine que les récents travaux de l'INSEE cartographient à partir de seuils de migrations alternantes (Le Jeannic 1996, Vallès 1998). [...] Délimiter le tiers espace reste un arbitrage statistique et conceptuel contestable et contesté. Si du côté de la ville on peut, pour dire où commence le périurbain immédiat, s'appuyer sur la limite morphologique de la continuité agglomérée, en ce qui concerne sa limite externe on n'a guère pour l'instant que le recours aux seuils arbitraires de migrations alternantes (40 %, 20 % ?). Mais peut-on saisir les territorialités nouvelles en cours d'organisation dans ce tiers espace par le seul indicateur des migrations alternantes en direction des pôles d'emploi ? Comment, par ailleurs, reconnaître statistiquement l'extension spatiale du nouveau mode d'habiter qui est l'aspiration principale à l'origine de la croissance du tiers espace, lequel est loin d'accueillir uniquement des actifs ? Il est probable qu'il faudra revenir à une combinaison d'indicateurs, comme dans le cas des défuntes ZPIU, et non se contenter d'un seul, comme pour les actuelles couronnes des aires urbaines, pour construire la proposition d'identification la plus acceptable possible, et il est vraisemblable que ces indicateurs soient à choisir dans des registres spatiaux variés (le fonctionnel certes, mais aussi le formel), tant il est vrai que le tiers espace est multiforme, discontinu et complexe.

Pour ces raisons, le terme de "tiers espace" ne prétend pas être ici le concept qui unifie et précise les différents vocables énoncés précédemment pour désigner la marge croissante entre les deux modes historiques d'organisation de l'espace que sont villes et campagnes. Il n'est pas une proposition de plus qui résoudrait l'incertitude conceptuelle que les autres n'ont pas encore surmontée, et encore moins un modèle d'espace à prétention théorique. Il n'est, assurément, qu'une figure de langage destinée à ouvrir une réflexion non pas sur toutes les dimensions de cette marge, mais très précisément sur sa construction politique, c'est-à-dire sa reconnaissance comme espace de gestion et de projet, de décision et d'action publiques.

Il n'y a rien d'étonnant, encore moins d'anormal, à ce que le tiers espace, qui n'a donc qu'une génération et qui n'est pas une unité spatiale mais un continuum de situations intermédiaires, n'ait donné lieu encore à aucune politique propre ni surtout à aucune forme institutionnelle particulière. Non seulement il faut du temps pour cela, non seulement ce n'est pas mécaniquement l'organisation de l'espace qui dicte l'institution du politique en général, mais surtout il est probable que la caractéristique même du tiers espace, cet entre-deux dont il est né, implique l'impossibilité de voir s'instituer un jour une scène institutionnelle qui lui soit propre, précisément parce que l'entre-deux, l'articulation des sphères de régulation existantes, est sa logique profonde, son destin politique pourrait-on dire.

Pourtant, tel qu'il existe, dans les aires d'influence des métropoles, dans les interstices des réseaux de villes petites et moyennes qui polarisent l'espace de métapolisation, le long des grands couloirs de circulation, et particulièrement dans certaines régions de tourisme littoral et alpin qui se sont tant urbanisées ces dernières décennies, le tiers espace n'a pas attendu qu'on le nomme pour s'inventer de fait une régulation territoriale. Elle est celle des groupes d'acteurs entremêlés, les uns plutôt issus du milieu rural originel, les autres plutôt représentatifs des citadins exurbanisés, les autres encore, et c'est là que le sujet est vraiment neuf, s'étant constitués sur place, à partir de ménages, d'entreprises, de groupements associatifs ou autres, et de tous les intérêts individuels et collectifs de celles et ceux qui sont nés dans le tiers espace.

Ce qui peut être problématique, ce n'est donc pas l'absence de régulation politique locale (par exemple le tiers espace a ses POS, ses EPCI, ses contrats, ses zones éligibles, ses bouts de pays ou de schémas directeurs, etc.), mais l'absence de reconnaissance des spécificités de cette régulation dès lors qu'elle s'organise dans un nouveau contexte spatial, ni urbain, ni rural. Ce qui pose bien le problème de la construction politique du tiers espace en tant que tel, fut-elle un hybride (ou un syncrétisme, comme on voudra).

Compilation extraite à partir d'une série d'articles écrit par Martin Vanier sur le tiers espace entre 2000 et 2004 (voir bibliographie).

Martin Vanier est Professeur de géographie et aménagement de l'université Joseph Fourier (Grenoble I), et à l'Institut de géographie Alpine. Il a consacré et consacre encore une grande partie de ses recherches au périurbain.

Le périurbain : un territoire en construction…

Le fait périurbain est une réalité qui tend à surprendre par son ampleur aujourd'hui. Pourtant, il se construit depuis la fin de la dernière guerre et l'exacerbation des frustrations des sociétés industrielles. Au départ perçu comme l'exutoire du trop plein des villes métropolisées ou des inadaptés des milieux urbains, il a, au cours de son évolution, retenu de façon progressive l'attention par la remise en cause des préjugés initiaux. De nos jours, on constate qu'une part grandissante de la population urbaine vit dans les espaces périurbains. Si dans les pays en développement le décompte n'est pas encore à l'ordre du jour, dans les pays développés en revanche, on est arrivé à une estimation satisfaisante de la population périurbaine. Prenant l'exemple de la France, à l'issue du recensement de 1990, 43 millions de personnes sur 57 vivaient dans les aires urbaines, soient 34 millions dans les pôles urbains et 09 millions dans les couronnes périurbaines.[17] *« Le rythme d'évolution annuelle de la population des couronnes périurbaines a été plus de deux fois supérieur à celui des pôles urbains entre 1962 et 1999, avec respectivement +1,64 % contre + 0,71 % »*.[18] En 1999, 40% des communes sont périurbaines, soit 20% de la population de la France métropolitaine (CERTU 2007). La population périurbaine atteint 13 millions en 2006 et représente 33% de la superficie totale du pays et une densité de 74 hab. /km² (Laganier et Vienne 2009). En moyenne, un habitant sur quatre des aires urbaines réside dans le périurbain.[19] Cette évolution qui illustre la tendance globale actuelle permet une prise de conscience de l'importance réelle des espaces périurbains dans la civilisation urbaine contemporaine.

Le périurbain est devenu un lieu de vie permanent et stable où s'observent des modes particulières tranchant nettement avec la vie en cité. Dans divers cas, il s'agit des catégories sociales frustrées, déçues ou exclues du système urbain. Les modèles de villes denses se sont révélés étouffants pour nombre de citadins qui ont décidé de se retrancher à la périphérie. Dans les pays du Nord, il est démontré que les périurbains sont en majorité des jeunes ménages modestes soucieux d'élever leurs deux enfants en moyenne dans la tranquillité, et revendiquant un certain respect de l'environnement naturel en rejetant les formes solidaires d'aménagement (Jaillet, 2004, CERTU, 2007). Si on définit socialement le repli dans l'espace périurbain comme un refus d'hériter des erreurs du passé urbain ou rural, on constate de nos jours à travers les appels des environnementalistes qu'on tend de plus en plus vers un idéal périurbain d'autant plus que les causes du repli rattrapent progressivement les périurbains.

---

[17] http ://www.senat.fr/rap/r97-415/r97-4155.html, consulté le 05 février 2010.

[18] Madoré, « Modes de vie périurbain en France. Le cas d'une aire urbaine de taille moyenne, La Roche-sur-Yon (Vendée) », Revue *NOROIS*, N° 193, Vol.4, 2004. Mis en ligne le 18 août 2008, URL :http ://norois.revues.org/index789.html

[19] CERTU, 2007, *Ibid.*

Ces périurbains sont motivés dans leurs choix par le développement rapide et la modernisation parfois spectaculaire des infrastructures de transport : trains à grande vitesse, métro, bus et voitures 4x4. Ils contribuent à la réduction drastique des coûts domicile-lieu du travail. De la sorte, les rapports espace-temps ne se définissent plus à la distance euclidienne, mais aux moyens de transport dont on dispose. Des études démontrent à suffisance le rôle des transports publics ou privés dans la périurbanisation. Les villes ont ainsi pu s'étendre jusqu'à 50 km de leurs centres pour les grandes métropoles.

Toutefois, il se pose la question des territorialités qui se forment en obstruant les identités préexistantes (Debarbieux 2002). Quoi qu'on dise, le périurbain développe en soi des activités économiques qui devraient pouvoir s'intégrer dans la production des richesses urbaines. Tout d'abord, on convient que la périurbanisation et l'étalement urbain ont accru les performances économiques de l'industrie automobile. Que ce soit dans les villes du Nord ou du Sud, le desserrement a un coût économique à l'avantage des opérateurs économiques. En Afrique subsaharienne, on remarque par exemple que l'essor du secteur des motos chinoises a un rapport étroit avec les rapports distance-lieu du travail-domicile. L'implantation des infrastructures et des services engage un certain nombre d'acteurs économiques, mais aussi la délicate question de l'agriculture périurbaine et des loisirs qui captivent les touristes du week-end. Il se pose alors la question de l'environnement et des paysages qui soulèvent le courroux des écologistes. Les dégâts environnementaux de la ville étalée valent-ils les bénéfices y relatifs? Nous sommes loin de pouvoir trouver des réponses définitives à cette question. Notons simplement que la question périurbaine devient dès lors une question politique qui tourmente les décideurs. Il est question de bien l'appréhender en prenant parti pour un aménagement spécifique. À ce titre, une nécessité de coordination des actions s'impose avec en toile de fond les schémas de cohérence territoriale au côté des plans d'aménagement.

… Mais, un territoire toujours difficile à circonscrire

Bien qu'on arrive à le caractériser, le périurbain est difficile à délimiter. On dira qu'il est la partie extérieure de l'agglomération ; celle-ci se définissant comme l'espace urbain formé par la ville et les communes environnantes où les constructions s'étendent de manière continue et forment la banlieue. Le périurbain suppose certes un centre et une zone dominée, mais dans des relations dynamiques contrôlées par les concepts de mobilité, de distance et de densité. Quand les rapports évoluent dans le sens d'un équilibre ou d'une inversion, le périurbain disparaît et s'exporte ailleurs. D'après les spécialistes, il faut un certain poids démographique à l'agglomération pour que l'espace périurbain soit fonctionnel et intégré au système urbain : 30.000-50.000 habitants pour la France (Bontron et al., 1992, Jaillet et Jalabert, 1982) ; 65.000 pour la Belgique (Van Der Haegen, Van Hecke et Juchtmans, 1991). Dans les villes des pays en développement, aucun chiffre n'est émis. Si on reste dans le modèle français, on se rend compte que l'INSEE, au cours des recensements, a construit une définition statistique du périurbain autour du concept d'aire urbaine. Cette dernière est en réalité l'entité spatiale dans laquelle doivent se retrouver tous les espaces portant un caractère urbain.[20] C'est *« un ensemble continu de communes dont au moins 40% de la population résidente active travaille dans une agglomération offrant au moins 5 000 emplois »*. De là se décompose le pôle urbain qui est une unité urbaine[21] offrant au moins 5.000 emplois sur son territoire et entouré par des couronnes périurbaines qui se définissent comme des communes où *« environ 40 % de la population active résidente ayant un emploi travaille soit dans le pôle urbain, soit dans les autres communes de la couronne périurbaine »*. En termes de continuité du bâti, les communes de la couronne périurbaine sont exclues de l'agglomération. S'y ajoutent les communes multipolarisées dans lesquelles la population travaille dans plusieurs aires urbaines. Contrairement à ce qu'on peut croire a priori, la variable clé de cette définition reste la mobilité domicile-travail et non le découpage administratif. Elle ressort clairement l'intérêt du phénomène périurbain et la nécessité de le distinguer des autres espaces, mais sur le plan morphologique, il reste difficile de l'appliquer. Toutefois, elle occulte les dynamiques internes au périurbain.

Il est aussi difficile de faire des comparaisons à l'échelle des pays en ce qui concerne la délimitation du phénomène périurbain. Aux États-Unis, la *metropolitan area* englobe les agglomérations et les zones périphériques dans un système dominé par l'offre d'emploi et le commerce. *« L'urbanized area »* ou *« urban area »*, soit aire urbaine, se comprend différemment dans les pays anglo-saxons. Aux États-Unis, c'est un groupe composé des unités de population dont la densité est d'au moins 1000 hab. par mile^2 et à laquelle on associe les unités périphériques composées d'au moins 500 hab. par mile^2. Au Canada et au Royaume uni, ce sont les zones dont l'écart entre les maisons ne dépasse pas 200 m tandis qu'en Australie, la densité minimale des aires urbaines est fixée à 200 hab. au km^2.

Les approches morphologiques du périurbain, d'abord par recoupement des bases de données géo-cartographiques, puis par télédétection haute résolution, ont donné des résultats très satisfaisants en termes de reconstitution de l'évolution des densités d'occupation du sol, permettant ainsi de faire des

---

[20] Il faut noter d'après le rapport CERTU 2007, N°13011 intitulé : *Le périurbain, quelle connaissance, quelles approches ?* que la France est l'un des rares pays d'Europe qui détient encore les communes rurales. Les autres États ont englobé les espaces ruraux dans de vastes ensembles urbains commandés par une ville-centre ou des pôles urbains, question de mieux contrôler l'urbanisation actuelle à partir du pouvoir (politique ou territorial) d'un centre urbain.

[21] L'unité urbaine étant l'ensemble composé d'une ou de plusieurs communes présentant une continuité du tissu bâti et au moins 2000 hab.

délimitations opérationnelles. Une comparaison avec les critères de fonctionnalité basés sur la perception des tâches urbaines et de l'extension périphérique a donné des résultats très différents (CERTU 2007). Le souci est moins celui d'une coïncidence des approches d'identification du phénomène que celui de son étude dans sa disparité ou son unité.

Au Cameroun et dans d'autres pays d'Afrique subsaharienne, faute de données statistiques, on délimite le périurbain à partir des combinaisons morphologiques obtenues par traitement d'images et données cartographiques (Assako Assako 1997, Assako Assako et Tonye 2000, Yemmafouo 2007). Pour des délimitations encore plus opérationnelles du point de vue foncier, nous avons circonscrit notre périurbain à partir des limites de la *« ville légiférée »*.Cette limite oppose habituellement ce qui est convenu d'appeler *« ville légale »* à la *« ville illégale »*, selon les administrateurs (Pourtier 2001). À partir de là se déploie donc le périurbain, l'espace des exclus de la *« ville officielle »*. Cette définition du périurbain en tant qu'espace urbanisé à la frontière de la *« ville décrétée »* permet d'investir toutes les évolutions socio-spatiales et environnementales qui caractérisent les périphéries des villes africaines, peut-être suivant un gradient de dilution vers le milieu rural. Mais au moins, on est certain de ne pas soustraire les *dynamiques de bas* qui les caractérisent ; ce d'autant plus qu'il semble que le périurbain africain, dans un temps relativement long, évolue vers une intégration à la ville.[22] L'application de ce corpus d'indicateurs aux villes de l'Ouest révèle que l'on peut, selon le gradient d'urbanisation, décliner aussi les couronnes et donc plusieurs espaces périurbains. S'y ajoutent les questions de perceptions qui rendent les espaces élastiques et donc plus difficiles à mesurer.

III- Les approches du périurbain : quelle priorité pour l'Afrique subsaharienne ?

La géographie a littéralement repris les mêmes approches de la ville et de la campagne pour aborder le périurbain : observer, décrire et expliquer. Les sujets ont été répartis sur les questions de formes, d'acteurs et de mobilités, d'organisation spatiale, d'environnement et de gouvernance. Ils sont sous-tendus par des démarches hypothético-déductives difficiles à soutenir, car les hypothèses de l'entre-deux s'exposent toujours aux critiques. Le schéma explicatif global est donc classique : structure-fonction-dynamique. Domaine par excellence des approches pluridisciplinaires, l'urbanisation actuelle – métropolisation, périurbanisation comme étalement urbain –, par ses spécificités, se pose comme terrain unificateur des sciences humaines et sociales. Du coup, on a l'impression qu'il n'y a plus de limite aux champs disciplinaires, que tout est melting-pot. Certainement non, chaque discipline a

[22] Nous reviendrons sur cette question.

ses outils et c'est cette complémentarité des approches qui a d'ailleurs permis de lancer la réflexion générale sur ce tournant urbain amorcé depuis le XXe siècle. Globalement, cinq approches se distinguent dans les études périurbaines d'après le CERTU[23] (2007) et intéressent toute l'Afrique.

L'approche morphologie du territoire

La première nécessité est de spatialiser le phénomène périurbain. Il faut donc définir les indicateurs. Ce qui est loin d'être facile ; ce d'autant plus que le périurbain emprunte à la fois aux indicateurs connus de la ville et de la campagne. Les bases de données géographiques et cartographiques permettent de faire des délimitations sur des bases diachroniques. L'apport des images satellitaires est fondamental. On développe des modèles de traitement d'images qui arrivent à différencier les variations de densité dans l'étalement urbain. Seulement, obtenir des images exige des investissements supplémentaires. Le programme Corine Land Cover de l'Union Européenne propose une cartographie harmonisée de l'occupation des sols en Europe. On a convenu, au niveau européen, que *« pour qu'une zone bâtie soit incluse dans la ville, il faut qu'elle n'en soit pas séparée par plus de 200 m de végétation ».*[24] Quoi qu'il en soit, le périurbain se distingue par le mitage des espaces ruraux voisins. À ce jour, trois types morphologiques sont acquis (CERTU 2007) :

- la forme discontinue, voire satellitaire ;

- la forme d'émiettement complet ;

- la forme dérivant des lignes de faiblesse du milieu rural, par exemple en se fondant sur les caractéristiques de l'offre foncière. Cette dernière caractérise mieux la situation en Afrique. En effet, l'offre foncière est la principale variable qui commande la périurbanisation. Les Systèmes d'Information Géographique permettent de mettre sur pied des modèles d'étalement urbain. Les modèles de densité adossés sur le modèle initial de Clark se créent et s'amendent suivant l'évolution du phénomène. Le plus couru est le modèle de Bussière qu'Ernault

---

[23] Le CERTU (Centre d'Etudes sur les Réseaux, les Transports, l'Urbanisme et les Constructions Publiques) est un organisme *« d'études dans le domaine des réseaux urbains, des transports, de l'urbanisme et des constructions publiques, pour le compte de l'État ou au bénéfice des collectivités locales, établissements publics ou entreprises chargés de missions de service public ou des professions en cause. ... Il contribue, par ses activités de statistiques, d'enquêtes, d'études, d'expertises, d'expérimentation et d'innovation technologique, de production de logiciels, de publication d'ouvrages techniques et méthodologiques, de formation et d'information, au progrès des connaissances et des savoir-faire et à leur diffusion. Il participe également au développement des échanges d'expériences et à la promotion des techniques françaises à l'étranger. Dans son champ d'activités, il contribue à l'élaboration de la normalisation et de la réglementation technique ainsi qu'à la mise en œuvre des autres actions de l'État ». http ://www.certu.fr/fr/Tout_sur_le_Certu-n517-s_page_footer.html*

[24] Cité par Assako Assako et Tonye, « Évaluation comparative des méthodes pour la délimitation d'un périmètre urbain par télédétection », *Revue Télédétection*, Vol. 1, N°4, 2000, pp.305-325.

(2003) a modifié pour développer un modèle de dilution urbaine. D'autres modèles fondés sur la géométrie fractale sont développés (Frankhauser). Cependant, ces nouveaux modèles autant que les anciens sont difficiles à reproduire dans le contexte africain où les logiques spatiales défient tout raisonnement logique. Les morphologies fondées sur les définitions statistiques du périurbain sont les plus utilisées en Europe. Mais, elles ne coïncident pas avec les morphologies dérivées des traitements d'images.

L'approche acteurs

Prisée par les sociologues, les psychologues et les anthropologues, elle privilégie les spécificités des modes et conditions de vie. On cherche à comprendre qui sont les périurbains. Quelles sont les motivations sociales, économiques et psychologiques de leur retrait à la périphérie ? Le but en est de dresser leurs profils sociologiques. Les périurbains constituent une mosaïque sociologique dans laquelle dominent les classes relativement moyennes et les jeunes ménages. Tout cela semble avoir beaucoup évolué avec l'accélération du phénomène périurbain et mérite un réinvestissement. La croissance démographique périurbaine intéresse dans le cadre du suivi de l'évolution du rapport solde migratoire-accroissement naturel et de la pyramide des âges. Le rapport à la maison en temps que espace de vie exprime la vision du monde du périurbain. Le rythme de fréquentation des lieux et finalement les formes de mobilités offrent une appréciation de la relation au centre-ville. Les conditions de sociabilité et donc d'intégration et d'exclusion de l'espace des ruraux, mais aussi d'accueil de nouveaux périurbains s'intègrent pleinement dans cet axe.

Les mobilités domicile-lieu de travail plus connues sous le nom de migrations pendulaires ou alternantes sont les aspects les plus étudiés de la dynamique périurbaine au point où certains en ont fait une approche particulière. Les conditions de mobilité impliquent les types et la qualité des infrastructures de transport. La périurbanisation est fille du développement des transports, serait-on en droit de dire, car TGV, voitures de grandes puissances et autoroutes ont particulièrement amplifié ce phénomène. Mais, il reste dans beaucoup de cas à établir l'ordre d'occurrence entre les deux. Cette approche paraît de plus en plus réductrice, puisqu'elle conditionne le périurbain à l'aire urbaine, alors qu'on note que toutes les mobilités ne sont plus forcément pendulaires ou régulées dans le sens du fonctionnement de la ville. Une part importante de la population périurbaine n'est plus très mobile. D'où la préférence actuelle de l'approche *« bassin de vie »* (CERTU 2007).

L'approche organisation du territoire périurbain

Cette approche unit géographes, sociologues et économistes. Il est question de la fonctionnalité des espaces et de l'économie périurbaine. On s'intéresse alors à leur structuration et à leur attractivité ; et on en analyse le choix de localisation des services et des infrastructures ainsi que les offres d'emplois qui en découlent. La question de l'agriculture périurbaine est posée sous son angle socio-économique. Le périurbain est aussi envisagé dans ses rapports économiques avec la ville-centre. S'y analysent donc la rentabilité des services de transport et la portée des biens et services rares ou non que recherchent les périurbains. Les opérateurs économiques peuvent alors s'appuyer sur ces approches pour faire leurs choix de localisation.

L'approche cadre de vie et environnement

Dans un premier temps, on cherche à mesurer les éléments de la qualité de vie en milieu périurbain et surtout le bien-être des habitants. La question des infrastructures et services indispensables est analysée. On s'interroge alors sur l'autonomie ou la dépendance du périurbain des services de la ville, sur la modification des paysages et pour finir, la question de l'environnement. La périurbanisation est-elle un gaspillage des ressources et une aggravation des questions environnementales par rapport à la ville compacte ? Les réponses à cette question constituent le point faible qui conduit souvent à la condamnation du phénomène. Destruction du couvert végétal, aggravation des processus érosifs, pollution de l'air, augmentation des dépenses budgétaires, tels sont quelques résultats-types des recherches sur cette approche. Mais, on ne s'est pas trop souvent posé la question de savoir par rapport à quelles solutions alternatives.

L'approche gouvernance périurbaine

La question périurbaine est une question politique et demande donc une investigation des solutions politiques et législatives pour mieux l'appréhender. Le périurbain lui-même est un terrain politique, mieux d'apprentissage politique tant les tendances protestataires[25] de ses habitants en font un sujet de maîtrise du jeu politique. Quels sont les modes et les moyens de régulations qui doivent permettre une meilleure articulation entre la ville, le périurbain et le rural ? Partant des configurations territoriales existantes : communes, communautés de communes, aires urbaines, communautés d'agglomération, unité urbaine, pôle urbain, on envisage des modes de gouvernance et les moyens de leur mise en œuvre. En France, le schéma de cohérence territoriale et l'interterritorialité sont le fruit de longues recherches, mais ne semblent pas toujours faciles à mettre en œuvre.

---

[25] Un certain réflexe de NIMBY (Not In My Back Yard) habite les périurbains et cela se vérifie en France par leur vote protestataire au cours des échéances électorales. C'est une occasion pour eux de faire connaître leurs choix par rejet des choix de politiques urbaines ou par la promotion politique des leurs (Jaillet, Brévard, Rougé, 2004, *Le Périurbain, terrain d'aventure politique pour les classes moyennes ;* Bussi et al., « Le vote comme expression des inégalités et des nouvelles frontières rurales-urbaines en France », in S. Arlaud et al. (dir.), *Rural-urbain, nouveaux liens, nouvelles frontières*, 2005, pp.395-413.

Certes, l'Afrique se bat encore pour maîtriser l'urbanisation postcoloniale, mais est-ce à dire qu'elle n'est pas concernée par le mouvement de l'urbanisation actuelle ? La réponse est évidemment non. Même si elle semble toujours manquer d'anticipation sur les problèmes qui touchent à sa destinée, l'Afrique ne doit négliger aucune entrée dans l'étude de ce phénomène. Si l'urbanisation postcoloniale a surpris et justifié l'ampleur des bidonvilles, la phase actuelle, après un demi-siècle d'indépendance, ne devrait plus surprendre. Partant de cette hypothèse, on s'aperçoit qu'il y a une forte probabilité pour que les mêmes causes produisent les mêmes effets. La pauvreté a résisté et s'est même aggravée à certains endroits, tandis que l'instabilité politique, la crise économique et le déficit de gouvernance ont anéanti des efforts. Cependant, depuis le début des années 1990, les États soumis à l'ouverture démocratique et à la gouvernance ont produit des résultats appréciables (Ghana, Mali, Sénégal), en termes de planification urbaine et d'aménagement du territoire. Au Cameroun, l'impression d'un réveil de l'État s'observe depuis la moitié de la décennie 2000 et tout porte à croire que la tendance va se maintenir au regard des nouvelles dispositions institutionnelles et juridiques, mais aussi des actions en cours sur le terrain. Même s'il faut craindre que celles-ci ne durent que le temps d'un mandat politique.

L'Afrique devrait saisir le mouvement actuel pour repenser son développement urbain et non plus porter son destin sur l'Occident (Courade 2006). Par exemple, c'est le moment de se demander si elle a besoin des tours pour loger ses citadins ou des maisons individuelles. Le mouvement actuel semble d'ailleurs mieux coller aux réalités des classes les moins aisées, interdites de résidence en ville où les tours sont réservées aux riches. Les classes pauvres qui constituent souvent près de ¾ de la population urbaine retrouvent au périurbain un espace d'activités secondaires capable de renforcer leurs revenus de la ville. Comme l'État n'est pas le maître du jeu foncier dans cet espace et au regard de ce que les infrastructures structurantes sont bien accueillies, l'entrée prioritaire est sans doute celle d'une planification intelligente – non fiscale et moins dépensive – et la gouvernance.[26] Une réappropriation des études et des mesures prises au nord peut être un moyen de mise en œuvre.

IV- Le périurbain, conscience tardive ou absence dans les politiques de planification urbaine au Nord comme au Sud ?

Le périurbain entre dans la littérature urbaine francophone vers la fin des années 1960 et ne prend véritablement place dans les débats scientifiques que dans les années 1980, après les questions soulevées par Bauer et Roux (1976) dans l'ouvrage intitulé *La rurbanisation ou la ville éparpillée.* Du côté des

[26] Nous donnerons les détails dans l'étude du cas camerounais.

politiques, le phénomène périurbain se masque dans les SDAU et les POS censés prévenir l'extension non contrôlée des villes. Très vite, on mesure leur faible portée par leur démarche trop administrative, voire autoritaire et une tendance à créer de la spéculation ou de la rétention foncière quand bien même on ne constate pas simplement leur obsolescence précoce (Lecat, 2006). Si on se permet encore d'évoquer le cas français, on constate que c'est à partir de la loi d'orientation foncière de 1967 que de nouvelles orientations et exigences des SDAU et des POS prennent timidement le phénomène périurbain en compte, non pas dans l'intérêt de le comprendre, mais de le contenir absolument. La loi SRU (Solidarité et Renouvellement Urbain) de la fin de la décennie 1990, modifiée par la loi sur l'Urbanisme et Habitat (UH) du 2 juillet 2003, constate l'échec de la ville compacte et cherche à recoller les morceaux d'une société urbaine divisée, justement ce que Donzelot (2006, 2004) appelle : *« la ville à trois vitesses : relégation, périurbanisation et gentrification »*. La loi SRU remplace les Schémas Directeurs d'Aménagement par des SCOT (Schéma de Cohérence Territoriale) dont l'ambition principale est de fédérer les politiques publiques en matière d'habitat, logement, transport, commerce et environnement (Morand-Deviller, 2008).

Une comparaison Nord-Sud révèle l'ancienneté du cas américain, profondément marqué par le développement des transports, les recompositions socio-raciales et la disponibilité de l'espace. La périurbanisation fait partie intégrante du *« rêve américain »* symbolisé par le *« chez-soi »* et la vie privée et familiale dans une société essentiellement capitaliste (Mouafo, 1994). En Europe, les politiques d'aménagement du territoire ont fortement contrôlé l'étalement urbain par rapport à l'Amérique du Nord où les jeux spéculatifs des organismes privés ont largement exploité la rente foncière. L'extension urbaine s'organise en couronnes concentriques autour des centres historiques et l'État s'adjuge le monopole de la construction des logements sociaux. La reconstruction d'après-Deuxième Guerre tient une place primordiale dans cet engagement des États dans le développement des villes. Les villes nouvelles ou villes satellites sont créées dans un processus de décentralisation qui vise à diminuer l'influence des grandes métropoles par un rééquilibrage de l'aménagement du territoire. On se souvient à cet effet du célèbre ouvrage de Jean-François Gravier (1947), *Paris et le désert français*, ouvrage qui, en remettant justement en cause le monopole de Paris sur le territoire français, impulsa une dynamique de décentralisation urbaine qui fait aujourd'hui la fierté de la France.

Dans les pays en développement et plus particulièrement ceux d'Afrique, la logique du front d'urbanisation et de l'habitat semi-urbain prédomine (Mouafo, 1994). Contrairement au Nord où l'urbanisation est la conséquence de la révolution industrielle, au Sud, comme le confirme Haeringer (1993), elle n'est pas le fruit d'un processus de développement, sauf de rares exceptions. Pauvreté et informel y disqualifient les modèles du Nord. L'exode rural naturellement exutoire de tous les maux a donc pour conséquence l'habitat spontané et anarchique, l'insécurité et la dégradation de l'environnement. Cette vision de l'horreur que nous ne partageons certainement pas n'a pas permis de consacrer aux villes africaines le rôle de moteur de développement qu'elles devraient remplir en synergie avec les périphéries rurales. Très peu de pays se sont véritablement engagés à consacrer au périurbain et à la périurbanisation l'attention qu'ils méritent. Pourtant, les faits périurbains sont saisissants et empreints de conflits multiformes pouvant être inversés en dynamique de développement. La logique administrative est donc de combattre le phénomène, mais comme l'État n'a pas la mainmise sur le foncier périurbain, il se réduit à édicter des textes réglementaires qui s'appliquent sporadiquement. Dans le contexte de la décentralisation, l'organisation de la périurbanisation revient aux autorités municipales et sous le contrôle du préfet représentant de l'État. Elles doivent conduire les SDAU, les PDU et les POS qui anticipent sur l'extension urbaine qu'ils soumettent à l'approbation du ministre de tutelle avant application. Entre le temps de réalisation – si possible – et celui d'approbation, il se passe généralement 10 ou 15 ans, ce qui rend obsolètes les plans au moment de leur mise en application. Dans ce contexte, les approches par le *« bas »* doivent être privilégiées sans présupposés sur les menaces de cette forme d'urbanisation.

Prenant l'exemple du Cameroun, si l'on juge par les différentes modifications de dénominations du ministère en charge des questions urbaines, par l'évolution des budgets à lui alloués, ainsi que par l'activité législative de cette décennie, on doit conclure à une prise de conscience sur le plan institutionnel des enjeux de l'urbanisation actuelle. En 1997, un ministère entier est consacré à la ville, malheureusement avec un budget de moins d'un milliard de FCFA. En 2004, le ministère du Développement Urbain et de l'Habitat est créé avec une dotation budgétaire de cinquante milliards de FCFA en 2009, dont quarante consacrés directement à l'investissement. Cependant, les efforts sont concentrés uniquement sur la réhabilitation des infrastructures routières des grandes villes, notamment Douala et Yaoundé. Il y a peu de réflexion prospective sur le développement des villes dans une perspective systémique s'inscrivant dans un plan global d'aménagement du territoire. Cette réflexion est localement abandonnée aux collectivités locales qui n'ont pas les moyens d'une telle politique.[27] Le caractère impopulaire des décisions à prendre vaut méfiance et donc manque d'engagement. D'où la préférence des actions calculées sur le temps d'un mandat électoral ou d'une nomination.

---

[27] Le décret N°2008/735 du 23 avril 2008 fixant les modalités d'élaboration et de révision des documents de planification urbaine, même s'il lève quelques exceptions d'ailleurs rarissimes, consacre en son article 4, l'initiative dudit document au maire sans clairement déterminer les ressources nécessaires.

Au demeurant, on constate que les grands enjeux de la planification urbaine restent avant tout fonciers. Le contexte de création quasi autoritaire des villes pendant la colonisation a créé frustrations et résistances des propriétaires fonciers périurbains pour le développement de la ville. L'expropriation pour cause d'utilité publique ou l'incorporation des terrains dans le domaine privé de l'État est de tout temps contestée, car les procédures d'indemnisation ne sont jamais acceptées de tous et le doute persiste sur la destination finale et l'usage à temps des immeubles expropriés. Au Cameroun, vers la fin de la deuxième décennie de l'indépendance, l'État a mis sur pied le triptyque Crédit Foncier-MAETUR-SIC pour concrétiser sa politique de maîtrise de l'urbanisation. Le Crédit Foncier devait fournir le crédit nécessaire pour construire dans les aménagements et les lotissements fonciers créés par la MAETUR. La SIC devait produire les logements sociaux. La crise économique et la mauvaise gestion n'ont pas permis à ces sociétés de fournir le minimum de la demande en logement, ne serait-ce que celle des grandes métropoles. Malgré tout, leurs réalisations, aussi infimes soient-elles, sont de nos jours les socles de l'étalement périphérique que nous étudions. Les propriétaires fonciers aux alentours des réalisations MAETUR-SIC ont prolongé des aménagements et des constructions spontanés qui méritent une plus grande attention dans l'analyse des processus urbains actuels. Sans doute, si le cadre légal était mieux structuré à ce moment, on aurait eu des paysages différents. Le ministère estime le déficit actuel de logement à plus de 600 000.

Juste avant la loi régissant l'urbanisme de 2004, le monopole des aménagements fonciers et des lotissements revenait aux sociétés précédemment citées. Cette situation a longtemps plombé les possibilités d'aménagements concertés qui auraient été une voie de négociation foncière avec les coutumiers périurbains. La loi actuelle corrige ces manquements et permet des négociations d'aménagement foncier[28] entre propriétaires terriens et/ou les pouvoirs publics ou les aménageurs privés. Le nouveau découpage du territoire national en région donnera à coup sûr de nouvelles orientations dans la planification urbaine. Le fait d'avoir ôté l'adjectif « urbain » ou « rural » qui différenciait certaines communes[29] est sans doute une orientation significative vers la reconnaissance de l'omniprésence de l'urbain dans le pays. En effet, l'article 152 de la loi 2004/018/ du 22 juillet 2004 fixant les règles applicables aux communes stipule, en son alinéa 1, que *« les communes créées en vertu de la loi n°74/23 du 5 décembre 1974 portant organisation communale, ensemble ses modificatifs subséquents, perdent leur qualification d'urbaine ou de rurale, à compter de la date de promulgation de la présente loi »*. Cet article qui passe

[28]Chapitre IV du décret N°2008/0738/PM du 23 avril 2008 portant organisation des procédures et modalités d'aménagement foncier.

[29] Dans les communes querellées, cette décision visait à taire les disputes de territoire entre 02 communes adjacentes dont l'une est rurale et l'autre urbaine. C'était le cas à Dschang où les communes rurale et urbaine se livraient constamment aux discutes territoriales.

pourtant inaperçu au milieu des chercheurs est significatif dans la mesure où il reconnaît *ipso facto* l'omniprésence du fait urbain dans toutes les communes. Malheureusement, il manque une définition statistique du périurbain. Dans les communes querellées entre le rural et l'urbain, cette disposition est très mal perçue par une certaine opinion, car elle s'accompagnera plus tard d'un décret réorganisant ces communes dans l'ensemble du territoire. Par exemple, la dissolution de la commune urbaine de Dschang pour une nouvelle entité territoriale dénommée *« commune de Dschang »* en 2007 est localement perçue comme une manœuvre politique visant à arracher la gestion de la ville des mains des partis d'opposition. Il semble donc nécessaire pour chaque ville d'établir un projet urbain en explorant si possible les approches de l'interterritorialité qui ont cours en Europe.

On en revient à constater que dans le débat conceptuel en cours, périurbain et périurbanisation conviennent mieux aux espaces fermés comme ceux d'Afrique, et lorsque l'on veut s'intéresser uniquement aux pourtours de la ville admise comme telle. Bien entendu, il ne s'agit que d'une prise de position qui ne clôt pas le débat, tant les approches sont diverses et obligatoirement pluridisciplinaires. Personne au Nord comme au Sud n'a vu venir le périurbain, mais plus il se met en évidence, plus les politiques réagissent à des degrés divers de part et d'autre. D'où la nécessité pour le cas des villes de l'Ouest-Cameroun de partir des processus d'urbanisation pour mieux appréhender ceux de périurbanisation et spatialiser l'étalement urbain.

Chapitre 2

L'urbanisation et la périurbanisation à l'Ouest-Cameroun

Les villes de l'Ouest-Cameroun, tout comme la plupart des villes d'Afrique, sont filles de la colonisation. Comme telles, on leur a trop souvent collé des profils à la limite répugnants, sur la base du fait qu'elles n'étaient pas un produit du développement comme au Nord. Certes, il ne s'agit pas totalement de faux clichés, mais d'une stigmatisation qui finalement a nui à leur développement sur la base de modèles fondés sur les réalités socioculturelles locales. Voilà pourquoi les facteurs d'urbanisation à l'Ouest sont accrochés à l'histoire du Cameroun, tandis que les facteurs de la périurbanisation s'inscrivent dans des logiques hybrides alliant à la fois les constances socioculturelles locales et du modernisme. L'étalement urbain suit la même logique et permet d'établir un rapport de la périurbanisation des villes de l'Ouest aux modèles théoriques et de dégager un scénario pour le périurbain.

I- Aspects généraux de l'urbanisation camerounaise

Le Cameroun présente tous les traits de l'urbanisation en Afrique tropicale. Les travaux du Centre de Géographie Tropicale de l'Université de Bordeaux 3 et de l'ancien ORSTOM (devenu IRD) en démontrent une urbanisation héritée de la colonisation. Elle se lit suivant le modèle ville coloniale/ville spontanée et anarchique ou pour les situations les plus élaborées, le modèle ville coloniale/ville nouvelle/ville spontanée et anarchique. L'urbanisation est essentiellement le résultat d'un exode rural massif au lendemain des indépendances (Vennetier 1989, 1991, 1993 ; Mainet 1985 ; Franqueville 1984, 1987 ; Champaud 1984, etc.). Cette urbanisation à deux vitesses est la figure des villes du tiers-monde qui avait tôt retenu l'attention de Milton Santos (1971). Cependant, quelles sont les évolutions après un demi-siècle d'indépendance ? Il y a eu des évolutions globalement positives. Mais pour l'instant, aucune synthèse n'est disponible. Depuis 2002, plus de 51,8% de Camerounais vivent en ville, soient 8 384 400 de citadins sur 16 163 600 de Camerounais (INS 2008).[30] En 1976, soit juste un quart de siècle, le pays était

[30] Ces estimations de l'INS (Institut National de Statistique) ont été contredites par les résultat du recensement de 2005 publiés en 2010. Ces résultats ont été vivement contestés à la fois par les scientifiques et l'opinion, notamment sur la délimitation des espaces urbanisés et la conduite des enquêtes sur le terrain. Ce qui aggrave l'hésitation à les utiliser, c'est que jusqu'à aujourd'hui, on attend toujours les résultats détaillés. Dans cet embarras, nous restons dans la ligne des experts qui sont unanimes sur le fait que ce taux devrait atteindre les 58% à l'heure actuelle et peut-être

encore à 71,5% rural (tableau 1). La rapidité avec laquelle le phénomène urbain s'est installé justifie l'ampleur des problèmes à résoudre tant que l'État ne dispose pas de moyens adéquats pour accueillir l'afflux de ruraux et l'accroissement naturel des citadins.

***Tableau 1** : Évolution de l'urbanisation au Cameroun*

Années	1976	1987	1992	1997	2002	2005
Population totale	7 663 246	10 493 655	12 194 700	14 044 100	16 163 600	17 463 836
Population urbaine	2 184 242	3 968 919	5 175 500	6 623 000	8 384 400	8 514 938
Population rurale	5 479 004	6 524 736	7 019 200	7 421 100	7 779 200	8 948 898
Densité de population au Km2	16,44	22,52	26,17	30,13	34,68	37,5
Taux d'urbanisation (%)	28,5	37,8	42,4	47,2	51,8	48,75
Taux de croissance annuelle de la population	3,0	2,9	2,9	2,8	2,8	2,8

Source données : Institut National de Statistique (INS 2008, 2010). 1976, 1987, 2005, recensements officiels ; 1992, 1997, 2002, estimations INS.

L'armature urbaine du Cameroun montre un système de villes bipolaires (figure ci-après) plutôt rare en Afrique subsaharienne où on a habituellement affaire à une macrocéphalie urbaine écrasante : les métropoles économique et politique sont toutes millionnaires, mais n'étouffent pas littéralement la croissance des villes régionales dont le rythme s'est accéléré depuis la crise économique des années 1980 à la fin des années 1990. À l'observation de cette figure, trois grandes zones de polarisation émergent, respectivement : le grand Ouest polarisé par Douala, le grand Sud focalisé sur Yaoundé et le grand Nord contrôlé respectivement par Maroua, Garoua et Ngaoundéré (Fotsing, 2002).

plus avec une bonne intégration de la population des aires urbaines. Selon ONU-Habitat (2008), ce taux est de 57%.

Figure 3 : *système urbain camerounais en 2005*

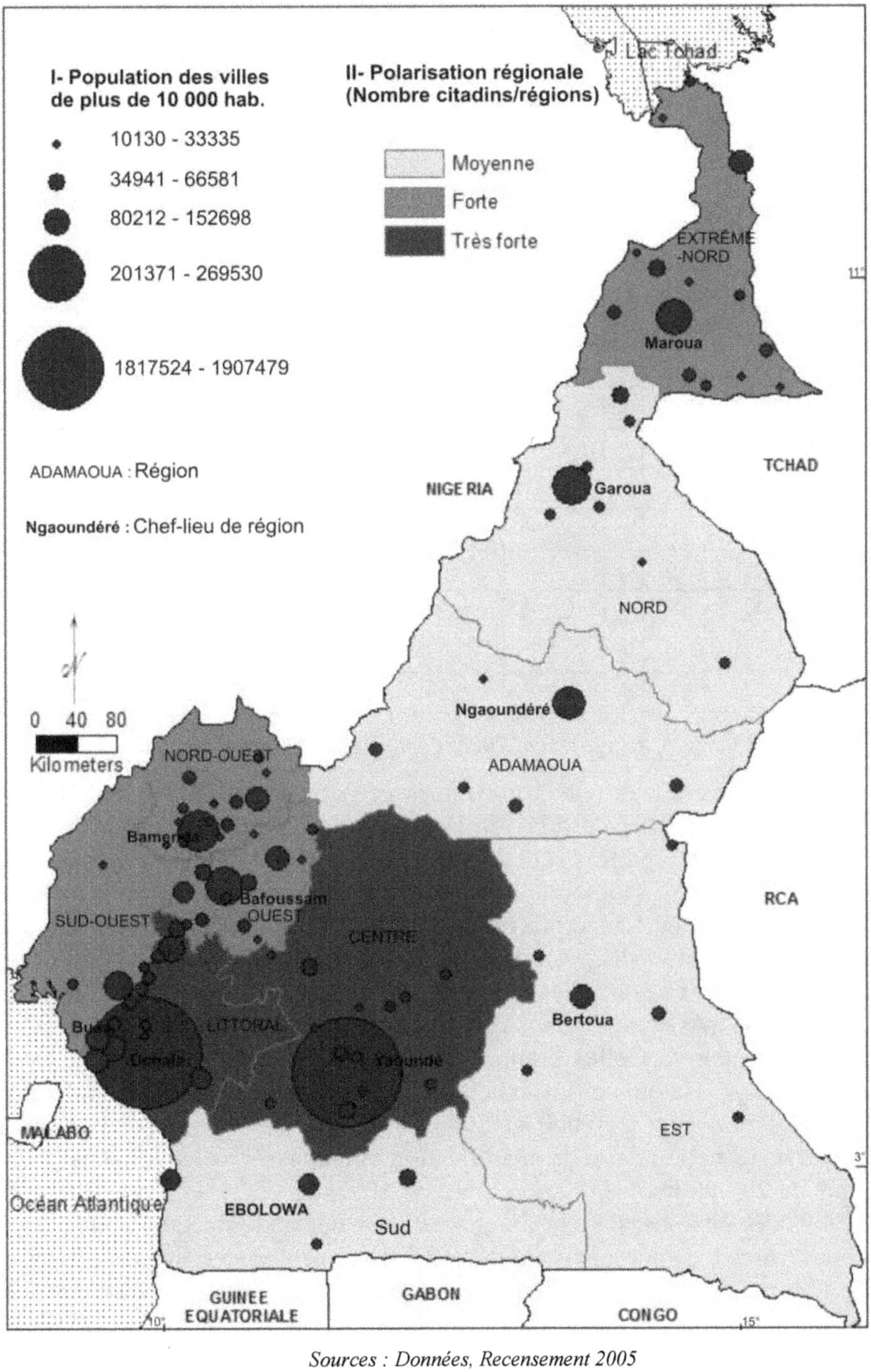

Sources : Données, Recensement 2005

À l'échelle du pays, le nombre de villes de 5000 hab. et plus est passé de 8 en 1950 à 51 en 1967 pour atteindre 72 en 1976, 104 en 1987, 113 en 1997 et 127 en 2002 (Assongmo, 2003) ; soit une moyenne de 2 villes et plus chaque année. Au recensement 2005, celles-ci sont au nombre de 165 (Tableau ci-dessous). Le même tableau nous montre la distribution spatiale des villes dans le territoire national.

Tableau 2 : Caractéristiques des villes camerounaises au recensement 2005 (à partir de 5000 hab.).

	REGIONS											
Taille de la ville	**ADAMA-OUA**	**CEN-TRE**	**EST**	**EXTREME-NORD**	**LITTO-RAL**	**NORD**	**NORD-OUEST**	**OU-EST**	**SUD**	**SUD-OUEST**	Total Cameroun	Population de villes
5 000 – 9999	4	5	5	12	2	7	10	10	1	7	63	446 168
10 000 – 19 999	3	10	2	9	2	2	9	5	1	3	46	648 203
20 000 – 49 999	4	2	3	5	5	4	3	5	0	2	33	1 013 058
50 000 – 99 999	0	1	1	1	1	1	1	2	3	3	14	988 190
100 000 – 199 999	1	0	0	0	1	0	0	0	0	1	3	401 016
200 000 – 499 999	0	0	0	1	0	1	1	1	0	0	4	946 184
500 000 – 999 999	0	0	0	0	0	0	0	0	0	0	0	0
1 000 000 et plus	0	1	0	0	1	0	0	0	0	0	2	3 724 486
Total ville/région	**12**	**19**	**11**	**28**	**12**	**15**	**24**	**23**	**5**	**16**	**165**	**8 167 305**

Source : Données, recensement 2005, compilation, Yemmafouo (2011)

À cette échelle, les villes moyennes et petites (inf. à 500 000 hab. selon ONU) contrôlent plus de 56% de l'urbanisation. Cela est surtout l'œuvre de l'État qui a érigé – parfois sous la pression des élites – des localités entières en centres administratifs, les transformant du même coup en villes. Cependant, il faut faire figurer en bonne place l'apport des élites autochtones ou non dans le développement des villes. Après le décret de création de l'unité administrative, donc de la ville, ce sont elles qui sont à l'avant-garde des tâches d'équipement et de services (Assako Assako, 2001-b). Au recensement 2005, seules 02 villes sont millionnaires. Celles comprises entre 500 000 et 1 million d'habitants n'existent pas. Ce qui confirme la bipolarité du réseau urbain national. 04 villes régionales ont entre 200 000 et 500 000 hab. et seront en avant-garde de la multipolarité nationale si la planification urbaine s'y orientait. Les villes de moins de 20 000 hab. sont au nombre de 109, soit 66 %, et représentent moins de 14 % des citadins. Partant du contexte foncier et de l'occupation intense des milieux ruraux camerounais, nous considérons qu'en dessous de 20 000 hab., une ville ne présente pas d'enjeux suffisants pour que son étalement ait une influence significative sur sa périphérie. Donc, en dessous de ce seuil,[31] une ville ne peut structurer un espace périurbain convenable. Nous en comptons 56 qui se partagent 83,06% des citadins du pays. Dans cette proportion, les métropoles Douala et Yaoundé se réservent plus de 52 %.

L'Extrême-Nord, le Nord-Ouest et l'Ouest ont tous plus de 20 villes. Associées au Littoral, ce sont les régions les plus densément peuplées du pays. Seul le Sud a 05 villes ; c'est la région la moins peuplée du pays, mais au moins 10% de la superficie du territoire national. Le taux annuel de croissance de ces villes est tout aussi significatif et marque l'ampleur de l'urbanisation au Cameroun (tableau ci-dessous).

Tableau 3 : Taux de croissance des villes camerounaises de plus de 50 000 hab. en 2005

Villes	Source des données			Taux d'accroissement annuel moyen (%)	
	RGPH 1976	RGPH 1987	RGPH 2005	1976-1987	1987-2005
SANGMELIMA	14 758	23 261	51 308	4,2	4,3
GUIDER	17 197	32 775	52 316	6,0	2,5
MBALMAYO	22 075	35 390	52 813	4,4	2,2
KRIBI	11 261	21 507	59 928	6,1	5,7
TIKO	14 810	23 559	60 796	4,3	5,2
DSCHANG	17 814	35 717	63 838	6,5	3,2
EBOLOWA	18 239	34 771	64 980	6,0	3,4
EDEA	25 398	50 609	66 581	6,5	1,5
KUMBO	12 533	33 353	80 212	9,3	4,8
FOUMBAN	33 737	57 271	83 522	4,9	2,1
LIMBE	26 988	44 561	84 223	4,7	3,4
BERTOUA	14 982	43 402	88 462	10,1	3,9
KOUSSERI	12 456	53 713	89 123	14,2	2,8
BUEA	24 584	32 871	90 088	2,7	5,6
NKONGSAMBA	70 464	85 420	104 050	1,8	1,1
KUMBA	44 175	70 112	144 268	4,3	4,0
NGAOUNDERE	38 840	78 062	152 698	6,5	3,7
MAROUA	67 187	123 296	201 371	5,7	2,7
GAROUA	63 900	141 839	235 996	7,5	2,8
BAFOUSSAM	62 239	112 681	239 287	5,5	4,1
BAMENDA	48 111	110 142	269 530	7,8	4,9
YAOUNDE	313 706	649 252	1 817 524	6,8	5,7
DOUALA	458 426	809 852	1 907 479	5,3	4,7

Source : Recensement 2005

Entre 1976-1987 et 1987-2005, le taux de croissance des villes camerounaises s'est globalement ralenti, mais la croissance est restée soutenue. Ce ralentissement est d'ailleurs normal entre la découverte de la ville postindépendance essentiellement marquée par l'exode rural massif et la ville post-crise structurée par l'accroissement naturel et un exode rural régulé. La

[31] Le seuil démographique admis en France en 1992 était de 30 000 hab., mais vu l'importance du phénomène, cette limite est désuète, cf. encadré 2.

moyenne de ce taux est de 3,6 ; ce qui reste très significatif. Les plus élevés (>4,5%) sont dans les métropoles, mais aussi les villes régionales et secondaires. Ce qui permet de comprendre que c'est une croissance multi-niveau, pas uniquement contrôlée par un processus de métropolisation pénalisante pour les petites villes. La littoralisation de l'urbanisation se confirme avec un taux de croissance supérieur à 5 % pour les villes Kribi, Tiko, Buéa. Bamenda, Sangmélima, Bafoussam et Kumba matérialisent, pour leur part, le dynamisme des villes régionales dans le processus de développement de leur région.

La situation de croissance accélérée des villes secondaires, en dépit de la métropolisation, mérite qu'on leur accorde plus d'attention. Elles vivraient leurs phases *« d'explosion urbaine »* et quelles que soient les situations conjoncturelles ou non qui les y ont conduites, il faudrait désormais leur accorder plus d'importance dans la planification urbaine et l'aménagement du territoire. En effet, en tant que pôle structurant de l'économie locale, elles sont fortement intégrées dans un système de villes coordonnées par des métropoles plus puissantes, mais qui n'occultent pas leur croissance de plus en plus marquée par le sceau de la coopération internationale décentralisée.[32] D'ailleurs, il a été démontré que les grandes villes ont vécu plus durement la crise économique que les plus petites. Ces dernières ont bénéficié de la proximité rurale et des mouvements de retour des jeunes qui avaient tenté des aventures infructueuses dans les grandes villes (Gubry et al., 1996 ; Kamga, 2002).

II- Facteurs de l'urbanisation à l'Ouest-Cameroun

L'urbanisation à l'Ouest-Cameroun s'inscrit dans le processus global d'aménagement du territoire et de planification urbaine au lendemain de l'indépendance. De création coloniale comme partout ailleurs à l'exception de Foumban, les villes évoluent au rythme de l'histoire politique et socio-économique du pays. La rébellion armée et les stratégies de sa répression, mais aussi les réussites et les déconvenues du café, le développement autocentré marquent profondément le paysage urbain de l'Ouest.

Un territoire compartimenté et densément peuplé

L'Ouest-Cameroun est l'une des régions les plus densément peuplées du Cameroun. Elle est divisée en deux pays : le pays bamiléké et le pays bamoun, tous répartis sur des unités topographiques distinctes portant le nom de chaque territoire. Au total, 2 353 000 hab. concentrés sur une superficie de 13 892 km, ^{2} soient 169,38 hab./km^2 en 2008 (INS 2008). Elle abritait, en 1987,1 339 791 hab. pour une densité de 96,44 hab. /km^2. Les disparités locales sont encore

[32] Jumelage de villes, projets communs, accord de conventions internationales, etc., cas de Dschang, Bangangté.

plus fortes en pays bamiléké : plus de 860 hab. /km² dans la Mifi avec des pointes rurales de plus de 1200 hab. /km². Le pays bamoun, qui couvre 7 687 km² soit plus de la moitié de cette région, présente des densités plus lâches (67,04 hab. /km²) comme le montre la figure ci-après. Ces fortes densités de population ont impressionné les premiers administrateurs coloniaux et les premiers chercheurs. Elles ont aussi alimenté de grands courants migratoires tant vers les villes naissantes que vers les grandes plantations coloniales (Tardits, 1960 ; Champaud, 1980 ; Dongmo, 1981). Cependant, le même engouement ne s'est pas manifesté pour la prise en charge (expression chère à Jean-Louis Dongmo) des villes locales comme pour les métropoles Douala et Yaoundé. Ainsi, les villes Bangangté et Bafang ont été longtemps sous-occupées car les natifs ont plutôt décidé d'investir d'autres villes. On peut d'ailleurs se demander si la surpopulation était le seul motif majeur de l'émigration bamiléké très active pendant la décennie 1970. Tous les auteurs ayant travaillé à l'Ouest-Cameroun confirment au moins trois systèmes de causes à l'origine de cette forte croissance démographique : tout d'abord, les considérations socioculturelles d'une famille nombreuse, puis la nécessité d'une main-d'œuvre à l'époque glorieuse du café (1930-1980) et enfin l'amélioration globale des conditions de vie.

La région de l'Ouest compte actuellement au moins 106 chefferies bamiléké de premier et second degrés, 40 arrondissements et 8 départements (figure ci-après). Ce découpage territorial est significatif d'autant plus que chaque unité territoriale – du moins à partir de l'échelle de l'arrondissement – est légalement une ville et exige le minimum d'infrastructures de son rang. Les territoires les plus compartimentés offrent les paysages les plus urbanisés, mais aussi les situations foncières les plus difficiles à modéliser. Cependant, comment s'est déclenché ce processus d'urbanisation rapide quand on sait que les peuples de l'Ouest étaient loin de la côte et qu'ils vivaient dans un système d'habitat dispersé et donc ignoraient le fait urbain jusqu'à la fondation du poste colonial allemand à Dschang en 1903 (Marguerat, 1983) ?

Figure 4 *: Densité de population et découpage territorial de la région de l'Ouest*

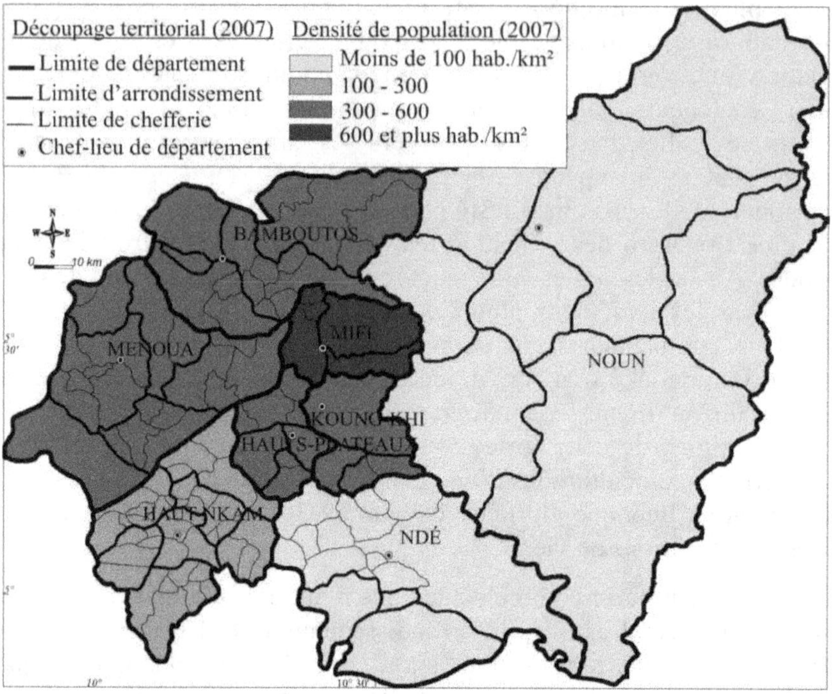

NB : ce découpage respecte la nouvelle configuration administrative, notamment le décret N°2007/115 du 23 avril 2007 portant création des arrondissements, sauf pour le Noun où l'absence de cartographie des villages n'a pas permis de circonscrire le nouvel arrondissement de Djimom créé par division de l'ancien ressort territorial de l'arrondissement de Foumban. Données de population de 2001 (Institut National de Statistique).

Un processus déclenché par la colonisation

Le phénomène urbain en Afrique noire reste un produit de la colonisation bien que quelques villes comme Toumbouctou et Gao au Mali, Kano au Nigeria, Foumban et Garoua au Cameroun dussent exister bien avant. L'urbanisation camerounaise se déclencha dès que les premières firmes allemandes s'installèrent à Douala, autour de 1884. Le processus de décentralisation de la *« région Ouest »* par la création des postes administratifs est le principal facteur de création des villes pendant la colonisation. On doit cependant remarquer que, malgré sa proximité avec le littoral, le phénomène urbain colonial n'atteint l'Ouest-Cameroun qu'en dernier lieu. Les Allemands installés sur la côte depuis 1884 ne créent les postes administratifs de Bangwa, Bana, Bandjoun que 20 ans plus tard, pourtant la région ne leur était pas hostile. Cette lenteur est certainement liée au désintérêt de l'Allemagne de Bismarck à la politique d'expansion coloniale telle que menée par les puissances colonisatrices. *« L'installation d'un appareil administratif qui nécessiterait l'envoi de nombreux fonctionnaires allemands [...] n'est pas prévue [...] nous nous contenterons de signer des traités d'amitiés, de commerce et de protectorat par lesquels nous acquérons des droits nécessaires au soutien efficace des sujets allemands ».* [33] Bismarck, on le sait, revint sur sa position, mais il apparut clairement que l'engagement allemand dans l'expansion colonial était beaucoup plus commercial et économique. Les villes, c'est-à-dire la promotion du bien-être social de l'indigène, le préoccupaient moins.

C'est finalement sous la colonisation française que les villes à l'exception de Dschang et Foumban voient le jour à l'Ouest. Ceci s'inscrit en droite ligne de la politique coloniale française basée sur l'assimilation et l'administration directe des colonies. Le souci de rapprocher l'administration des administrés et surtout de réduire le pouvoir des chefs traditionnels jugé moins favorable à l'épanouissement de l'individu favorise la mise en place d'un collège administratif socle de futures villes. L'action est concluante, mais non pas sans opposition de certains chefs jaloux non seulement de leur pouvoir, mais aussi et surtout de leurs terres déjà insuffisantes que le colon veut prendre pour y installer les centres administratifs. Avant la Deuxième Guerre mondiale, la carte administrative du Cameroun français donnant une image des villes existantes ou des futures villes, présente 18 régions, 43 subdivisions, 4 postes administratifs (Champaud, 1983). Si les régions et quelques subdivisions sont incontestablement des villes, les autres ne sont que des *« étapes »* (Nkuissi, 1967) de collectes et de transports des marchandises européennes et locales. Leur transformation en ville n'a été possible que grâce au développement de réseaux de voies de communication reliant les *« étapes »* aux ports d'embarquements. Au moment de l'indépendance, la région bamiléké dispose de 05 subdivisions ; dans l'ordre de création : Dschang (1920), Bafang (1920), Bafoussam (1924), Bangangté (1925), Mbouda (1950). La région de bamoun conserve Foumban. Quand la guerre d'indépendance s'intensifie, ces centres administratifs deviennent des centres de regroupements des populations civiles, un point de départ de leur peuplement forcé.

Puis le rush urbain des troubles de l'indépendance

Avant que les troubles de l'indépendance ne se déclenchent, on remarque un certain désintérêt des Bamiléké pour les villes de leurs territoires (Tardits, 1960 ; Champaud, 1983 ; Marguerat, 1983 ; Nofiélé, 1973). Les flux migratoires sont orientés vers les plantations coloniales et les centres de scolarisation souvent détenus par les missionnaires catholiques.

---

[33]Brunschwig, 1957, cité par Champaud, 1983, p.129.

À la veille de l'indépendance, l'Union des Populations du Cameroun (UPC), devenue *« la chose des Bamiléké »*[34] après sa neutralisation dans le pays Bassa, attise les mouvements de révolte contre ce qu'elle appelle *« l'indépendance fictive du Cameroun »*. Les études historiques menées par Tsiaze (1990), Tatsitsa (1996), Kanguelieu (2003), Kénné (2008), montrent comment l'Ouest a été un terrain propice à cette rébellion armée. Propagande et terreur trouvent sur le terrain des situations favorables marquées, comme le souligne Dongmo (1981), par :

- un climat social tendu ; les jeunes mécontents des vieux qui contrôlent l'outil de production se laissent enrôler par les Upécistes qui laissent miroiter le rêve d'une *« dictature de la jeunesse ou des opprimés »* ;

- la caféiculture au centre des tensions vieux-jeunes, hommes-femmes n'est pas encore accessible à tous comme le prône le Kumzé ;

- les abus des autorités traditionnelles devenues des tyrans parfois malgré eux exacerbent les populations qui trouvent en l'UPC le sauveur du peuple. Le chef Djuatio Etienne de Batcham s'est particulièrement illustré comme fidèle serviteur des colons et horrible despote pour son peuple pendant ces années troubles ;

- la violence des autorités coloniales sur les chefs réticents comme Nkonlack Fomekong de Bamessingué et les travaux forcés dans les plantations européennes accentuent les ralliements à la cause rebelle ou les fuites vers la zone anglaise moins mouvementée.

À la veille de l'indépendance, la vie politique est donc très animée à l'Ouest. Le Kumzé et d'autres branches de l'UPC y sont solidement implantés : la faction Ndéléné Jérémie, la faction Singap Martin et la faction Momo Paul (Kénné, 2001). Les villes représentent alors le symbole de la colonisation et, dans ce cas, s'y installer devient synonyme de complicité avec le colon et de traîtrise.

Pour autant, c'est la stratégie de répression de la rébellion qui donnera un élan de développement aux villes : la création des camps de regroupements autoritaires, plus connus de nos jours sous le nom de « camps des refugiés ». Cette décision politique accélère le phénomène urbain. La création de ces camps s'inscrit dans le cadre de la stratégie d'éradication du terrorisme d'abord dans le pays bassa, puis dans le pays bamiléké. Elle vise, comme le montre Dongmo (1981), à :

« - isoler en brousse les rebelles irréductibles pour les écraser facilement,

---

[34] À l'Ouest-Cameroun, seul le pays bamiléké s'est activement engagé dans la rébellion ; le pays bamoun n'est donc pas impliqué dans cette partie.

- protéger les populations innocentes contre les représailles éventuelles de ces rebelles endurcis,

- enfin surveiller les anciens maquisards pour éviter qu'ils ne récidivent ».

Pour mieux mener l'opération, l'administration ordonne aux populations de se regrouper autour des axes routiers et des villes de façon à mieux permettre leur protection par les commandos des camps militaires et la garde civique. Cette stratégie contribue à réduire sensiblement la population acquise à la cause rebelle, et on peut comprendre les rebelles aux abois : *« Vous qui habitez les villes et qui renforcez les colons pour combattre, serrez bien vos ceintures pour attendre nuit et jour. [...] Malheur aux hommes et femmes qui se rendent en ville, nous les considérons comme de véritables traîtres à la patrie, et nous oublierons les fautes de ceux ou celles qui rentrent nous rejoindre pour combattre l'ennemi de notre sol. [...] Nous savons que beaucoup sont trompés, et voici donc la lumière après cet avis. Plus de pardon à qui que ce soit [...] ».*[35] La réussite de cette opération est amplifiée par l'ordonnance n°60 du 08 mai 1960 portant amnistie et remise de peine, une opération de charme des députés bamiléké auprès du président Ahidjo. Les populations soulagées se rendent massivement dans les camps et se rallient. Sur les photographies aériennes des villes de l'Ouest en 1964, on isole bien plus facilement le paysage urbain des camps de concentrations forcées.

La vocation urbaine de ces camps se renforce à la fin de la rébellion. Sous les conseils d'un groupe d'experts français, le gouvernement camerounais se propose de maintenir les camps après le retour de la paix dans le but de mieux aider à la reconstruction du pays bamiléké ruiné sur tous les plans. Ceci ne veut pas dire que les camps présentent un paysage urbanisant favorable à l'éclosion d'activités pouvant substituer l'agriculture. C'est un paysage d'habitats temporaires marqué par *« l'entassement des huttes construites à la hâte, soit avec des matériaux végétaux (piquets, bambous, nattes, pailles), soit avec des briques et des tôles récupérées sur les décombres des maisons incendiées ».*[36] L'idée des experts repose sur un paysage d'openfield qui faciliterait l'agriculture comme dans les pays développés et un redéploiement de la société bamiléké profondément désorganisée. Mais le projet est un échec, puisqu'il est fondé sur une méconnaissance déconcertante des réalités sociales bamiléké.

L'aménagement du territoire, les coopératives agricoles et l'action des élites modernisent les villes

Après avoir maté la rébellion, le premier gouvernement du Cameroun indépendant sous le règne d'Ahmadou Ahidjo entreprend un vaste plan

[35] Archives provinciales de l'Ouest 1AA136 terrorisme éradication, Ngouagnia, *Les camps de regroupement dans la subdivision de Mbouda 1959-1970*, 1998.

[36] Dongmo, *Le dynamisme Bamiléké*, vol 1, 1981, p.156.

d'aménagement du territoire dont l'essentiel consiste en la mise sur pied des infrastructures routières et des services. Sous le manteau de l'unité nationale, toute identification par l'ethnie est proscrite et les énergies concentrées sur le développement de l'agriculture et de la petite entreprise. Les plans quinquennaux planifient les actions à mener. Suivant la hiérarchie administrative qui décline aussi la hiérarchie urbaine, chaque ville a droit à un niveau déterminé d'infrastructures. Par exemple, une ville départementale, en plus de tous les services déconcentrés de l'administration, doit disposer d'un hôpital, d'un lycée, d'une adduction d'eau, de l'électricité et de quelques kilomètres de route bitumée. Cependant, seules les grandes métropoles bénéficient d'un programme de construction des logements et d'aménagement foncier. Dans les autres villes, l'État se concentre sur la construction des logements pour les services publics et les hauts cadres et laisse le soin aux autres citadins de construire leurs propres maisons suivant les normes définies dans les PDU et les POS réalisés par les municipalités en accord avec les services déconcentrés sur place. On sait très bien que ce schéma d'aménagement des villes a eu des résultats mitigés suivant le degré de vigilance des autorités.

En ce qui concerne les infrastructures routières, la priorité est accordée au raccordement des régions aux métropoles Douala et Yaoundé, mais aussi du Cameroun anglophone au Cameroun francophone. Pour le cas de l'Ouest, le bitumage de la route Bamenda-Santa en 1975 ; puis Santa-Bafoussam, pont du Noun-Foumban, Kekem-Douala, puis Kekem-Bafoussamen (1977) ; Bafoussam-Yaoundé en 1986 ; Dschang-Bafoussam dans les années 1990 et tout récemment en 2004 Dschang-Melong clôture un programme d'aménagement du territoire dont toutes les villes départementales de l'Ouest ont bénéficié pour leur développement. Sur le plan local *stricto sensu*, l'essor du café n'a pas seulement profité au milieu rural.

L'Union Centrale des Coopératives Agricoles de l'Ouest (UCCAO), la puissante organisation syndicale autour du café avec ses filiales dans tous les chefs-lieux de département a fortement contribué à la construction des villes de l'Ouest. Champaud (1969), Courade et al. (1991) montrent comment elle a fonctionné comme une pseudo-banque à la fois pour ses adhérents et pour les structures publiques en offrant des prêts à faibles taux d'intérêts. Avec ses filiales, elle a été, pendant sa période de gloire (1960-1985), la plus grande source d'emplois des villes de l'Ouest. À Mbouda par exemple, la filiale locale en 1985 disposait encore de près de 1000 employés après compression. Elle a offert 7 km de bitume à la ville, participé à la construction du lycée et des écoles. Elle prenait à sa charge l'entretien permanent des pistes rurales et améliorait ainsi le flux des produits agricoles vers la ville-centre.

Comme nous l'avons mentionné plus tôt, le rôle de l'élite, surtout économique est non négligeable dans le processus de développement des villes moyennes. L'élite économique de l'Ouest a su très vite pallier le manque d'infrastructures qui pouvait freiner le développement des villes. Comme l'a si bien montré Dongmo (1981), le commerce, le transport et l'hôtellerie sont leurs secteurs d'investissement privilégiés.

Si tels sont les facteurs de l'urbanisation à l'Ouest-Cameroun, il reste néanmoins que nous nous situons encore là dans la période purement postcoloniale et ce jusqu'à la fin des années 1980 où la crise économique s'installe véritablement et plonge le Cameroun sous ajustement structurel. En même temps, l'ère de la démocratie s'ouvre avec les troubles sociopolitiques conséquents. Sur le plan urbain, la fin de cette période marque l'occupation intégrale des périmètres urbains initiaux définis à la création de chaque ville. Les dernières réserves foncières urbaines sont distribuées et plus ou moins occupées au milieu des années 1990. C'est donc la reprise économique dès la fin des années 1990 qui marque véritablement le début de la périurbanisation active. L'accès au centre urbain est désormais très sélectif, que ce soit pour le logement à titre locatif ou pour la construction de maisons individuelles. Puisque la ville officielle ne peut plus s'étendre dans ce contexte, quels sont les facteurs de l'urbanisation périphérique ?

III- Facteurs de la périurbanisation

Des centres urbains réservés à la nouvelle bourgeoisie : vers une gentrification à l'africaine ?

Les villes de l'Ouest-Cameroun connaissent une extension rapide, accentuée par l'occupation intégrale de l'espace rural et les difficultés d'installation de plus en plus probantes dans les grandes métropoles. Ces villes, au regard des possibilités de reconversion qu'elles offrent, deviennent les seuls réceptacles qui accueillent les jeunes ruraux déçus par la caféiculture ou par le mirage de la *« ville-providence »*. Il ne fait plus de doute qu'en raison de la crise économique persistante et ce malgré les discours politiques, la tendance à migrer vers les grandes villes s'infléchit au profit des villes secondaires où la proximité du milieu rural favorise l'exercice d'activités mixtes, urbaines et rurales (Gubry et al. 1996, Bruneau 2003, Beauchemin 2002, 2005). Dans ce contexte, la gestion de l'extension urbaine se complique. Les jeunes administrations en place hésitent entre les objectifs de développement parfois ambitieux, l'aménagement de l'espace et la préservation de l'environnement.

Le moteur de développement urbain souhaité n'est cependant pas à la périphérie, mais au centre urbain. Dans les villes de l'Ouest, le centre est actuellement la chasse-gardée d'une nouvelle génération d'opérateurs économiques – celle non dérivée du café – qui s'active à bâtir des immeubles à la dimension de leur pouvoir monétaire, en réalisant de véritables *« hold-up »* fonciers sur les terrains bien situés et peu valorisés. Que ce soit à Bangangté, à

Bafang, à Dschang ou à Mbouda, la même dynamique se dessine : le développement de la ville se mesure au rythme de la construction de grands immeubles, de grands magasins ou de succursales des grandes sociétés de distribution et de mini-agro-industries qui tutoient les espaces agricoles périurbains. Il se dégage insidieusement une certaine gentrification ou requalification des centres urbains, phénomène d'ailleurs apprécié par les pouvoirs publics et les observateurs. On a vu par exemple à Mbouda, l'administration et les élites prendre clairement position en faveur d'un projet hôtelier sur un terrain litigieux et recommander simplement une compensation amiable au pauvre propriétaire *« incapable de mettre en valeur le bon terrain dont il disposait »*. Il faut d'ailleurs souligner le fait que jusqu'à l'heure actuelle, des lots attribuées depuis plus de 10 ans sont encore non bâtis dans certains centres urbains comme à Bangangté. Pourtant, de potentiels investisseurs en font des propositions d'achat tout le temps, lesquelles sont toujours rejetées. On comprend d'ailleurs pourquoi à Bangangté l'administration foncière et domaniale a clairement engagé une campagne de récupération de ces lots ou mieux d'obligation de leur rachat par les attributaires sous menace de revente aux tiers. La planche ci-après illustre quelques somptueuses réalisations de la nouvelle bourgeoisie montante dans les centres urbains. Nous pensons que l'État camerounais a clairement compris ce problème – qui n'est pas le propre des villes de l'Ouest – en décidant de réécrire la loi sur la copropriété, car celle de 1981 et son décret d'application sont quasi inopérants dans le contexte actuel. Cette initiative est en fait la conséquence logique de la loi sur la promotion immobilière de 1997, et plus récemment la loi sur la vente d'immeubles à construire et celle sur la location-accession à la propriété immobilière, toutes promulguées en juillet 2009. En outre, les classes habitant le centre urbain se renouvellent lentement. À l'occasion des partages successoraux, les logements de ville sont souvent relookés (peintures, modification de plan interne) pour location aux tiers. De la sorte, nous soutenons un retrait progressif des anciens propriétaires de la ville non pas forcément par vente de leurs immeubles, mais par mise en location au profit des fonctionnaires et des employés des secteurs tertiaires. Certes, cette dynamique de renouvellement est constante à partir du moment où ses acteurs sont très instables ou décidés à ne pas demeurer toute leur vie en location. Des études approfondies sont en cours pour mieux apprécier cette dynamique qui se dessine.

***Planche 1** : Dynamique du bâtiment dans les centres commerciaux des villes de l'Ouest. Une dynamique qui cache une rénovation urbaine qui s'étend dans les quartiers*

Mbouda: ce majestueux immeuble qui domine le centre commercial, est une démonstration de réussite d'un riche homme d'affaire qui suscita le réveil des autres qui se voyaient *"marginalisés"* dans l'opinion populaire. Une course aux immeubles se déclencha presque, et le centre ville en compte au moins une dizaine toutes construites dans les années 2000 sous fond de véritables "hold-up" fonciers

Cliché: A. Yemmafouo, nov. 2003

Bangangté: même compétition pour les espaces centraux: ceux qui ne peuvent pas mettre en valeur leurs terrains doivent les vendre!

Cliché: A. Yemmafouo, août 2009

L'avenue commercial de Dschang: une mutation visible des lots jadis sous valorisés

Cliché: A. Yemmafouo, avril 2009

Bulles hôtelières à Dschang. Depuis que l'Université s'est installée, la fonction touristique de la ville s'est revivifiée et le projet Dschang-Nantes annonce encore plus de hauteur pour la ville.

Cliché: A. Yemmafouo, avril 2009

Dans cette dynamique qui intéresse avant tout le centre urbain, certains citadins nantis ou non, pour des motifs diversifiés, se trouvent contraints de se replier vers la périphérie où de nombreux agriculteurs au même moment s'activent à tirer le maximum de profit de ce débouché juteux – la ville – qui avance dans leur territoire pourtant inextensible. Le grand handicap est donc celui de la non disponibilité des terres ou mieux de la difficulté à négocier et à gérer les terres à urbaniser. La situation est assez préoccupante, car l'on est obligé de faire au moins deux constats. Le premier est celui de la saturation des périmètres urbains datant de l'époque coloniale et de surcroît obtenus souvent de gré ou de force par l'administration coloniale. Le second est l'incapacité de l'État et de la municipalité à poursuivre leur mission de production et d'aménagement des nouveaux espaces pour la ville. En clair, ils n'ont pas les moyens financiers nécessaires pour disposer des terres périurbaines et indemniser leurs propriétaires. La tâche incombe aux citadins ou aux acteurs non conventionnels qui, dans le besoin, tentent de combler ce déficit de l'action publique avec les moyens dont ils disposent. Il s'agit là du contexte *« d'urbanisation par le bas »* sur lequel nous reviendrons régulièrement.

Vivre chez soi : une notion socioculturelle chère aux citadins de l'Ouest, source de l'étalement urbain

La maison individuelle ou l'amélioration de celle-ci est l'une des priorités de l'investissement chez les ressortissants de l'Ouest. On peut le constater dans toutes les villes du Cameroun où ils sont implantés et se débattent à tous les niveaux sociaux pour s'autonomiser en matière de logement. De toutes les raisons individuelles évoquées pour justifier la décision de s'installer dans l'espace périurbain, nous avons retenu celle de *« chez soi »*, qui couvre celle de *« l'accès au terrain »* et de *« vivre près des siens »*. Ces raisons soulignent le souci d'indépendance et d'enracinement du citadin dans sa ville.

***Tableau 4** : Les motivations du choix de la périphérie*

Motifs du choix	Nombre de réponses	Pourcentage
Logement moins cher	44	6.00
Accès au terrain	135	18.42
Fuir les bruits	3	0.41
Augmentation taille famille	24	3.27
Augmentation statut social	20	2.73
Vivre près des siens	124	16.92
Mauvais logement et voisinage	30	4.09
Accessibilité du quartier	56	7.64
Proximité lieu travail	35	4.77
Être chez soi	189	25.78
Faute de mieux	73	9.96
Total	733	100.00

Source : enquête de terrain 2003

- *« Être chez soi »*. Vivre en ville, c'est y loger ou en être plus proche. Le *« chez soi »* n'est pas l'habitat mais le logement, c'est-à-dire le *« home »* en anglais. C'est la représentation du monde vu par le citadin. Dans le contexte de notre zone d'étude, le *« chez soi »* n'est plus seulement la maison qu'on loue pour y loger, mais celle qui est construite par soi-même. Elle est le fruit des efforts consentis dans le long processus d'intégration à la ville et un indicateur marquant la réussite d'un fils envoyé en ville. Elle révèle mieux la perception du monde par son propriétaire. C'est d'abord la traduction de son moi, de son intimité, puis de son rêve, c'est son *« coin du monde dans la dialectique du dedans et du dehors »* Bachelard (1957). Comme tel, le *« chez soi »* n'est plus le simple logement, mais la première forme élémentaire du territoire. Dans ce contexte, on comprend, pour le Bamiléké, la nécessité de construire une maison, *« un chez soi »*. En effet, il veut, en plus de se loger, créer son propre monde qu'il livre aux autres. Sa maison c'est son espace inviolable où il aménage son existence ; c'est à la fois sa cuisine, ses toilettes, sa cour, son jardin, sa porcherie, les maisons de ses épouses ou les boutiques et magasins annexés à la maison principale. Le *« chez soi »* s'identifie à la concession bamiléké.

En temps que creuset de toute socialisation (Di Méo, 2001), il obéit aux règles sociales et *« se plie à toutes les fantaisies des civilisations et de leurs cultures ».* Ainsi, par sa position dans l'espace, sa forme, sa taille et ses matériaux constitutifs, il traduit les valeurs et les croyances des sociétés qui l'habitent. Du château du richissime périurbain ramenant sur place les modèles d'ailleurs à la case en briques de terre tôlée du pauvre périurbain, le *« chez soi »* apparaît à la fois comme expression sociale et territoriale. Les cadres du *« chez soi »* ne se limitent plus aux murs ou aux autres composantes immédiates. En fonction des échelles spatiales, il fait parfois référence à une rue, un carrefour, un quartier, un village ou même une ville ; en un mot l'endroit où on se sent le mieux *« chez soi »* et où on se montre au monde. Vu sous cet angle, nous comprenons pourquoi le *« chez soi »* est primordial pour le Bamiléké ; d'abord en tant que logement, puis comme expression de réussite socio-économique, enfin comme extériorisation de sa perception du monde.

- ***L'accès au terrain***. Il n'est plus à démontrer que les terrains à la périphérie sont moins chers que ceux de la ville. Cependant, l'accès au terrain périphérique ne signifie pas seulement le prix, il peut signifier une saturation ou un blocage foncier en ville. Le citadin peut aussi rechercher un cadre paisible, loin des bruits et proche d'une nature moins polluée. À ce moment, le prix du terrain n'est plus le motif du repli, mais l'accessibilité au sens strict.

- ***Vivre près des siens*** est un phénomène marquant dans toutes les villes camerounaises. En effet, les nouveaux citadins ont tendance à s'installer toujours plus près des ressortissants de leurs villages, de leurs arrondissements, de leurs départements, donnant finalement l'aspect d'un paysage urbain ethnicisé.[37] On peut facilement dresser une carte ethnique de la population urbaine ou périurbaine pour mieux comprendre les mutations des paysages. Pour le cas des villes de l'Ouest, l'espace périurbain est souvent dominé par la population de l'ethnie qui contrôle le village périurbain ou leurs riverains.

Cette situation est liée aux pratiques des modes d'accès et en premier lieu aux imperfections du marché foncier que nous analyserons dans la deuxième partie. Au départ, il n'y a pas une volonté manifeste du citadin de ne vivre qu'auprès des siens. En effet, l'absence d'un marché foncier formel oblige le citadin à ne s'adresser qu'aux réseaux sociaux, et les plus fiables ne sont rien d'autres que des cercles ethniques. Ils paraissent plus rassurants, car ils limitent les cas d'escroquerie foncière. De nos jours, il apparaît que les solidarités tribales se sont renforcées en milieu urbain, surtout en ce qui concerne l'accès à

[37]Même en Europe, on observe ce système de reproduction sociale. Les quartiers ou rues africains, asiatiques ou sud-américains se déclinent aisément. Par exemple le quartier Guy Moquet au 17e arrondissement de Paris où l'on rencontre une grande *« colonie »* de Camerounais.

la terre et le règlement des problèmes fonciers. De fait, les raisons tribales en première intention ne traduisent qu'un dysfonctionnement du marché foncier et les insuffisances de la sécurité foncière. Il se pose dès lors la question du point de départ de la diffusion de l'occupation ethnicisée. Les autres raisons du choix de la périphérie expriment toujours la volonté du citadin de créer et de vivre son monde en toute liberté. L'expression *« faute de mieux »* traduit la difficulté du demandeur à trouver le terrain à acheter ou la maison à louer dans le temps et dans l'espace souhaités.

L'investissement des revenus dans l'habitat est remarquable. Que ce soit en ville ou à la périphérie, de belles villas, des hôtels ou de simples maisons modernes sortent de terre pour marquer la réussite économique et sociale des citadins. Tout cela n'a été possible que grâce à la priorité accordée par les citadins à la maison individuelle. On peut aussi postuler qu'ils n'avaient pas d'autres choix ni même les moyens de construire en hauteur. Cela revient alors à confirmer que les villes africaines sont condamnées à s'étaler puisque la grande majorité des citadins n'a pas les moyens de construire en hauteur. L'hypothèse d'une périurbanisation active que l'on a du mal à admettre s'en trouve validée. Le succès de l'activité commerciale contrôlée à l'échelle du pays par les fils de l'Ouest (Dongmo, 1981) qui, de plus en plus, rivalisent par l'implantation des succursales leurs entreprises dans leur ville d'origine est remarquable. Par ailleurs, le succès – même si mitigé – de la reconversion dans l'agriculture de marché (vivrier marchand et maraîchage) est aussi un facteur qui rythme la dynamique actuelle des villes de l'Ouest. En effet, depuis la reprise économique à partir de 2000, on remarque une effervescence d'activités dans les villes de l'Ouest. Leur position dans le système urbain est en outre un facteur déterminant de leur croissance post-crise économique.

L'offre foncière et le paradoxe foncier du périurbain des villes de l'Ouest

Bien de spécialistes se doutent que la périurbanisation et l'étalement urbain soient possibles dans les villes des milieux montagnards. Quand on parcourt l'histoire précoloniale des Bamiléké marquée par les guerres tribales sous fond d'expansion territoriale ; quand on lit les rapports des administrateurs coloniaux soulignant l'extrême attachement de ces peuples à la terre ; quand on voit comment les terrains sur lesquels ont été implantées les villes actuelles ont été acquis, soit par la ruse, soit par des arrangements, soit par la force, on est raisonnablement en droit de soutenir l'improbable étalement urbain. Pour autant, il est possible malgré le cadastre foncier traditionnel marqué par les haies, dont le célèbre bocage bamiléké ou malgré le cadastre moderne marqué par l'omniprésence des bornes.

Ce paradoxe des périphéries des villes de l'Ouest-Cameroun est frappant. Ce sont des espaces densément occupés et où la rareté de la terre est patante. Le problème de terre est en partie responsable de l'exode rural que l'on reconnaît comme facteur premier de l'afflux massif vers les villes. Celui-ci peut paraître à son tour comme une *« fuite en avant »* à partir du moment où les villes bondées n'arrivent pas à s'étendre à cause du même problème qui pousse les ruraux à y venir. Nous allons montrer que ce jeu de la campagne qui tend à repousser à la fois le trop plein de jeunes ruraux et la ville polarisante est certes âpre, mais perdu d'avance car cette campagne n'a pas les moyens de sa politique et vit implicitement sous le contrôle de la ville.

- Des espaces périurbains « saturés » et sécurisés avant le phénomène urbain

Les villages de l'Ouest-Cameroun connaissent une forte croissance démographique qui paradoxalement entrave l'extension urbaine. Tel qu'on l'a remarqué précédemment, les densités de population sont très élevées à l'Ouest. Les besoins en terres sont plus pressants depuis la chute du café et face à des métropoles de moins en moins accueillantes. D'autre part, les réseaux de haies vives forment des cloisons fortifiées qui renforcent la sécurisation traditionnelle des parcelles. En ajoutant à ce dispositif l'immatriculation accentuée des domaines familiaux, on comprend pourquoi les pouvoirs publics n'arrivent pas à se décider face aux lourdes et fastidieuses négociations devant permettre de réaliser des aménagements fonciers d'envergure dans l'espace périurbain. Voici un exemple détaillé de situation foncière dans les villages périurbains d'une ville de l'Ouest.

Tableau 5 : *Situation démographique et foncière dans les villages périurbains de Mbouda*

Villages	Superficie (ha)	Population rurale 1987	Nombre ménages	indice de morcellement (ha/hab.)	indice de morcellement (ha/ménages)	Accroissement annuel entre 1976-1987 (%)	Estimation 2005	indice de morcellement (ha/hab.)	densité (hab./km²) en 1987	densité (hab./km²) en 2005
Bamougong	1600	4141	631	0.39	2.54	-0.68	3664	0.44	258.81	229.00
Bangang	11000	28201	4615	0.39	2.38	-0.18	27302	0.4	256.37	248.20
Bamessingué	7100	14470	2420	0.49	2.93	4.4	31947	0.22	203.80	449.96
Babété	2200	6362	1053	0.35	2.09	0.96	7562	0.29	289.18	343.73
Bamendjinda	2200	6601	1185	0.33	1.86	3.48	12350	0.18	300.05	561.36
Batcham	7400	32199	5064	0.23	1.46	1.84	44841	0.17	435.12	605.96
Balatchi	3000	7720	1222	0.39	2.45	0.92	9110	0.33	257.33	303.67
Babadjou	16000	20487	3322	0.78	4.82	1.14	25153	0.64	128.04	157.21
Total Bamboutos	115200	155111	26094	0.74	4.41	3.5	291138	0.4	134.64	252.72

Source : Recensement de 1987 et estimations 2005

Dans ce contexte, le morcellement des terres est intense comme l'attestent les indices de morcellement[38] calculés sur la base des chiffres de population. En dehors de Babadjou, aucun village en 2005 ne peut assurer plus d'un demi hectare de terrain à ses ressortissants. La situation est d'autant plus vraie que nous ne travaillons que sur des superficies brutes[39] et les chiffres de population rurale. L'inclusion des fils résidant en ville – puisqu'ils ne renoncent pas aux terres du village – et la restriction des superficies non utilisables donneraient des indices de morcellement encore plus élevés.

Le dépouillement des titres fonciers[40] renforce l'idée d'un morcellement intense, frein à l'étalement urbain (Yemmafouo 2000, 2008). Dans les villages périurbains, le rythme d'immatriculation des terres est élevé, mais les superficies immatriculées sont en moyenne 50 % inférieures à 3000 m^2. Quand on regarde l'évolution des terrains immatriculés sous la forme indivise[41] (figure ci-dessous), on comprend assez rapidement le souci des autochtones de protéger leurs terrains. On sait très bien que les opérations de ventes dans les propriétés indivises sont délicates et nécessitent l'entente de tous les ayants droit.

[38] Nous entendons par indice de morcellement, le rapport entre le nombre d'ayants droit à un espace et la superficie de cet espace.

[39] Donc, nous n'avons pas isolé les surfaces rocheuses et les très fortes pentes connues dans les milieux montagnards.

[40] Il est nécessaire de préciser que nous avons dépouillé nos données au cadastre, c'est-à-dire les terrains dont les levers ont été dressés et prêts à être transmis pour visa du ministre. Nous considérons qu'un dossier d'immatriculation rendu à ce stade devrait aboutir à la délivrance du titre. Le journal officiel n'étant plus édité régulièrement, c'était le seul moyen pour nous d'évaluer plus aisément la situation des immatriculations, mais aussi de mesurer la durée des procédures.

[41] Dans la loi foncière camerounaise, une famille ou une communauté peut immatriculer son domaine foncier au nom par exemple du chef de famille ou du chef de la communauté, à condition d'inscrire dans le titre foncier le nom de tous les ayants droit de la famille. Cette procédure empêche toute aliénation sans morcellement préalable du titre foncier. Certains autochtones périurbains l'utilisent pour bloquer les velléités des membres de la famille qui s'activent à vendre les morceaux du domaine familial. D'autres l'utilisent pour se protéger en groupe contre une éventuelle expropriation pour cause d'utilité publique ou encore pour négocier le meilleur prix le moment venu.

Figure 5 : *Évolution des immatriculations sous forme indivise dans les quartiers périurbains de Mbouda et de Dschang de 1990 à 2009*

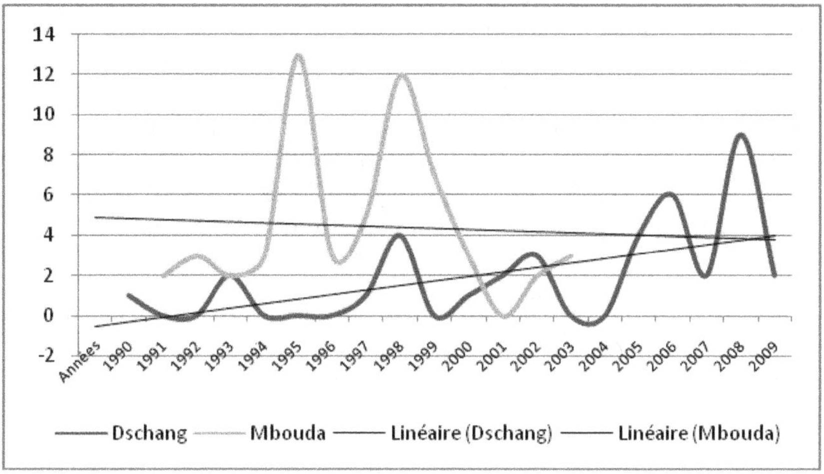

Sources des données : Cadastres de Dschang et Mbouda.

L'évolution en *« dents de scie »* de ces courbes traduit le fait que la décision d'immatriculer est souvent une réaction à un sentiment d'insécurité interne ou externe au requérant. Toutefois, il faut souligner la part non négligeable des dysfonctionnements administratifs allant de la mauvaise conservation des registres à un service minimum. Si l'on corrèle par exemple cette évolution au contexte sociopolitique, on constatera que les creux sont plus marqués pendant les années électorales. On a bien l'impression que les services fonciers[42] n'ont pas fonctionné normalement. Cependant, la courbe de tendance montre nettement une évolution progressive de ces formes d'immatriculation à Dschang, tandis qu'à Mbouda, cette courbe tend à se stabiliser et serait même en légère baisse. On remarque que les immatriculations indivises sont bien plus importantes à Mbouda qu'à Dschang. L'amorce de baisse de la courbe de tendance voudrait attester la fin de ce type d'immatriculation, et donc signifierait que les familles ont fini de sécuriser leurs parcelles périurbaines.

L'augmentation des immatriculations par morcellement montre aussi ce degré de sécurisation des parcelles par les autochtones, mais aussi et surtout l'irrésistible obligation de vendre. Nous avons montré dans le paragraphe précédent que l'immatriculation en mode indivis était un moyen de sécuriser les parcelles contre l'envahissement urbain. Paradoxalement, nous constatons une augmentation des immatriculations par morcellement, c'est-à-dire à partir des terrains déjà immatriculés. L'explication est simple et s'oriente vers deux axes :

[42] Il faut d'ailleurs dire que cette tendance marque tous les services publics, surtout les années d'élections présidentielles souvent très socio-politiquement actives depuis l'instauration du multipartisme et de la démocratie.

dans le premier, l'immatriculation en mode indivis n'est pas une protection des terrains contre la ville, mais contre les pouvoirs publics considérés comme des usurpateurs. Tant que le propriétaire foncier périurbain peut vendre son terrain quand il veut et au prix qui lui convient, il n'est pas contre la ville. Dans le deuxième axe, l'engouement d'exploiter l'extension urbaine y compris par les ventes de terres a élevé les conflits fonciers au sein des familles si bien que les titres fonciers en mode indivis sont aussitôt morcelés.[43] Comme le montre la figure ci-après, les immatriculations par morcellement vont de façon croissante dans les quartiers périurbains de Dschang et Mbouda, malgré les inflexions liées aux situations conjoncturelles qui peuvent freiner ou accélérer les opérations foncières.

Figure 6 : *Évolution des immatriculations par morcellement dans les quartiers périurbains de 1991 à 2009*

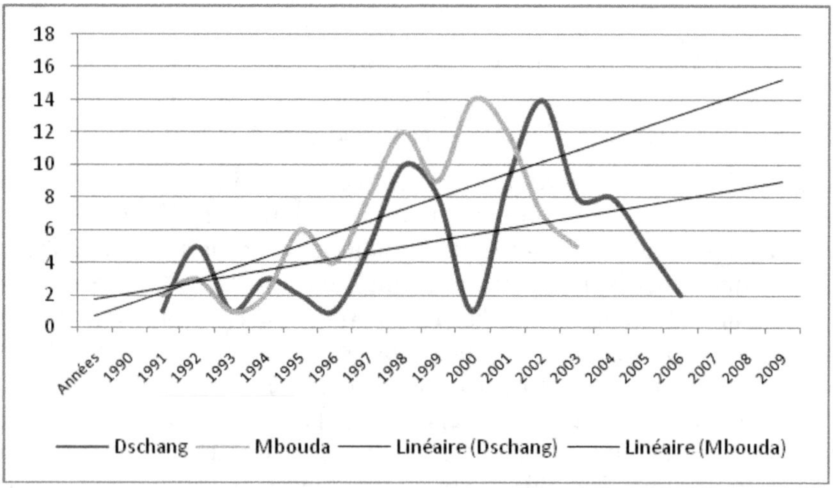

Sources des données : Cadastres de Dschang et de Mbouda

L'atomisation des espaces ruraux se présente comme un blocage responsable de l'exode rural, mais aussi un blocage à l'étalement urbain redouté par les autochtones périurbains. Tout porte à souligner un renforcement des perceptions patrimoniales qui se démarquent du simple manque de terre.

- Des ancrages traditionnels du foncier au renforcement de la perception patrimoniale avec le phénomène urbain

Il est de coutume de dire que la terre est sacrée et inaliénable en Afrique. Cette réalité, malgré le modernisme envahissant, n'a pas disparu. Bien au contraire, on a l'impression que les référents social et culturel de la terre se renforcent avec beaucoup plus de vivacité dans certaines circonstances comme

[43] Nous analyserons d'ailleurs plusieurs cas dans les deuxième et troisième parties.

celle de la périurbanisation. La *« terre des ancêtres »,* le *« lieu où l'on est né »,* le *« patrimoine des enfants »*, sont autant de stéréotypes qui se renforcent chez les autochtones périurbains avec le phénomène urbain qui suppose un mélange et donc une dilution des identités sociale et culturelle. Ce souci de préservation des identités est d'autant plus affirmé en pays Bamiléké que l'espace déjà réduit est intégralement occupé et que les dynamiques sociales sont étroitement liées à l'accès et à la gestion des terres.

Les membres d'un groupe reçoivent de la terre du représentant de l'ancêtre fondateur de la chefferie. Parce que la terre est vue comme un outil de production et de reproduction sociale, il est inconcevable qu'elle soit cédée contre de l'argent. Cette logique traditionnelle a bien fonctionné du temps de la disponibilité de la terre, et le fait qu'elle résiste au contexte actuel de rareté confirme le caractère identitaire de la terre et justifie les résistances[44] des autochtones périurbains. Les propriétaires fonciers périurbains considèrent leurs terres comme un patrimoine reçu des ancêtres et dont ils ont la charge de la transmission à leurs descendants. Pour cela, ils ne peuvent pas les vendre au risque de déshonorer à la fois les vivants et les morts.

Conscients du danger qui plane sur leurs patrimoines, beaucoup ont pris soin de les immatriculer conformément aux exigences du droit moderne. Du coup, l'extension urbaine se trouve bloquée par des forteresses patrimonialisées et sécurisées. Ceci se lit dans le paysage par les discontinuités du phénomène périurbain. Certainement, cette patrimonialisation des terrains périurbains cache chez certains un souci de spéculation dans l'attente d'un motif suffisant pour déclencher le processus de vente. Ce qui est aussi remarquable, c'est que la *« protection »* du patrimoine de la chefferie est devenue une préoccupation importante pour les classes conservatrices de la société traditionnelle. Elles préconisent l'interdiction des ventes de terres ou du moins leur réduction, pourtant elles sont dans l'impossibilité de résoudre les problèmes qui poussent à vendre.

Il n'est point besoin de débattre sur l'opportunité de ces stratégies visant a priori à limiter la périurbanisation, au regard de la loi foncière camerounaise d'abord qui autorise tout Camerounais à s'installer où il veut, ensuite aux contraintes de survie qui poussent à vendre le terrain, et enfin à la force même du mode de vie urbain qui envahit presque tous les ruraux via le modernisme dont beaucoup rêvent. On semble être tout à fait dans un cycle de questions foncières que seul le choix de l'utilisation de la terre peut trancher. Les ruraux périurbains se trouvent contraints de faire des choix qui paradoxalement ne font qu'attirer la ville.

---

[44]Nous précisons que ces résistances ne signifient pas hostilités de fait à la ville ou xénophobie.

- La crise caféière oblige à des stratégies rurales qui rapprochent plus de la ville

La crise caféière a permis le développement des acticités de substitution qui ont davantage rapproché les campagnes des villes (Uwizeyimana, 2003, 2004 ; Kuété, 2003). Le vivrier marchand et le maraîchage, plus en vue, définissent de nouveaux territoires dans lesquels les producteurs sont mieux intégrés. À la différence du café, les produits récoltés sont à la base de l'alimentation et mettent plus en contact les acteurs des filières. Les paysans, sans la caféiculture, ont su montrer flexibilité et capacité d'innovation. Ce qui a conduit finalement à de nouveaux types de rapports ville-campagne. Nous approuvons Chaleard et Dubresson (1999) lorsqu'ils constatent que *« les campagnes les plus dynamiques sont souvent celles qui sont les plus liées aux villes et les enclavées ou les plus distantes des agglomérations urbaines sont en général les plus frappées par la misère et l'exode ».* Ce dynamisme signifie plus de rapports avec la ville et les citadins, et donc un changement d'habitudes. Dans notre milieu, la dépendance est amplifiée par les stratégies de reconversion. Elle ne signifie sûrement pas extension urbaine, mais au moins elle procure des revenus de substitution à ceux du café et augure ou maintient des modes de vie mi-urbains, mi-ruraux.

- Paradoxalement une volonté d'améliorer le cadre de vie

L'amélioration du cadre de vie est une ambition première chez le Bamiléké et fait partie de sa personnalité. Elle se traduit, en premier lieu, par la modernisation de l'habitat et par l'aménagement d'un *« chez soi ».* Assongmo et Kuété (2003) ont montré l'évolution de l'habitat rural des Bamiléké depuis leur installation dans leur territoire. Aujourd'hui, la maison rurale en terre battue et au toit de chaume typique ne se voit plus que sur les photos datant de l'époque coloniale. L'un des postes de dépense des revenus du café a été la modernisation du logement. La maison en brique de terre au toit en nattes de raphia a été vite remplacée par la maison au toit en tôles ondulées. Au même instant se vulgarisaient les maisons en durs jusqu'alors réservées aux colons et à leur clientèle.

Dans le milieu rural actuel, les esprits ont largement dépassé la simple maison en dur. Seuls les modèles occidentaux et orientaux coiffant les châteaux et les villas cossues font encore rêver et retiennent l'attention des villageois qui visiblement en ont déjà beaucoup vu. Cette modernisation de l'habitat s'accompagne d'infrastructures au premier rang desquels l'électricité. Il en découle une mutation du mode de vie rural. Cette mutation que certains chercheurs qualifient *« d'urbanisation des campagnes »* est donc commandée beaucoup plus par la volonté de moderniser le cadre de vie rural que par le phénomène périurbain en lui-même. *« L'urbanisation des campagnes »* autour des villes n'est donc qu'un vecteur de la ville, créateur de *« vrais faux »* paysages urbains.

Cette volonté individuelle d'améliorer le cadre de vie rural par des modèles venus d'ailleurs s'arrime aux objectifs de développement local encadrés par les élites et les ONG, et validés par l'État. Autour des villes, les acteurs du développement paraissent inconscients du rapport étroit entre développement local et périurbanisation qu'ils prétendent limiter, voire combattre. Par exemple, l'offre du site pour la création d'une infrastructure comme le CES de Banock, vite devenu lycée, celle du site de l'ENIEG de Mbouda ou celui de la deuxième savonnerie de la même ville sont autant de choix ambigus des chefferies périurbaines supposées défendre les terres du village déjà insuffisantes. Au départ de leurs actes comptant pour le développement de leur chefferie, ils oublient qu'ils multiplient au moins par quatre la vitesse de propagation de la ville dans leur territoire.

En fin de compte, on se rend à l'évidence que la situation foncière de l'espace périurbain est ambiguë par rapport au phénomène périurbain en lui-même. Il y a en effet une *« saturation »* foncière et une perception patrimoniale accrue de la terre, mais aussi des situations conjoncturelles qui ont permis la périurbanisation. Plus concrètement, comment les infrastructures périurbaines captivent-elles la ville ?

Les infrastructures, pôles de la périurbanisation

Les pouvoirs publics sont les premiers à encourager la périurbanisation, sûrement de manière inconsciente. Depuis le début des années 1990 et plus intensément depuis les années 2000, toutes les nouvelles infrastructures et tous services de l'État sont implantés à la périphérie. Ces infrastructures revendiquées parfois sous fond de chantage politique deviennent de petites centralités dirigeant l'étalement urbain. L'État résout insidieusement le problème de décongestion de la ville et laisse discrètement le soin aux propriétaires fonciers alentours d'organiser l'installation des citadins suivant le principe de la rente foncière. Le tableau qui suit nous donne l'exemple du périurbain de Mbouda.

***Tableau 6** : Les infrastructures périphériques motrices de l'étalement de Mbouda*

	Noms	Lieu	Date de création	Population directe ciblée
Écoles	Nouvelles écoles	Banock, Rapide, Lafi, Montchio3, Batang,	1980, 1990, 2001	23000
Lycées et collèges	Lycée rural, lycée Banock, lycée technique	Bamessingué KP 2, Banock 2, Bamessingué KP 1	1991 1995 1990	51000
Centre de santé	Hôpital Ad Lucem, Hôpital central, Hôpital Mbo	Nzintia Bamessingué KP 2 Montchio3	1959 1960 1970	75000
Industries	ICC (Savonnerie)	Lafi	1998	5000
Routes	Nouvelles routes	Bameboro, Batang, Métio, Montchio, Bamessingué KP 1 et 2	1980, 1996, 2000	25000

** Les centres de santé ont été créés avant les années 1980, mais ils continuent de diriger l'étalement urbain. La population drainée est constituée de l'effectif de population des quartiers périphériques.*

Source : Enquête de terrain 2003

Nous n'allons pas insister à décrire l'omniprésence des infrastructures de base comme l'électricité et les rues, les commerces, même si les formes de présence sont discutables. Ce qui pose véritablement problème, c'est l'accès à l'eau potable qui n'est pas seulement le problème de la périphérie, mais aussi de l'ensemble des villes de l'Ouest. La solution du puits individuel s'est généralisée en dépit des risques sanitaires et sécuritaires. Il est important de souligner la facilité de mobilité à travers le moyen de transport le plus populaire et le plus adapté qu'est la moto. Le transport à moto est incontestablement un facteur d'intégration du périurbain à la ville. Une enquête en 2005 montre que plus de 67 % de chefs de ménages disposent d'une moto pour se déplacer. La même proportion se dégage à Foumban, Bafang et, Dschang. On se situe dans les mêmes proportions, 69%, 62%, 65% respectivement. Des études approfondies dans ce sens permettraient de mieux comprendre l'apport du phénomène *« kymco »*, dans la périurbanisation non pas seulement dans les villes de l'Ouest, mais aussi celle des autres petites et grandes villes camerounaises. En effet, ces célèbres motos chinoises bon marché (275.000 à 400.000 au plus) et leur consommation réduite en carburant[45] sont en train de dynamiser les mouvements centre-périphérie. Sur 100 *« moto-taximen »* à Mbouda, au minimum 40 % vivent dans l'espace périurbain et dans ces 40 %, au moins 60 % sont des propriétaires fonciers.

[45] Par rapport aux anciennes motos Yamaha japonaises qui consommaient 2 à 3l au 100 km, des variétés de *Kymco* consomment seulement 1l de carburant pour la même distance.

IV- L'étalement actuel des villes de l'Ouest

Aspects généraux et productivité des sous-systèmes urbains

L'Ouest-Cameroun compte au moins 106 chefferies bamiléké de premier et second degrés, 40 arrondissements et 8 départements. L'ensemble concentré dans un espace aussi étroit et habité par un peuple frénétique aux innovations, donne l'image d'une *« nébuleuse urbaine »* que l'on observe actuellement sur les images satellitaires de moyenne résolution. La situation est telle que l'on peut observer sur la figure ci-après.

***Figure** 7 : Système de ville de la région Ouest-Cameroun*

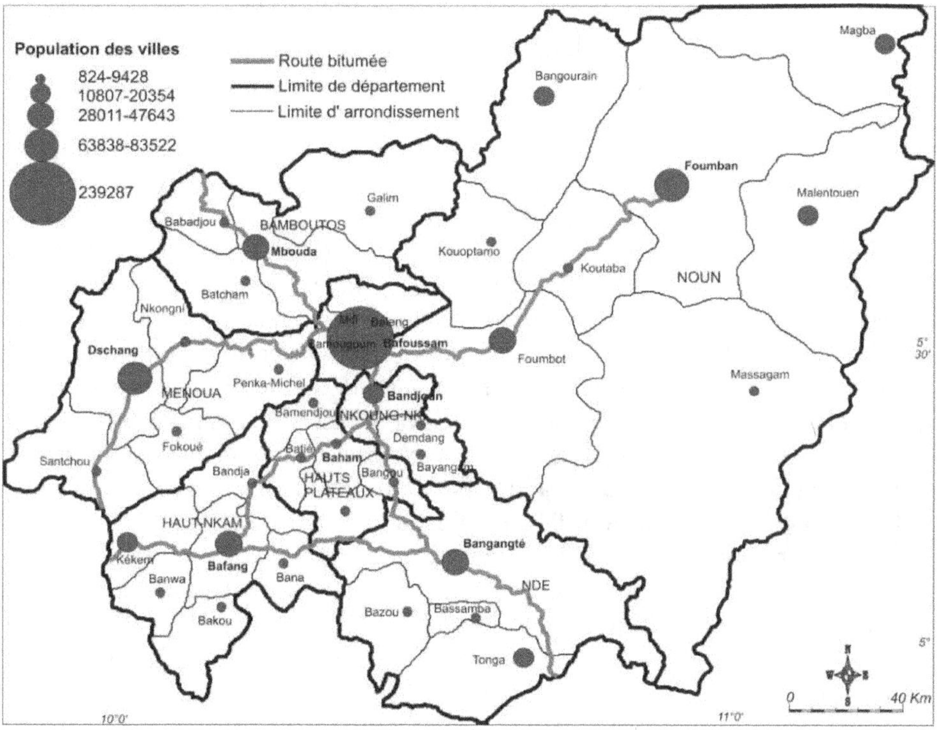

Source : Données recensement 2005

Bafoussam, capitale régionale et en position centrale, polarise les flux provenant des autres villes et/ou en direction des métropoles. Certes, cette domination est relative, plus administrative qu'économique. En fait, chaque ville développe une autonomie fonctionnelle qui est plus dépendante de Douala ville portuaire que de la métropole régionale (Yemmafouo 2007). Quatre sous-systèmes urbains se dégagent globalement :

- le sous-système Ouest, dominé par Dschang et Mbouda ;

- le sous-système Centre, contrôlé par Bafoussam. Les deux systèmes sont étroitement liés et pourraient d'ailleurs constituer un seul, suivant le triangle Mbouda-Dschang-Bafoussam, n'eût été le souci d'autonomie qu'affiche chacune des villes et le fait que les polarités de Mbouda et Dschang débordent sur les territoires anglophones du Nord-ouest et du Sud-ouest ;

- le sous-système Est, commandé par Foumban, mais de plus en plus concurrencé par Foumbot ;

- le sous-système Sud, dirigé par Bafang et Bangangté.

Qu'est-ce qui fait la productivité de ces systèmes urbains ?

Foumban-Foumbot polarisent un espace de 7687 km², soit plus de la moitié de la région de l'Ouest. C'est le premier bassin de ravitaillement des métropoles camerounaises d'après les études de Hatcheu (2004) et Ngapgué (2007), mais aussi un des grands centres touristiques du pays. Les sols volcaniques de Foumbot attirent les grandes plantations industrielles comme celles du groupe Fotso qui emploient près d'un millier de personnes presque tout au long de l'année. Les petits agriculteurs sont regroupés en GIC et bénéficient du soutien tant de l'État que des ONG internationales. L'investissement des revenus tirés de cette activité permet à Foumbot de réclamer son érection en département au même titre que Foumban qui n'a que le tourisme pour se maintenir. Qui plus est, la position de Foumbot sur le réseau urbain de l'Ouest rend la ville économiquement moins dépendante de Foumban. Cette dernière évolue très lentement sur ses marges presque arides. Son climat de savane sèche pénalise son étalement. Cependant, les activités du tourisme sont à l'origine du projet urbanistique Foumban II dont l'objectif est d'étendre la ville par ses entrées. On peut dès lors admirer le paysage planifié du pavillon des antiquaires. Villas modernes imitant les styles européens et asiatiques s'y côtoient sous une verdure totalement anthropique. Le contrôle du sultanat sur les terres dissuade les transactions douteuses ou à risque. Les ventes de terres sont donc très contrôlées.

Les villes Bafang et Bangangté, jadis somnolentes, connaissent une reprise économique marquée par les activités prospères des jeunes de retour des métropoles ou de l'étranger, mais aussi des fonctions universitaires pour Bangangté qui abrite l'Université des Montagnes. La diaspora s'impose de plus en plus dans le développement de ces deux villes par la construction des immeubles ou la réalisation d'ouvrages communautaires. Leurs actions méritent une étude approfondie. C'est nettement vers la fin des années 1990 que l'on constate une reprise du développement de ces deux villes. En réalité, elles sont après tout défavorisées par le milieu physique. Blotties sur du socle et à la limite de grands escarpements, elles n'ont pu retenir leurs jeunes sur place. Cette situation prévaut depuis les troubles de l'indépendance où règlements de compte, querelles territoriales et foncières avaient causé le départ de plus de la moitié de ceux qui avaient survécu à la guerre d'indépendance. Du coup, les deux villes s'étaient réduites uniquement à des fonctions administratives. En outre, le phénomène d'urbanisation des campagnes qui s'exprime le mieux dans ces deux départements ne joue pas en faveur des villes. Les élites locales qui devaient promouvoir la ville investissent plutôt dans la modernisation de leurs villas insolentes – *villas-mania* selon Tchawa (1991) – et ne trouvent plus aucun intérêt pour la ville.

Pour conclure, les aspérités du milieu physique, l'histoire et l'urbanisation des campagnes sont un véritable frein pour la croissance de ces deux villes. La relation entre l'urbanisation des campagnes et la ville centre mérite de plus amples études. Toutefois, cette situation ne signifie en aucun cas que ces deux villes sont toujours stagnantes comme on le disait il y a 30-40 ans et que les problèmes fonciers y sont moins préoccupants.

Bafoussam affiche hautement son caractère de métropole régionale. Bâtie en 1925 sur 125 ha des quartiers Djeleng II, III et V, Djemto et Famla, cette ville carrefour située à la confluence des villages Bamougoum, Bafoussam et Baleng s'est très vite étendue. En 1976, sa surface n'était que de 700 ha et depuis lors, on lui prête 4000 ha de superficie en 1997 (Mouafo 2004) et 5000 ha en 2004 (Fotso 2007). Selon les estimations de la communauté urbaine, l'agglomération de Bafoussam ferait depuis 2008 plus de 500 000 hab. alors qu'elle n'en avait que 175 000 en 1997, 300 000 en 2003. Sans rentrer dans les querelles de chiffres, on constate que la ville s'industrialise et s'étend très rapidement. Le rythme d'absorption de l'espace rural est si rapide que l'avenir des chefferies riveraines, pourtant bien éloignées au départ à l'exception de Bafoussam, est en jeu (Tazo et Fotso 2007). On comprend dès lors l'intensité, la quantité et la qualité des litiges fonciers qui animent le processus de périurbanisation. Le village Bamougoum est actuellement celui qui attire le plus l'étalement de la ville. 1572 ha du territoire de ce village sont actuellement urbanisés, soient environ 17% de sa superficie totale. Si l'on y ajoute l'espace périurbain actuel, on atteint 4323 ha, soit 46,48% de la superficie totale de Bamougoum. Cette progression urbaine est l'une des plus fortes par rapport à l'ensemble des trois chefferies qui ont accueilli la ville en 1925.

Dschang et Mbouda drainent toute l'activité agricole florissante dans les monts Bamboutos depuis au moins trois décennies. C'est le deuxième bassin de ravitaillement des métropoles. Dschang, ville universitaire depuis 1993 attire au moins 5 000 étudiants chaque année depuis l'an 2000 avec des retombées économiques directes en termes d'infrastructures et de services. Mbouda, bien que coincé entre deux métropoles régionales, a su développer une activité commerciale pour soutenir sa croissance. L'étude de l'étalement de ces deux villes sera plus détaillée parce qu'elles ont été choisies pour des illustrations détaillées.

Planche 2 *: Image de l'étalement des villes de l'Ouest*

Bafang: au premier plan, la vieille ville, au second plan, les collines qui enserrent la villes

Bafang: la ville s'attaque tout de même aux collines

Dschang: l'étalement urbain défi les contraintes naturelles

Dschang: restructuration ou rénovation de la ville planifiée en "mini-cités" pour étudiants et personnels universitaires

Bangangté: le centre-ville revit après une longue période de léthargie

Banganté: au premier plan: la vieille ville, au second un nouveau pavillon périurbain

Mbouda: au premier plan, d'abord la vieille ville, puis l'étage en construction comme indicateurs d'une gentrification à l'africaine: ceux qui ne peuvent pas mettre en valeur les terrains centraux doivent les céder aux "nouveaux riches" au second plan, un pavillon périurbain

Mbouda: au premier plan, le centre-ville et ses activités, au second plan, le blanc laiteux indiquant les îlôts périurbains

Clichés: A. Yemmafouo, 2009

Cliché :Yemmafouo 2009

Ci-dessus présentées dans la planche 2, les images de l'étalement urbain et de la périurbanisation à l'Ouest-Cameroun. Les figures qui suivent montrent la morphologie et l'évolution du phénomène urbain dans chaque ville. Nous proposons une délimitation sommaire des espaces urbains et périurbains en partant de l'imagerie satellitaire, des observations de terrain (étalement urbain, obstacles naturels, etc.) d'entretiens et d'analyses historiques de chaque ville. Les évaluations quantitatives détaillées feront l'objet d'une de recherche ultérieure.

Figure 8 : *Étalement urbain et périurbanisation à Dschang*

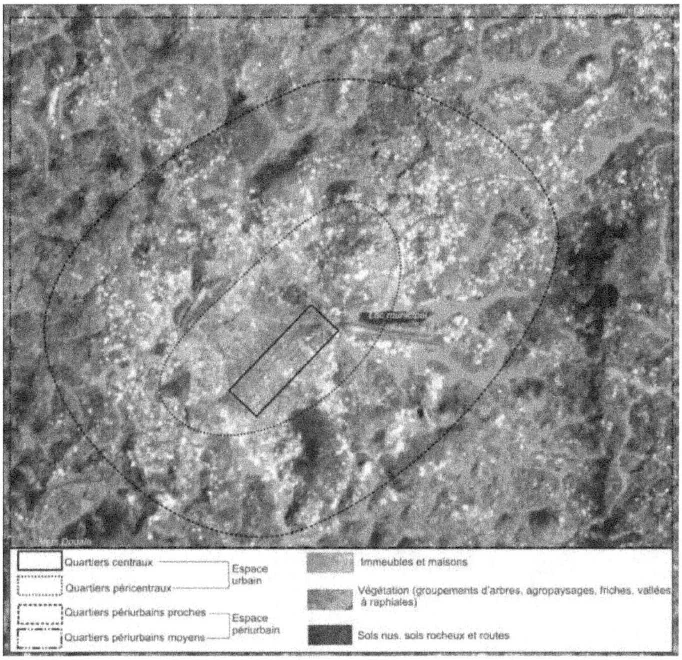

Figure 9 : *Étalement urbain et périurbanisation à Mbouda*

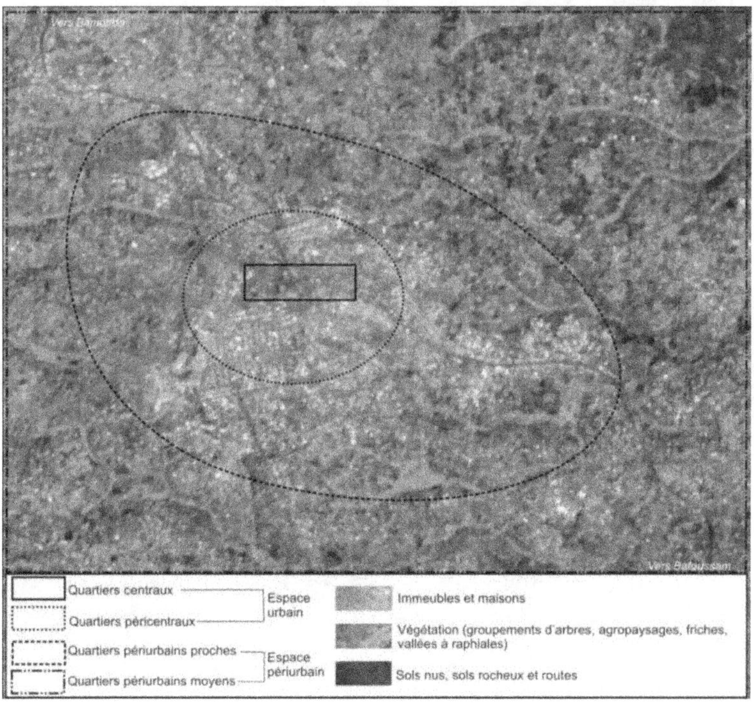

Figure 10 : Étalement urbain et périurbanisation à Bafang

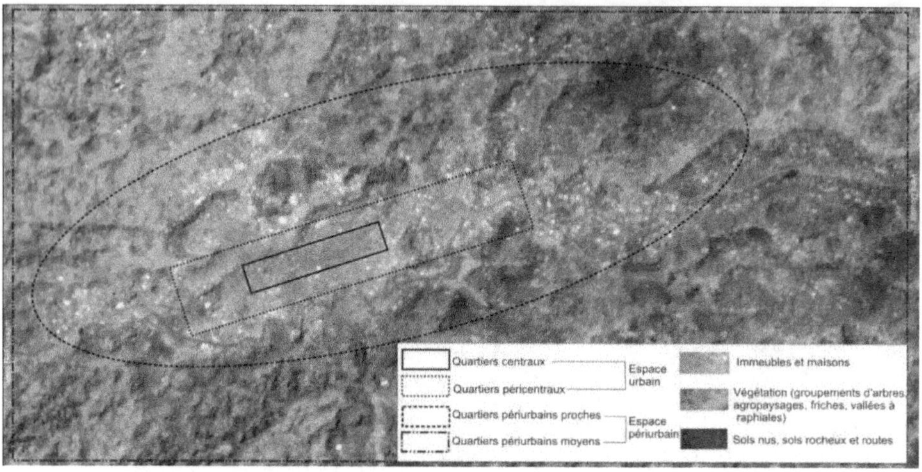

Figure 11 : Étalement urbain et périurbanisation à Bangangté

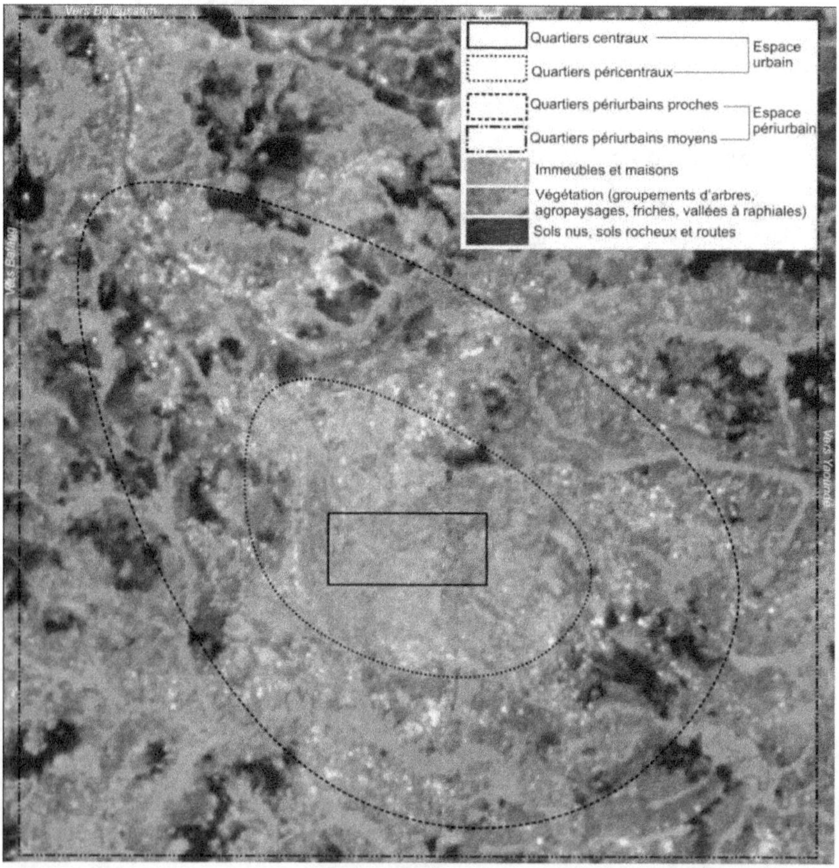

***Figure 12** : Étalement urbain et périurbanisation à Bafoussam*

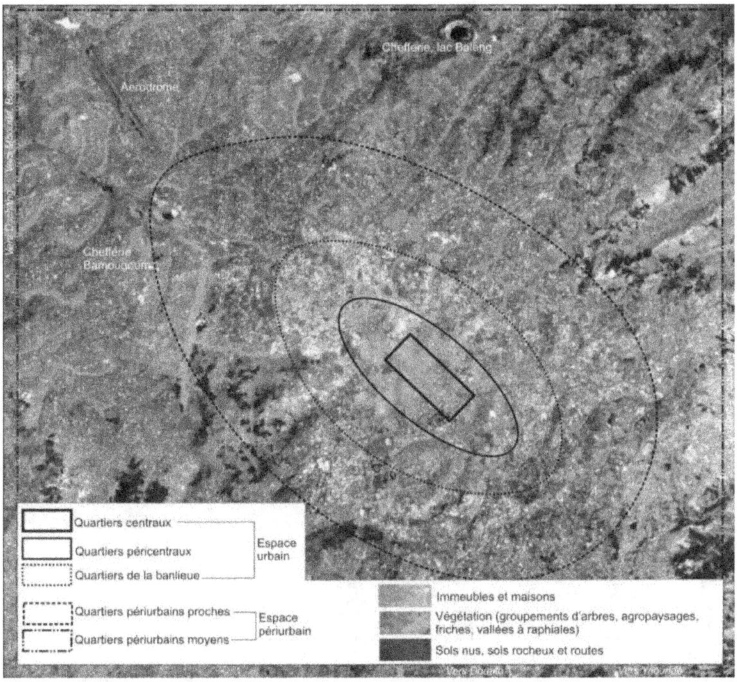

***Figure 13** : Étalement urbain et périurbanisation à Foumbot*

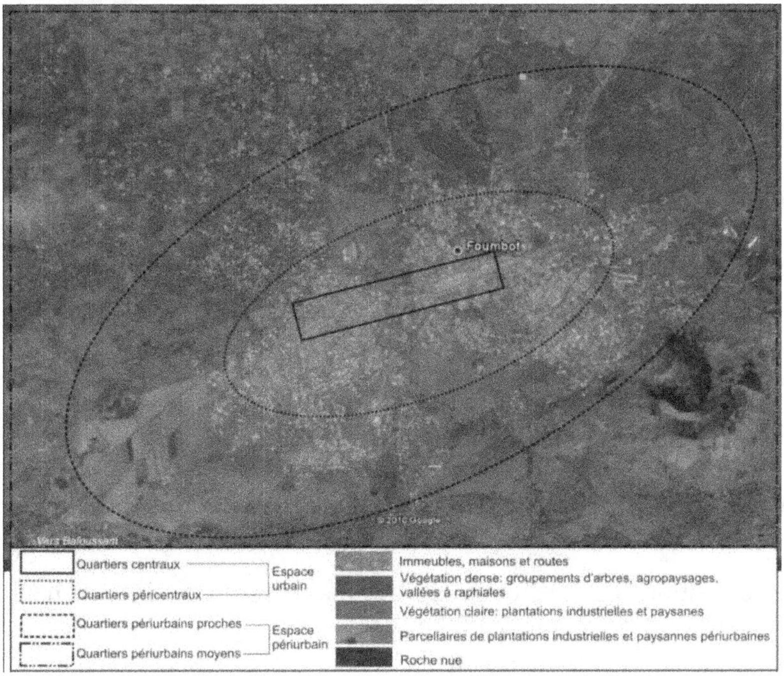

Figure 14 : Étalement urbain et périurbanisation à Foumban

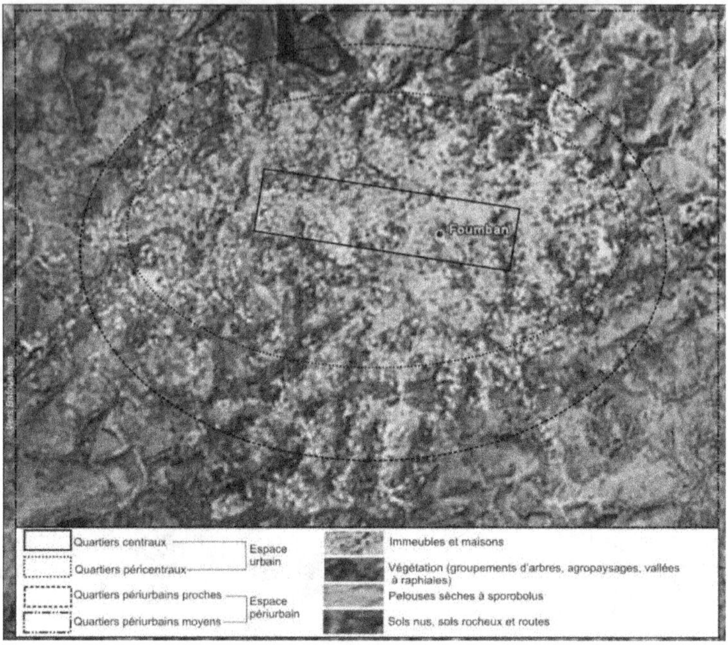

NB : À l'exception de Foumban et Foumbot dont les images sont extraites de Google Earth (image 2006, avec son autorisation), les autres sont extraites des scènes Aster de 2004.

Étude détaillée de cas 1 : Dschang

Dschang est le premier poste colonial à l'Ouest-Cameroun. La ville aurait eu un étalement encore plus grand si elle était restée la capitale régionale. En effet, le transfert des institutions régionales à Bafoussam en 1965 officiellement pour des raisons d'excentricité a plongé la ville dans une léthargie jusqu'en 1993 où elle se vit greffer le statut de ville universitaire. Comme sorte de compensation, l'Université transforme le paysage de la ville au fur et à mesure que le nombre d'étudiants et autres personnes connexes s'accroît.

***Tableau** 7 : Évolution des effectifs à l'Université de Dschang*

Année académique	1998-1999	1999-2000	2000-2001	2001-2002	2002-2003	2003-2004	2004-2005	2005-2006
Effectifs étudiants	8776	10518	11291	11656	10321	8868	9852	11436

Source : INS, 2004 et 2008

La population urbaine totale est estimée à plus de 120 000 hab. selon la mairie (2010) ; 109 576 hab. en 2006, selon Lémouogué (2007). Mais d'après le recensement de 2005, elle ne serait que de 63 838 ha. Ce qui a d'ailleurs provoqué de vives critiques de la part de l'élite locale. Depuis la fin du bitumage de la route Dschang-Melong en 2007, la ville n'est plus un cul-de-sac. Elle est maintenant reliée directement à la métropole économique Douala par une route bitumée de 250 km de long, soit à peu près 2h 30 min de voyage au lieu de 4h comme auparavant. De nouvelles opportunités, mais aussi de nouveaux défis se présentent à la fois pour la ville et pour les villages périurbains. Dschang est aussi l'hôte de plusieurs projets de coopération décentralisée parmi lesquels le projet Dschang-Nantes.[46] Ce projet se veut le socle du développement de la ville et de la promotion de la gouvernance urbaine à en croire ses promoteurs et au regard des réalisations déjà effectuées.

La ville a bénéficié de quelques projets de réhabilitation de la voirie urbaine du ministère en charge de la ville entre 2000-2007. On ne peut pas nier l'implication politique des fils de la ville occupant des postes dans les hautes sphères de l'administration dans cette bienveillance du gouvernement. En effet, les deux premiers ministres en charge du développement urbain camerounais étaient originaires de cette ville et ils ont eu à orienter des projets urbains pilotes dans leur ville plus ou moins sous fond de propagande politique visant à arracher la gestion de la ville aux mains des conseils municipaux issus des partis d'opposition.[47]

Cependant, la ville est restée très compacte, quasi contenue dans son site initial, n'en déplaise aux services de l'urbanisme qui présentent des évolutions spectaculaires du périmètre urbain. La raison principale est d'ordre physique avant que n'interviennent les facteurs historiques et la réticence réelle ou supposée des propriétaires fonciers à céder leurs terrains au profit de la ville. Elle est en effet logée dans une « alvéole » d'érosion (Ngoufo, 1987) bloquée dans son extension Sud par les remparts et les contreforts de l'escarpement bamiléké, plus connu sous le nom de *« falaise de Foréké »*. À l'Est, le morne de la colline du *« signal »* reste un obstacle vigoureux, même si à l'heure actuelle l'urbanisation touche plus de la moitié de la colline. On comprend les inondations fréquentes des quartiers Ngui et Madagascar. L'Ouest et le Nord de la ville sont constitués en plateaux plus ou moins urbanisables, mais le Nord touche directement au domaine de puissantes chefferies périurbaines dont la chefferie supérieure Foto et un peu plus loin, le territoire de la chefferie supérieure Bafou. À l'Ouest, les vastes superficies réservées par l'église catholique court-circuitent brutalement la continuité du phénomène urbain (figure ci-dessous). Il faut donc une plus grande pression urbaine pour que les nouveaux citadins aillent au-delà du lieu dit *« Grande Mission »*. Cette étape se franchit progressivement depuis le milieu des années 2000.

---

[46] Pour en savoir plus sur ce projet :http ://www.nantes.fr/mairie/nantes-a-linternational.html, http ://www.ot-dschang.com/spip.php.

[47] Objectif atteint car depuis les élections couplées municipales-législatives de 2007, le parti au pouvoir a repris la tête de la mairie de la ville et les postes de députés du département.

Figure 15 : Étalement urbain de Dschang de 1960-2008

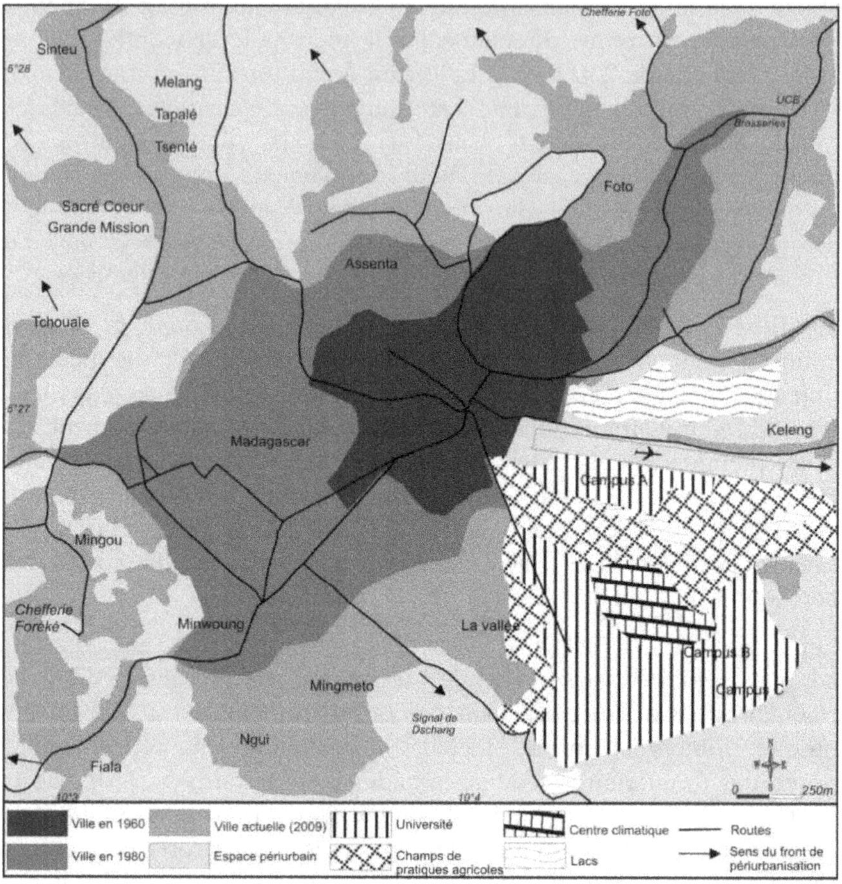

À en croire les services de l'urbanisme, l'évolution du périmètre urbain de Dschang se présente comme suit[48] :

Tableau 8 *: Évolution du périmètre urbain de Dschang entre 1903 et 2006.*

Années	1903	1960	1963	1976	1980	1984	2006
Superficie en ha	moins de 5	89	214	471	520	537	1300

Source : NGWEPE, p. 147, PUD de Dschang 1984 et les estimations de la délégation départementale du ministère du Développement urbain et de l'habitat (Lemouogué, 2007).

En observant les photographies aériennes et les images de moyenne résolution, on constate que les séquelles des troubles de l'indépendance comme

[48]Cependant, ces chiffres ne sont souvent que des estimations dans les documents de travail des services techniques locaux.

dans toutes les autres villes de l'Ouest, marquent le paysage urbain et l'étalement. La zone de « *pont CAPLAME* » et le quartier Foto New town sont des camps de refugiés plusieurs fois incendiés par les rebelles pendant les troubles. Leur restructuration et plus tard le regain de la ville depuis 1993 ont forcé la périurbanisation des quartiers Fiankop II, Tsinkop, Kemtsop, Tchoualé, Mingou et Melang. L'extension ENE et N de la ville se confirme. Les cités estudiantines ont justement rompu la ceinture verte qui isolait le lac et les champs de l'IRAD des populations du village Keleng. Au Nord, le lieu-dit « *derrière UCB* » est un îlot urbain caractéristique des pavillons périurbains que l'on rencontre en Europe. En effet, il s'agit d'un lotissement privé qui accueille les villas des hautes personnalités de la ville, que ce soit en résidence principale ou en mode locatif. Le surnom « *quartier Bafang* » attribué à ce lotissement illustre bien les imperfections du marché foncier que nous évoquions précédemment. Quelques escarpements du village Foréké s'urbanisent depuis 2000 et la pression devrait s'accentuer avec le bitumage de la route Dschang-Melong. Il est donc à prévoir la multiplication des risques géomorphologiques. Il faut dire qu'une mauvaise interprétation de la situation de Foréké perdure dans la ville et fait croire que les ressortissants de ce village sont les plus hostiles à la vente des terres, et donc à l'extension de la ville. En réalité, c'est un village plutôt très défavorisé par la nature. En plus de l'omniprésence des affleurements rocheux, les sols développés sur granites et donc ingrats, de surcroît aux pentes très fortes, défient les techniques antiérosives et fertilisantes les plus éprouvées, repoussant ainsi les agriculteurs dans des gorges de vallées qui s'assèchent dès les premiers mois de la saison sèche.

Étude détaillée de cas 2 : Mbouda

Comme la toute dernière circonscription administrative créée par l'administration coloniale française, la ville de Mbouda marque par sa croissance rapide et son dynamisme économique. L'analyse diachronique des photographies aériennes de 1965 et 1979 montre que l'étalement de la ville prend une forme semi-étoilée qui illustre l'effort des reconstructions post-troubles. Cette période est marquée par la renaissance de l'économie caféière, le développement du commerce et la reprise des mobilités. C'est le temps des grands chantiers avec pour conséquence le raffermissement de l'occupation et l'extension digitée. Pendant cette période, le paysage urbain change tant sur le plan du bâti que sur celui du couvert végétal. On y voit une ville entièrement renouvelée. Le blanc laiteux qui correspond au bâti apparaît en continu sur tout l'espace urbain, sauf dans les zones réservées comme le bois communal, la réserve foncière du Lycée ou les espaces non constructibles comme le bas-fond de Tsoumontchio. Les infrastructures commerciales (marché), industrielles (CAPLABAM), sanitaires (hôpitaux Ad-Lucem et Central) et scolaires (Collège d'enseignement secondaire, collège de l'Unité, Aloys Tapiéméné), fraîchement bâties sont des indicateurs d'une ville en marche. Les vieilles maisons de l'occupation anarchique tolérée pendant les troubles sont reconstruites sous la forme des standards 4 chambres 1 salon avec toiture à 4 pentes couverte de tôles. Cependant, les reliques des *« maisons des camps »* demeurent jusqu'à nos jours le long de la route nationale n°6, reliant Bafoussam à Bamenda. Elles sont en brique de terre et tôlées.

Les autorités commencent une restructuration qui va se poursuivre dans les années 1980 selon le plan d'urbanisme de 1973. L'extension périphérique gagne les quartiers Métio au Sud-ouest, Batang et Montchio 3 au Sud, Banock 2 et Lafi à l'Est, alors que le centre urbain n'est pas encore saturé. Les grands axes routiers relativisent la distance par rapport au centre ville. Comme il fallait s'y attendre, le développement et l'extension de Mbouda devaient être fortement marqués par le passage de la route nationale n°6 au centre de la ville. Au Nord-ouest et au Sud-est, les citadins se bousculent pour l'acquisition des lots à usage commercial ou résidentiel le long de cet axe. La restructuration des anciens camps attire de nouveaux citadins.

C'est à partir de 1980 que commence l'urbanisation accélérée et ce malgré le déclin de la CAPLABAM à la fin de cette décennie. Il est important de souligner que les revenus tirés du café ou directement de la CAPLABAM ont servi non seulement à l'amélioration du cadre de vie, mais aussi à la formation des fonds de commerce et des élites intellectuelles[49] bamiléké (Kuété, 2002). Connaissant l'aptitude des Mbouda à mener des activités commerciales, il n'est pas étonnant qu'après le déclin de la CAPLABAM, le commerce sous toutes ses formes se développe et soutienne fermement la croissance urbaine. Depuis les années 1980, une dynamique commerciale et agricole soutenue caractérise le citadin de Mbouda. Ainsi, il cumule souvent deux ou trois fonctions : *« fonctionnaires-agriculteurs »*, *« fonctionnaires-commerçants-agriculteurs »*. Le commerce et l'agriculture doivent leur succès non seulement aux situations conjoncturelles que nous connaissons, mais aussi et surtout à la situation géographique de la ville, à l'aptitude des sols de l'ensemble du département et à la volonté des citadins à exploiter toutes les pistes d'enrichissement face à la crise. C'est ce dynamisme qui maintient la croissance urbaine et de surcroît force l'extension spatiale dans une périphérie a priori *« hostile »*.[50]

La ville se situe entre deux pôles économiques régionaux, à savoir Bafoussam et Bamenda. On se serait attendu qu'elle soit totalement absorbée par les deux pôles et que son développement en soit affecté. Tel n'est pas le cas, au lieu de subir une domination pure et simple, Mbouda a su instaurer des relations de complémentarité avec ces deux villes. Elle semble devoir cette

[49] La majorité des élites intellectuelles bamiléké a profité des revenus du café, notamment à travers le paiement de leur frais de scolarité au moins dans un cycle de formation.
[50] Paradoxe foncier précédemment souligné.

relation au dynamisme exceptionnel de ses commerçants.[51] Dans le sens Bamenda-Mbouda, la ville profite au maximum de sa situation de première ville francophone en contact avec les villes anglophones les plus proches du Nigeria. La réussite économique de ce pays a favorisé le développement d'un commerce fructueux, surtout de contrebande, d'abord entre Mbouda et Bamenda, puis entre Mbouda et le Nigeria. Le processus est un parcours de combattant jonché d'embûches que l'on détourne fréquemment par la ruse, la corruption et l'expérience des réseaux commerciaux. Les commerçants de Mbouda se ravitaillent au départ chez les grossistes de Bamenda. Progressivement, ils découvrent le circuit nigérian et prennent en main tout le circuit Mbouda-Nigeria. Les produits ramenés par camions sont stockés généralement dans des magasins-domiciles, construits à Bameboro ou à Batang. Progressivement, ils entrent dans les circuits de l'économie nationale et il n'est plus étonnant que certains produits comme les radios, les téléviseurs, les assiettes, coûtent moins chers à Mbouda qu'à Douala ou à Yaoundé.

La ville devient ainsi un centre *« d'économie souterraine »*. L'enrichissement des commerçants est amplifié par le fait qu'ils contrôlent toute la chaîne de distribution dans le pays. Dans la ville, les circuits de fortune des *« The Man »,*[52] des vendeurs de radios et téléviseurs, sont bien connus et constituent le rêve de tout nouveau *« débrouillard »*. Quand ce rêve s'accomplit, les magasins de Mbouda deviennent des succursales ou des centres de dépôts et on s'installe à Douala où face à la concurrence chinoise actuelle, on est tenu d'investir les circuits plus rentables de Beijing, Hong-Kong, Djakarta et Dubaï. Précisons que le parcours inverse n'est pas exclu. La route de la fortune commence en ce moment par Douala ou Yaoundé, suivant le même processus avant de passer par la ville natale. On devient élite extérieure et on se couronne d'un titre de noblesse, signe d'une plus grande possibilité d'intervenir dans les problèmes du département. C'est le cas pour beaucoup de quincailliers natifs du département.

L'étalement actuel présente un aspect discontinu, latéral et digité. Au cours de ces deux dernières décennies, la superficie conquise sur l'espace rural a doublé : 506.13 ha de plus par rapport à 1979. L'étalement latéral et discontinu, encore appelé étalement en *« saute-mouton »* selon une expression de Lévy, prime cependant sur l'étalement linéaire. On pourrait penser que la ville amorce sa transition spatiale depuis son réveil lors des troubles de l'indépendance, mais on se rend compte qu'il y a de nouvelles digitations en cours, plus rapides et sur les axes secondaires reliant les villages périurbains comme on peut le constater sur la figure ci-après.

---

[51]On sait qu'au Cameroun, le peuple Bamiléké occupe une place prépondérante dans l'activité commerciale. Ainsi, à l'intérieur de ce peuple, il peut y avoir des peuples plus dynamiques que d'autres et dans un domaine commercial donné.

[52]Vendeurs illicites de médicaments.

***Figure 16** : Étalement de Mbouda de 1964 à 2006*

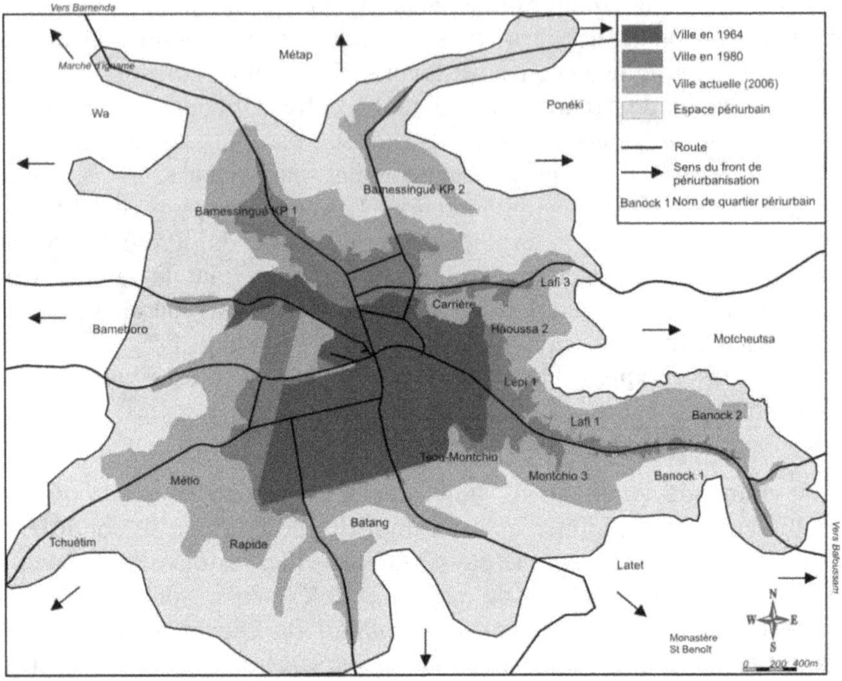

L'étalement latéral, que ce soit à Bafoussam, Bangangté, Bafang ou Dschang, se mesure derrière les axes routiers structurants. Quand on parcourt les rues des quartiers urbains en dehors des centres commerciaux et des nouveaux quartiers, on a l'impression que la ville n'évolue pas ou qu'elle se dégrade. La même impression se dégage quand, au-delà du centre urbain, on sillonne les axes routiers structurants. On n'y voit à quelques exceptions près, que des maisons avec les étiquettes *« à démolir », « à crépir »* ou *« à peindre ».* Derrière cet habitat linéaire qu'on qualifierait de première phase d'occupation, se cache un étalement urbain qui étonne toujours l'observateur. Il se déploie sur les 2/3 inférieurs du versant d'autant plus que la route principale passe généralement sur la ligne de crête séparant les versants urbains ou urbains-ruraux. Cette situation s'explique par le fait que le 1/3 supérieur du versant est réservé au ménage propriétaire ou à la grande spéculation lorsque l'espace sera totalement urbanisé. Sur le plan psychosocial, on dit localement qu'un *« propriétaire ne doit pas vendre son entrée à un étranger au risque de lui demander un jour la servitude ».*[53] On constate donc que les terrains adjacents aux axes routiers sont des sortes de réserves dont on ne se sépare qu'en dernier recours. Très prisés pour le commerce et les somptueuses villas, ces lots

[53] Précisons pour mémoire qu'une parcelle traditionnelle en pays bamiléké s'allonge du haut de versant vers le bas de versant en formant trois terroirs agricoles indispensables à l'équilibre du ménage exploitant (Dongmo, 1981).

insuffisamment mis en valeur appartiennent à des propriétaires sereins qui savent que tôt ou tard, la ville leur permettra d'en tirer le meilleur profit. Dans ces calculs, ils sont réconfortés par le fait que le périmètre urbain n'est pas encore étendu à leur territoire qu'ils ont déjà pris soin de sécuriser par l'immatriculation ou par des contreforts de haies vives. L'hypothèse spéculative se confirme en ce moment.

L'extension digitée ne s'atténue pas avec l'extension latérale, sauf sur les axes qui ont dirigé l'extension avant 1980. Le tableau ci-après met en évidence le rôle des facilités de mobilité et de transport dans l'étalement de Mbouda. Il évalue en effet l'extension suivant les axes routiers et comparativement aux modèles développés par Bauer et Roux (1976).

***Tableau 9** : Évolution de l'extension digitée sur les axes routiers autour de Mbouda*

Niveau de route	Dénomination	Distance initiale par rapport aux limites de la ville légiférée*	Distance des digitations en 1964*	Distance des digitations en 1979*	Distance des digitations en 2004*
Axe principal	Route N6 Bafoussam-Mbouda-Bamenda	1,62	4,2	5,3	6,3
Axe secondaire	Mbouda-Galim	1,05	1,15	1,98	2,7
	Mbouda-Bamesso	0,91	1,68	2,75	3,11
	Mbouda-Bangang	1,54	1,54	1,87	2,52
	Mbouda-Balatchi	1,3	1,3	1,91	2,45
	Mbouda-Babété	1,1	2,01	2,4	2,57

** Distances prises à partir du rond-point place de l'indépendance (en km)*

Le modèle d'agglutination se vérifie, mais on remarque qu'entre 1979-2006, le rythme des digitations diminue sur l'axe principal et augmente sur les axes secondaires au cours de la même période, sauf pour les cas des axes Mbouda-Bamesso, Mbouda-Babété, plus urbanisés entre 1964-1979. Ceci souligne sans doute la limite actuelle de la portée spatiale du centre de Mbouda et confirme l'extension latérale. Le rayon périurbain s'étend actuellement sur 8 km environ.

À partir des 3 phases d'étalement de Mbouda, c'est-à-dire les périodes 1952-1964, 1965-1979 et 1979-1980 (figure 19 précédente), nous avons calculé les superficies conquises sur l'espace rural. La superficie initiale réellement occupée par la ville s'est augmentée suivant un rythme annuel de 40.88 % pendant la première période, soient 18.61 ha conquis chaque année sur l'espace environnant pendant 12 ans. Entre 1964-1979, la ville gagne 14.44 ha chaque année sur l'espace rural. Le rythme d'absorption de l'espace rural est de 21.08 ha/an entre 1979-2006. Nos calculs basés sur l'hypothèse du maintien de la croissance actuelle montrent qu'en 2026, l'espace urbain aura atteint 18.40 ha, soit une superficie ajoutée de 870.74 ha pour un rythme de 43.53 ha de plus chaque année (tableau ci-dessous). L'absorption de l'espace rural montre un fléchissement entre 1964-1979, lié au relâchement de l'occupation dû au retour de la paix. Ceux qui ont choisi la ville comme refuge retournent chez eux et l'occupation de la ville en est ralentie. Le rapport de la population sur la superficie occupée donne des densités de l'ordre de 30.654, 32.53, 85.06 hab. /ha respectivement pour les trois périodes de croissance.

***Tableau 10** : Évolution du périmètre urbain de Mbouda*

1950-1952	1952-1964			1964-1979		
Espace urbain (ha)	Espace urbain	Superficie ajoutée	Croissance spatiale /an/%	Espace urbain	Superficie ajoutée	Croissance spatiale /an/%
41,73	246,47	204,74	40,88	463,14	216,67	5,86
Rythme/an (ha)	18,61			14,44		

1979-2006			2006-2026		
Espace urbain	Superficie ajoutée	Croissance spatiale /an/%	Espace urbain	Superficie ajoutée	Croissance spatiale /an/%
969,27	506,13	4,55	1840.01	870,74	4.49
21,08			43.53		

Comme on peut le constater, l'étalement des villes de l'Ouest est plus marqué dans le triangle Mbouda-Bafoussam-Dschang. Le pays Bamoun suit une dynamique solitaire correspondant à l'étendue de son territoire et à la dynamique de ses deux pôles concurrents : Foumbot et Foumban. Le secteur Sud dominé par Bafang et Bangangté sort à peine de la léthargie postindépendance. Comment peut-on apprécier cet étalement par rapport aux modèles théoriques et dégager un scénario pour le périurbain ?

V- Périurbanisation ouest-camerounaise : quel regard par rapport aux modèles théoriques ?

Les approches théoriques centre-périphérie dans les modèles de villes monocentriques comme les nôtres sont appréhendées par les rapports à l'emploi, la population et la densité, le transport, la mobilité et le foncier. Il n'est pas question de rentrer dans les détails de ces approches théoriques, mais de voir rapidement comment elles s'appliquent ou s'appliqueraient à nos villes.

- Le profil théorique de la population et des densités

Dans les rapports centre-périphérie, la densité est le paramètre qui a été le plus modélisé. Cet effort de modélisation s'est adapté à la croissance urbaine, ce qui justifie la modification constante des modèles de base. Nous nous limitons aux modèles de base qui s'adaptent aux villes de l'Ouest.

Le concept de densité est assez complexe dans le domaine des études urbaines. Il faut d'abord déterminer si l'on calcule les densités brutes, c'est-à-dire le rapport du nombre d'habitants à la superficie totale ou les densités nettes, donc le rapport du même nombre d'habitants sur la surface de l'emprise au sol du bâti ou les densités résidentielles, soit le rapport de la même population sur l'emprise au sol des logements. Derycke (1999) a montré les nuances du concept de densité à travers un schéma que nous pouvons résumer ainsi : pour une surface de terrain de 5000 m², les densités résidentielles peuvent être égales, mais l'emprise au sol du bâti différente selon qu'il s'agisse d'un immeuble à étages de 11 niveaux (emprise au sol 10%), de 2 immeubles à 2 étages (emprise au sol 17%) ou de 24 maisons (emprise au sol 33%). Il peut aussi arriver que là où il y a le plus de maisons, que le nombre d'habitants et les densités soient les plus faibles. Jusque-là, le problème de la densité n'est pas résolu, parce qu'une densité réelle doit distinguer la densité d'occupation qui peut varier le jour et la nuit et la densité d'habitation. D'habitude, on ne se limite qu'à une densité moyenne.

En règle générale, les ménages se localisent dans une ville en fonction de leur revenu, de leur niveau de consommation et du coût de leur logement, ce qui implique alors un étalement par ségrégation de la ville (Brueckner et Fansler, 1983). Les études qui cherchent à montrer l'organisation urbaine en rapport avec le lieu de résidence et les catégories sociales s'inscrivent dans l'École de Chicago. Le premier modèle a été développé par Burgess (1927). Il montrait que la compétition pour le centre-ville entraînait par élimination les activités et les hommes. Ainsi, la ville s'étendait de manière centrifuge vers la périphérie. C'est en réalité l'équivalent urbain du modèle concentrique de Von Thünen à propos du foncier rural. Le modèle sectoriel de Hoyt (1939) pose que la ville s'étend non pas de manière concentrique et centrifuge, mais par secteurs différents et à des vitesses inégales. Ce qui serait bien le cas dans nos villes où l'offre foncière est déterminante dans la croissance spatiale. Et les pouvoirs publics sont quasiment incapables de l'orienter fondamentalement. Harris et Ulmann (1945) ont élaboré un modèle polynucléaire dans lequel ils montraient plutôt la coexistence de plusieurs noyaux urbains d'autant plus qu'il était difficile que toutes les fonctions urbaines se concentrent sur place.

À partir de leurs travaux, des modèles plus raffinés se mettent en place. Clark (1951) est le premier à formaliser le fait que dans les modèles de villes monocentriques, la densité de population décroît au fur et à mesure que l'on s'éloigne du centre-ville. La fonction de Clark définit alors une pente concave matérialisant un centre étroit dominant une périphérie large relativement peuplée (figure 17).

$D_r = D_0 e^{-br}$

D_r est la densité de population à la distance r du centre

D_0 est la densité maximale au centre-ville

$_b$ est un paramètre positif, de l'ordre de 0,4 qui exprime le gradient de densité quand on s'éloigne du centre d'une unité de distance

***Figure 17 :** Modèle de densité de Clark (1951)*

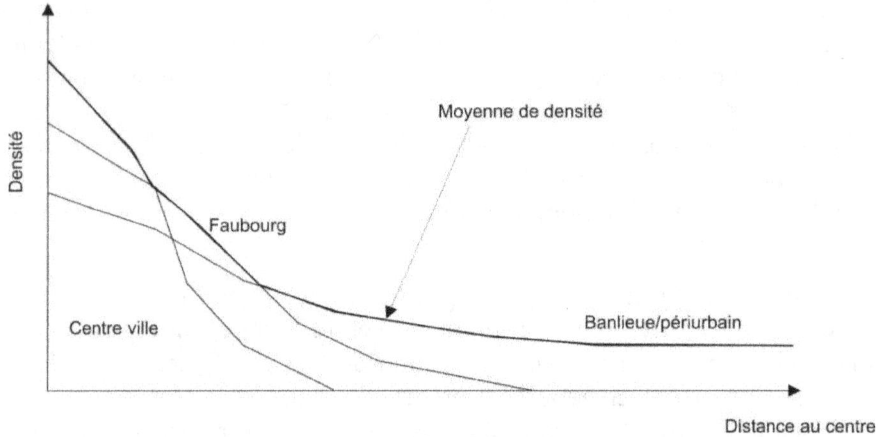

Les critiques évidentes montrent que le modèle de Clark ne traduit qu'une moyenne de la notion de densité relative à l'usage du sol. En plus, dans ce modèle, l'étalement urbain est très peu lié au centre d'ailleurs mal défini. Alonso (1964) a repris le modèle en partant de l'hypothèse que l'usage du sol était de plus en plus intensif, et donc plus sélectif à mesure que l'on se rapprochait du centre des agglomérations. C'est finalement Newling (1969) qui a dynamisé le modèle de Clark en mettant en évidence la possibilité d'avoir les plus fortes densités en dehors du centre-ville. Cette inversion des densités produit un *« cratère de densité »* qui matérialise l'autonomie de la périphérie ou l'apparition de nouveaux centres. On dérive alors vers le modèle de villes polycentriques. Plus le cratère de densité est étendu, plus l'étalement urbain est large. C'est le cas des *« Edges cities »* américaines (Garreau 1991). En France, les recensements de 1982 et 1999 montrent que la population périurbaine va croissante au détriment de celle des centres urbains et des agglomérations (Bessy et Pietri, 2000), sans bien sûr signifier la formation de *« cratère de densité »*.

Finalement, c'est la notion de gradient de densité qui résume mieux la relation entre la distance et l'étalement urbain.[54] Un gradient de densité faible

[54] Bussière (1972) a mis sur pied un modèle toujours fondé sur les densités de population, mais qui rend mieux compte de la diversité des situations dans les grandes villes que les modèles de

signifierait alors un étalement plus grand des surfaces urbanisées, alors qu'un gradient de densité forte signifierait un tassement de la population et donc une réduction de l'étalement des surfaces urbanisées. Newling finit par distinguer 4 phases d'évolution de la densité : la phase de *« jeunesse »* qui est marquée par la croissance très rapide de la densité au centre et la phase d'*« adolescence »* caractérisée par une progression au ralenti. La troisième phase ou la phase de *« maturité »* est marquée par un ralentissement sensible des densités au centre. Celle-ci est liée à l'émergence des centres concurrents. La quatrième phase est celle que l'on qualifierait de *« vieillesse »* du centre. Elle est marquée par un creusement du *« cratère »* et une diminution du gradient de densité, soit un étalement urbain maximum avec de nouvelles centralités. Newling démontre cependant l'existence d'un seuil de densité qui décroît dans le temps. Bien que nous n'ayons pas de données suffisantes pour faire de telles analyses dans nos villes,[55] les observations empiriques tendraient à montrer qu'elles sont en situation d'adolescence ou à mi-chemin de la jeunesse dans le modèle de Newling.

- Profil théorique du foncier

L'augmentation de la population urbaine accroît les coûts du foncier sans modifier la pente de l'offre ; ce qui peut durablement affecter l'étalement urbain. Aussi la taille et la forme du parcellaire sont-elles à prendre en compte, d'autant plus que ces deux paramètres peuvent malgré l'offre entraver l'étalement urbain. Les parcelles trop étroites et irrégulières ne peuvent aboutir qu'à un étalement anarchique sans aménagements préalables.

Il faut partir des théories économiques sur le foncier rural pour comprendre les théories sur le foncier urbain. Les économistes Ricardo (1817) et Von Thünen (1826) ont étudié l'influence de la valeur du sol sur l'espace. Ricardo a montré que le prix du terrain dépendait du type d'occupation du sol, tandis que Von Thünen faisait une spatialisation dans laquelle il prouvait que du centre du village vers sa périphérie, la rente du sol variait et dépendait du type de culture. En fonction de ce discriminant, il est arrivé à une organisation concentrique de l'occupation du sol.

Alonso (1970) s'en est inspiré pour montrer que le prix des terrains urbains dépendait de la distance au centre-ville. Ce prix étant fixé par le ménage et les entreprises dont les logiques d'occupation du sol sont différentes. À ces derniers, il ajoute l'agriculteur comme troisième acteur. En situation de concurrence, le prix du terrain est le maximum offert par l'un des trois acteurs.

Clark et de Newling à propos des rapports entre le gradient de densité, la distance et la forme de l'étalement urbain.

[55] Manque de données statistiques officielles de population, et quand bien même elles existent, leur fiabilité est remise en cause au regard du processus de leur élaboration et des enjeux qui peuvent les sous-tendre.

Figure 18 : *Modèle du foncier urbain d'après Alonso (1970) inspiré de Von Thünen (1826)*

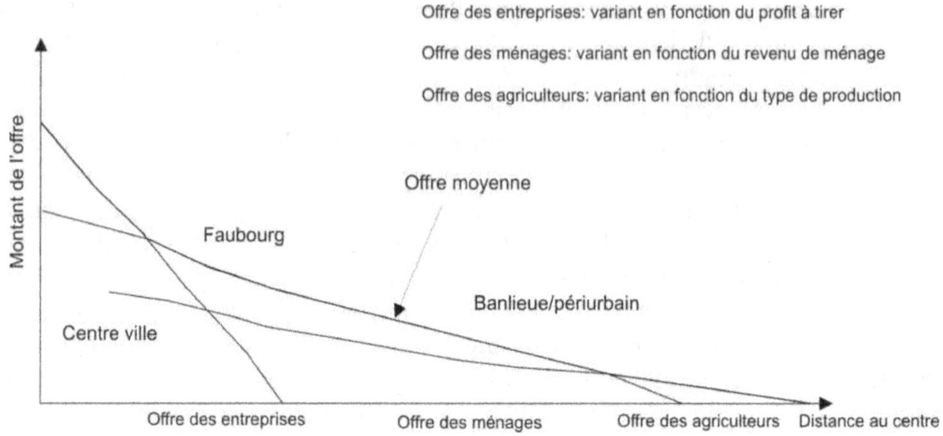

Par ailleurs, le mode de transport ou une innovation technique diminue l'offre de rente au centre-ville et étale au contraire la zone de l'offre. Le modèle d'Alonso s'applique mal aux villes de l'Ouest. Sur le plan général, les prix de terrains augmentent effectivement au fur et à mesure que l'on progresse dans le milieu rural. Les réserves foncières deviennent des champs exploités par les citadins. On se rend compte que c'est plus le problème qui préoccupe le vendeur au moment de vendre qui détermine le prix du terrain. Qui plus est, en raison des perceptions patrimoniales accrues de la terre, l'offre de vente se trouve assez dispersée pour justifier une évolution concentrique. Seul un marché foncier structuré aurait permis la vérification de ce modèle. Malgré la création de *« petites centralités »* dans l'espace périurbain, les centres contrôlent encore leurs espaces périurbains. Cette domination va certainement durer encore longtemps car les besoins de ces *« petites centralités »* limitent leur indépendance du centre. Les emplois générés sont encore insuffisants pour créer une autonomie réelle du périurbain.

- Profil théorique des transports et de la mobilité

L'évolution des transports apparaît comme un facteur principal de l'étalement urbain, en particulier les innovations techniques (Leroy et Sonstelie, 1983) : moyens et infrastructures de transport. Wheaton[56] démontre qu'une baisse du coût de transport a pour conséquence l'extension de la limite urbaine. Cette situation se vérifie autour des villes de l'Ouest avec le phénomène des motos chinoises qui sont à la fois bon marché et économiques en carburant.

---

[56] Cité par Enault, *Vitesse, accessibilité et étalement urbain : analyse et application à l'aire urbaine dijonnaise,* thèse de géographie, 2003.

Figure 19 : *Modèle théorique montrant la relation entre la rente et le transport d'après Leroy et Sonstelie (1983)*

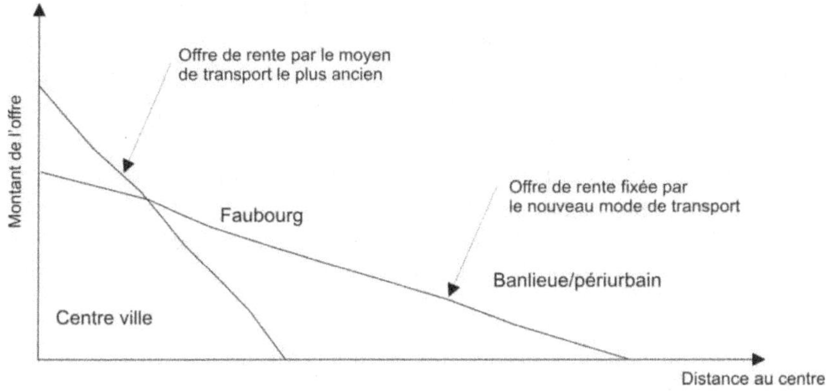

Bauer et Roux (1976) distinguent en fonction de l'évolution du réseau et du moyen de transport quatre (4) modèles classiques de croissance des agglomérations illustrés par la figure ci-après : le modèle de jointure ou ville carrefour est formé suivant un processus d'agglutination. Le modèle de ville de chemin de fer s'établit au niveau des gares ferroviaires suivant un processus d'essaimage. Le modèle de ville en doigts de gant est lié à l'effet des bus et des tramways dont les arrêts sont fréquents et favorisent une croissance urbaine continue. À partir de 1950, la révolution de l'automobile (voiture individuelle surtout) ne limite plus la ville. Les noyaux urbains s'épaississent et les gants s'allongent dans les campagnes : d'où le terme de rurbanisation.

***Figure 20** : Les 4 modèles classiques de croissance des agglomérations de Bauer et Roux (1976) [1] et les 4 modèles de développement du périurbain d'après Dezert, Metton et Steinberg (1991) [2].*

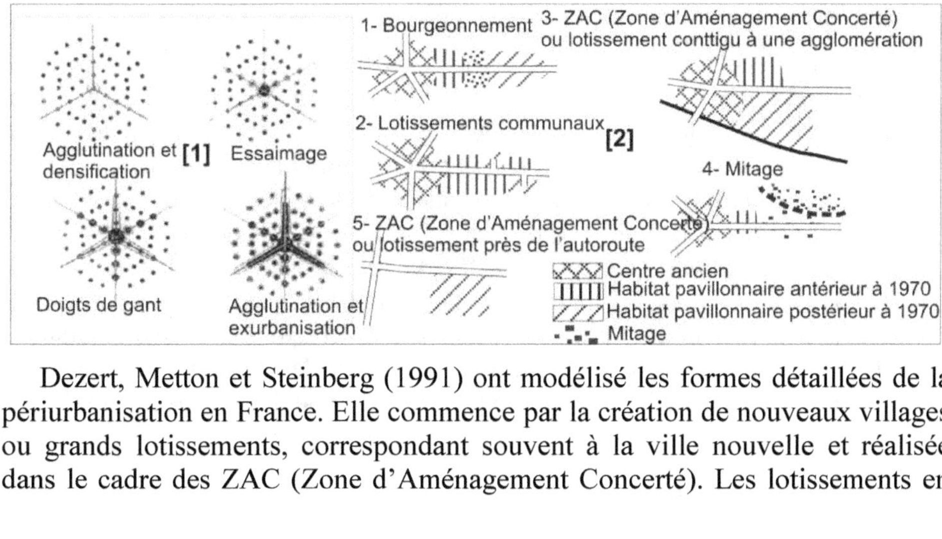

Dezert, Metton et Steinberg (1991) ont modélisé les formes détaillées de la périurbanisation en France. Elle commence par la création de nouveaux villages ou grands lotissements, correspondant souvent à la ville nouvelle et réalisée dans le cadre des ZAC (Zone d'Aménagement Concerté). Les lotissements en périphérie d'agglomération sont des formes de prolongement direct des villes comme on observe à la limite des camps SIC/MAETUR de Mendong à Yaoundé ou à Bonamoussadi-Maképé à Douala. Les constructions se font au coup par coup par bourgeonnement vers l'extérieur. Il s'en suit une densification de lotissements existants suivant un processus qualifié de bourrage interne. La périurbanisation se déporte sur un autre espace par mitage, c'est-à-dire par construction individuelle isolée, deux ou trois maisons, voire des hameaux loin des agglomérations. L'espace agricole disparaît ou devient interstitiel, impulsant du même coup des changements dans la société rurale. Aujourd'hui, le portrait type du périurbain européen est connu : jeune adulte à forte mobilité, ménages en couples plus que célibataires, amour de la nature dans l'urbanité.

Les modèles urbains décrits par les premiers urbanistes tropicaux marquent encore le paysage, mais il faut au moins souligner une vision trop caricaturale des réalités et accepter que des évolutions quoi qu'il en soit sont réelles, même si éparses après un demi-siècle d'indépendance et quelle que soit la situation des États africains.[57] Un modèle à trois composantes se dégage habituellement et confirme la vision dichotomique qui a longtemps nui à l'aménagement et à l'appropriation de la ville par les Africains : la ville-centre souvent centre-ville, mal nommée *« ville européenne »,* est le quartier d'implantation des administrateurs coloniaux repris par l'administration postcoloniale. Cette ville s'est restructurée en modèle compact et on y admire la ville en hauteur côtoyant les bâtiments coloniaux plus ou moins conservés et exposant clairement la problématique de leur patrimonialisation. La ville spontanée et anarchique tant des premiers indigènes en contact avec les administrateurs coloniaux – qui apparaît plutôt vieillotte, ou à la limite en cours de dégradation – que celle fruit de l'exode rural, s'oppose nettement à une ville nouvelle, fruit de l'effort toujours insuffisant des pouvoirs publics et de plus en plus les opérateurs privés sous la forme de mini-pavillons à l'européenne.

Une modélisation de la croissance de ces villes se présente sous la forme de la figure ci-après. Au départ, l'occupation est radioconcentrique ; chacun voulant être le plus près possible du centre. Les autochtones et les *« auxiliaires »* de l'administration coloniale forment la première couronne urbaine calquée grossièrement sur le modèle de la ville coloniale. Au fur et à mesure que les activités au centre se développent, le flot de migrants s'installe plus ou moins anarchiquement dans les réserves foncières selon le degré de vigilance des autorités en charge de la gestion. Les zones prioritaires sont d'abord les axes routiers, puis les zones où l'offre foncière est abondante et moins chère. La localisation des taches urbaines sur les photographies aériennes et les images satellitaires en témoignent. Le modèle d'urbanisation en ce

[57] Nous y reviendrons en détail au chapitre 6.

moment est digité. Lorsque la distance par rapport au centre devient sensible, l'extension latérale progresse. Les mouvements centrifuges et centripètes de la population urbaine sont échelés dans le temps de la croissance urbaine et structurés autour des notions de proximité et d'éloignement (Rosnay, 1975). La périurbanisation serait alors le compromis nécessaire entre la volonté de proximité et la nécessité d'éloignement lorsque les facilités de transport se prêtent à la relativisation de la distance.

Figure 21 : *Modélisation du processus d'étalement des villes de l'Ouest-Cameroun*

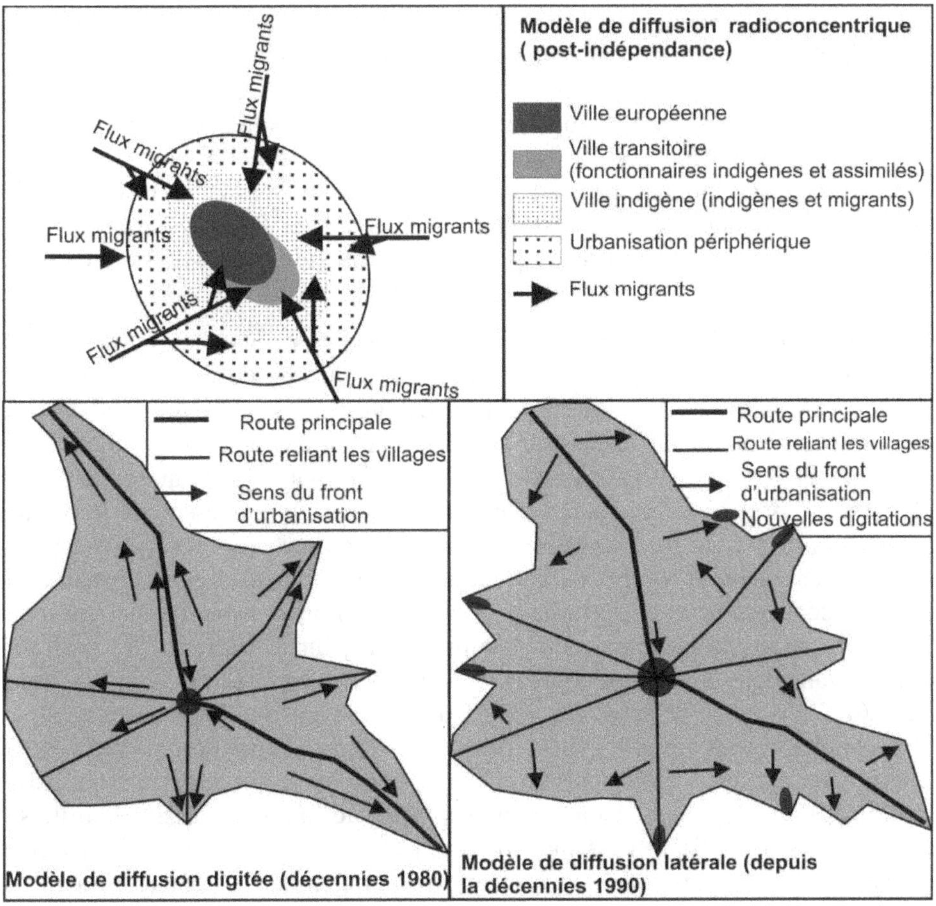

VI- Quel scénario pour le périurbain de l'Ouest ?

Si les auteurs s'accordent sur le fait que la périurbanisation n'est pas un phénomène nouveau, ils s'accordent aussi sur le fait que l'étude de celui-ci n'a pris de l'ampleur qu'à partir des années 1980 en Europe, et timidement en Afrique subsaharienne (années 1990) avec les travaux de Vennetier, Bertrand,

Dubresson, Giraut, Piermay. Après le débat lancé en 1976 par Bauer et Roux « *La rurbanisation ou la ville éparpillée* », le colloque d'Angers de décembre 1984 marquait la véritable problématisation du périurbain en zone francophone. Aujourd'hui, s'il est une question qui se pose le plus ardemment pour le périurbain européen, c'est celle-ci : *« Vers quelle construction territoriale s'achemine-t-on ? Faut-il toujours parler d'interface entre la ville et sa périphérie ou quelque chose de nouveau est-il en train d'apparaître ? »* (Prost) ou *« la problématique du tiers espace »* (Vanier). L'Afrique prend en cours le phénomène. Le consensus se dégage au moins sur la définition du périurbain et de son appréhension comme un espace fonctionnel qui concentre chaque jour un peu plus de la population urbaine. Ce consensus n'est partagé que par un faible nombre de chercheurs du continent, la plupart étant encore concentrées sur la ville (centre) et persistant dans les visions alarmistes. Les cadres juridiques et institutionnels sont encore fragiles pour ne pas dire inexistants et limitent la volonté d'intervention des pouvoirs publics. À tout cela, s'ajoute la complexité des cas en fonction des pays et de la taille des villes ; d'où la nécessité de multiplier les études de cas. Il est clair qu'il n'y a pas de projet politique pour le périurbain, il reste un effet de surprise pour beaucoup d'administrateurs et doit être combattu comme de l'urbanisation non contrôlée.

Dans toutes les villes, au-delà des questions morphologiques et des processus, se posent celles des territorialités qui se dessinent (Debarbieux, 2002). Et Vanier (2005) pose clairement les questions : est-ce qu'on s'achemine vers la sécession ou la succession du périurbain à la ville ? Selon quelle forme de contact ? Gradient d'urbanité ou une frontière bien marquée ? Cette dynamique du troisième espace s'inscrit-elle dans un processus de long ou de court terme ? Ces interrogations permettent d'entrevoir les trois espaces : urbain, périurbain et rural dans une logique trialectique et d'envisager au moins quatre scénarios pour le périurbain selon une vision prospective de Vanier : le premier serait le scénario du triomphe de l'urbanisation ; le périurbain s'inscrivant dans un temps court ne serait alors qu'une étape vers la ville. Le second s'oppose au premier. Le périurbain serait un espace autonome nettement différencié de l'urbain et du rural à la manière des *« edges cities »* américaines. Le troisième scénario est plutôt inquiétant pour le devenir du périurbain, surtout en Europe : la déprise constatée dans les villes des anciens bassins houillers ou encore dans les villes où les industries ont été délocalisées et le vieillissement constant de la population avec pour conséquence le ralentissement des mobilités, risquent d'affecter durablement le périurbain. La politique de renouvellement urbain – heureusement qu'elle est mitigée – permettrait alors le retour à une ville compacte et scellerait le sort du périurbain comme certains le souhaitent. Le quatrième scénario, à la suite du précédent, confirmerait alors le retour à une *« ruralité authentique »* par rapport à la *« ruralité mentale »* fabriquée par le périurbain.

Ce questionnement interpelle aussi bien les grandes villes que les petites qui, malgré le fait que certains ne leur reconnaissent qu'un pouvoir administratif, constituent de plus en plus des espaces périurbains fonctionnels que ce soit au Nord ou au Sud. On constate d'après les analyses précédentes que le périurbain des villes de l'Ouest s'intègre à la ville. Certains peuvent soutenir que s'il en est ainsi, il ne peut être qu'un phénomène de courte durée peu susceptible d'aboutir à la formation d'un véritable *« tiers espace »* ou d'un territoire. En s'appuyant sur le temps et les échelles géographiques locales, on se rend compte que les espaces périurbains sont des *« espaces sociaux qui fonctionnent simultanément selon un modèle d'intégration et d'autonomisation »* (Di Méo, 2005). Les *« petites centralités »* que nous avons mises en évidence conduisent sans nul doute à des processus d'autonomisation à leur échelle d'occurrence. À l'échelle régionale, ce *« processus de maturation »* (Alvergne, 2005) de l'espace périurbain passe d'abord par une étape de banlieue, puis à celle de périphérie urbaine et enfin à l'étape d'autonomie périphérique ou de *« edges cities »* à l'américaine. Le territoire périurbain qui se forme devient le produit d'une dynamique interne et non d'une simple dynamique des relations ville-campagne. Alors, combien de temps faut-il pour que l'on passe d'un modèle d'intégration à celui d'autonomie ou vice-versa ? Di Méo (2005) pense à une dizaine d'années en France. *« Le rural d'aujourd'hui se comportant comme le périurbain d'il y a dix ans et ce dernier comme l'urbain de la même époque ».* En Afrique et pour le cas du périurbain de l'Ouest, on remarque que les processus d'intégration durent une vingtaine d'années (1980-2000). Et puis, comme le remarque toujours Di Méo, – et nous allons le voir dans l'analyse des paysages – *« l'intégration ne fabrique pas forcément l'urbain au sens classique du terme, elle crée de nouveaux espaces ».*[58]

[58] Di Méo, en guise de conclusion : les contradictions d'une hypothétique frontière du rural et de l'urbain, in Arlaud et al. (dir.) *« Rural-urbain, nouveaux liens, nouvelles frontières »*, 2005.

Deuxième partie

Pratiques foncières périurbaines : jeux d'acteurs et conflits

Chapitre 3

Acteurs et bases du jeu foncier périurbain : de la pratique au « vrai faux » dualisme du système foncier

Il se dégage dans le périurbain, un imbroglio juridique que l'on a vite fait de mettre à l'actif du dualisme du système foncier par rapport auquel on dit opposer le système moderne au système traditionnel en Afrique. Pourtant les deux systèmes, bien qu'ils se superposent ou s'enchevêtrent dans un espace, ne sont pas en mesure de contrôler chacun à sa manière les stratégies foncières des acteurs périurbains. En effet, il se développe des *« règles populaires »,* pour reprendre une expression de Jean-François Tribillon, qui ne sont du ressort d'aucun de ces deux systèmes. Le périurbain en tant qu'espace de l'entre-deux se construit sur la base des lois du milieu,[59] c'est-à-dire qu'il n'y a pas de loi de l'entre-deux et que les acteurs exploitent plutôt les faiblesses de la législation foncière et urbanistique en vigueur pour établir leurs propres lois. Pouvait-il d'ailleurs y en avoir une ? Ce n'est pas facile d'y répondre. Mais force est de constater que l'entre-deux ne peut se construire et se consolider que sur la base de projets territoriaux prenant en compte des intérêts a priori contradictoires. Dans le développement qui va suivre, nous allons analyser les logiques et les stratégies foncières des acteurs dans un système au centre duquel se trouvent les motivations qui justifient leurs actions. Cette approche implique que l'on parte d'abord d'un aperçu des théories sur le foncier rural en Afrique à l'heure de la périurbanisation. Ainsi, nous pourrons mieux apprécier les trajectoires de l'ordonnance 74/1 fixant le régime foncier camerounais et dégager ses limites dans le cadre du foncier périurbain ainsi que du code de l'urbanisme. L'analyse de la structure des acteurs nous permet de déterminer la hiérarchie des droits et des pouvoirs qui structurent les pratiques foncières.

I- Quelles approches théoriques du foncier rural aujourd'hui face à la périurbanisation ?

Le foncier périurbain est institutionnellement régi par les règles du foncier rural. La question du foncier rural en Afrique a animé de grands débats d'abord chez les économistes, puis chez les agronomes et enfin chez les géographes et les socio-anthropologues. Ce qui a divisé et divise encore les scientifiques, c'est le mode de fonctionnement du droit foncier traditionnel jugé inadapté aux

[59] Milieu entendu comme environnement dans lequel se trouve un être, mais aussi comme la moitié de quelque chose.

modèles économiques. En effet, c'est le principe de sacralité et d'inaliénabilité des terres africaines qui est remis en cause. Autrement dit, leur perception comme un simple moyen de production et de reproduction. Si ce débat semble clos aujourd'hui, il convient de repréciser ses enjeux pour mieux nous le faire comprendre. Plus globalement s'opposent les théories néoclassiques basées sur les droits de propriété et les théories socio-anthropologiques basées sur la pluralité des modes d'accès.

Et si l'école des droits de propriété et la théorie évolutionniste avaient raison ?

Les économistes et les agronomes posent que les droits fonciers traditionnels ne sont pas des droits de propriété et par conséquent empêchent toute transformation vers un système économique moderne. Par exemple, même si la terre revient en propre à une collectivité ou à une personne qui en use à sa guise, elle ne se vend pas, l'héritage étant le seul mode de *« circulation de la terre »*. La théorie évolutionniste des droits fonciers (Feeny, 1988 ; Ruttan, 1987 ; Benke, 1991), forme évoluée de la théorie classique fondée sur la propriété (Coase, 1960 ; Demsetz, 1967), part alors du principe d'efficience économique pour soutenir la promotion de la propriété privée individuelle ou familiale comme seul mode de sécurisation face à la pression démographique et aux exigences de l'économie de marché. Les théoriciens démontrent que la propriété privée permet de gérer de façon rationnelle un bien dont on est sûr de récolter les fruits de l'exploitation. Dans la pratique, les approches divergent et les variantes de la théorie apparaissent : la première soutient que la *« marchandisation imparfaite de la terre »* et le recul des systèmes traditionnels ne sont que des situations transitoires vers un marché foncier parfait et une généralisation de la propriété privée encadrée par l'État. La seconde soutient l'innovation institutionnelle induite par le jeu des acteurs. L'individualisation des terres se manifeste spontanément en fonction de la pression des besoins. C'est à ce moment que l'État doit intervenir pour créer un cadre de formalisation des droits individualisés et distribuer les titres de propriété.

Si on comprend bien la théorie évolutionniste, la propriété africaine est une construction progressive vers le *fructus, usus, abusus* romain. Les évolutions de types périurbains leur donnent plutôt raison. En effet, en situation de pression extérieure et devant la rareté, les élans individualistes forcent le morcellement. Un besoin de sécurité suscite la nécessité d'une autorité devant assurer les droits inaliénables de chacun sur sa parcelle. La question à ce moment est celle de la légitimité de l'autorité et de ses moyens d'action. En effet, à côté de cette volonté d'immatriculer les terres se lit en même temps une contestation de l'autorité de l'État et des moyens dont il dispose pour sécuriser les droits sur les terres. Partant de ce constat, la théorie évolutionniste attise les critiques et suscite l'émergence des théories socio-anthropologiques.

Les théories socio-anthropologiques et leur validité dans le périurbain

Les socio-anthropologues et les historiens estiment que la théorie évolutionniste a fait plutôt un cliché des coutumes africaines et tend plus vers des prédictions ou vers un déterminisme foncier que vers des solutions pragmatiques au problème du foncier en Afrique (Lavigne Delville et al. 1998). Ils démontrent alors qu'en Afrique, les rapports fonciers sont profondément ancrés dans les rapports sociaux. On ne peut donc partir que des acteurs, de leur position sociale, de leurs rapports et de leurs pratiques pour chercher des solutions aux blocages des structures foncières traditionnelles. La propriété privée n'est qu'une des solutions possibles. Seuls les arrangements locaux et les règles de gestion négociées par les acteurs, et qui paraissent légitimes à leurs yeux sont les meilleurs outils de sécurisation, ce qui n'empêche pas l'État de les reconnaître et d'y négocier son rôle.

Les théories socio-anthropologiques soulèvent donc une certaine exception africaine de la notion de propriété. En Afrique, il est plutôt rare qu'un individu détienne à la fois *fructus, usus, abusus* dans un espace donné. En conséquence, la propriété africaine n'est qu'une propriété fonctionnelle au lieu de la propriété absolue qui n'existe d'ailleurs pas. Même avec le titre foncier, le propriétaire foncier africain est plus « *ownership* » que « *proprietor* » pour être plus clair avec la langue anglaise. Ses droits sur la terre sont transférables à tous, mais à condition d'une véritable intégration dans sa société. En raison de ces considérations, il ne peut y avoir que des *arrangements institutionnels et la diversification des modes d'appropriation* et non la propriété privée basée sur le Torrens act australien. Dans cette foulée, les uns soutiennent la gestion locale (Bertrand 1998), les autres les consensus locaux (Karsenty 1998) et d'autres encore la gestion patrimoniale (Le Roy et al. 1998).

Le foncier périurbain est théoriquement régi par des règles qui se chevauchent, s'enchevêtrent et se superposent, pour être concret, il n'est ni régi par les règles urbaines, ni par les règles coutumières, ni par les règles du foncier rural. Nous contestons donc la théorie du dualisme de système foncier que certains ont fait croire, du moins dans le périurbain. Il nous semble plus régi par des « *règles populaires* » qui ne se superposent à aucun système. Dans ces règles, on peut lire à la fois la gestion locale, les consensus locaux, la gestion patrimoniale et le cadastre romain. Les socio-anthropologues soutiennent qu'en Afrique, vu l'imbrication du foncier au social, la reconnaissance sociale d'un droit sur la terre compte plus que sa reconnaissance par la loi. Cette situation se vérifie dans les sites conflictuels du périurbain de beaucoup de villes africaines. Par exemple, lorsque les « *autochtones* » se livrent à des ventes massives contre l'avis des chefs locaux (Piermay 1993). La multiplicité des modes de gestion au niveau du quartier règle les problèmes d'imprécision des droits, mais à l'échelle de l'ensemble du périurbain, elle pose à coup sûr des problèmes de contrôle et d'inter-communicabilité des systèmes, mais aussi d'aménagement. Nous nous situons alors à un stade important des théories sur le foncier en Afrique. Il est difficile de faire prévaloir une théorie sur l'autre, car les situations s'avèrent complexes et instables dans le temps. Le cas du périurbain de l'Ouest-Cameroun nous enseigne mieux.

II- La législation foncière à l'épreuve de la réalité périurbaine

Si la législation foncière actuelle se prête mal à la périurbanisation, elle ne justifie qu'une partie des *« règles populaires »* que les acteurs développent pour s'installer dans le périurbain, ce d'autant plus qu'à la base, leurs actions cachent des besoins urgents à satisfaire et une volonté de rente. L'ordonnance 74/1 du 6 juillet 1974 fixant le régime foncier camerounais ne reconnaît pas l'existence d'un espace périurbain adjacent aux villes, parce que le législateur n'avait prévu qu'une évolution graduelle et décrétée de la ville dans le milieu rural. Aujourd'hui, c'est au maire de la ville de chevaucher son territoire de compétence pour agir dans la commune rurale adjacente à sa ville. D'où les conflits de compétence qu'on enregistre non seulement entre les administrateurs[60] de ces communes, mais aussi entre les citadins défenseurs du territoire périurbain. En effet, après l'espace urbain légiféré viennent immédiatement les espaces ruraux et les propriétés immatriculées. Les espaces ruraux non immatriculés appartiennent au domaine national, lui-même subdivisé en deux catégories. La première est constituée des terres occupées ou exploitées, la seconde, des terres libres de toute occupation effective. Seul l'accès au domaine national de première catégorie nous intéresse d'autant plus que toutes les terres périurbaines sont occupées. Mais avant d'y arriver, il convient de faire un aperçu de l'évolution du cadre réglementaire traditionnel implicitement reconnu par la législation.

Le cadre réglementaire traditionnel aux prises avec le modernisme[61]

Avant que les villes de l'Ouest ne s'étendent hors de leurs espaces initiaux, l'héritage et la vente étaient déjà les principaux modes d'accès. L'occurrence de la vente à cette période coloniale montre l'évolution du système foncier traditionnel avant le fait urbain.

60 Nous pensons non seulement au maire, mais aussi au sous-préfet et aux fonctionnaires de divers ministères exerçant dans la commune périurbaine. C'est le cas de la commune de Batcham et plus récemment, la commune de Babadjou qui entourent Mbouda. Les conflits apparaissent quand il faut immatriculer des terrains, arbitrer des litiges ou encore quand il faut décider du lieu d'implantation d'une infrastructure.

61 Nous prenons modernisme simplement comme toute nouveauté interne ou externe qui pousse à une évolution, voire à une rupture avec les pratiques traditionnelles.

- Avant l'introduction de l'économie de rente

Les coutumes de l'Ouest sont quasi identiques quant au mode de transmission de la terre. Fotsing (1984) a bien montré les logiques foncières traditionnelles et les bases de la formation des droits sur la terre. On part du principe selon lequel l'ancêtre fondateur de la chefferie a un pouvoir divin sur les sujets qui peuplent son territoire. Il est le maître de la terre, par conséquent, son représentant sur terre assure la gestion en son nom. Investi de ce pouvoir, il est tout à fait normal que dans la distribution de la terre, il privilégie ses compagnons et les sujets distingués. Il leur délègue ses pouvoirs dans des portions données du territoire qui deviendront plus tard des quartiers.

Les droits fonciers se calquent alors sur la hiérarchie sociale qui reconnaît dans l'ordre décroissant : le chef et la cour royale, les grands dignitaires, les sujets de second ordre et les femmes. Les deux premiers sont les distributeurs de droits d'occupation et de culture aux troisièmes qui assurent la redistribution aux quatrièmes. Cette distribution n'est pas gratuite, parce que le sujet de second ordre doit compenser par un cadeau en nature connu sous le nom de *« sel »* et des prestations en travail. Au sein des familles, les droits acquis sont définitifs, c'est-à-dire transmissibles par héritage uniquement, sauf avis contraire motivé du chef. Par exemple, en cas d'infraction grave aux règles sociales ou de nécessité d'installer un sujet de classe supérieure. Dans cette société patrilinéaire, seuls les fils ont le droit d'hériter. Le choix de l'héritier oblige les autres fils à quitter le domaine familial pour fonder de nouvelles familles ailleurs. Les droits des femmes, pourtant principales actrices de la production, sont les plus précaires. Elles n'ont qu'un droit d'usufruit qui ne peut se transmettre sous aucune forme.

D'après ce mode de fonctionnement, on a l'impression que le système coutumier est fermé aux étrangers. Tel n'est pas le cas, puisque l'étranger qui veut s'installer adresse une demande au chef qui juge de la recevabilité avec l'aide de ses notables et seulement si les terres de réserve existent encore. L'accès à la terre se fait alors par donation. En vertu de ce dispositif, on serait tenté de dire que la loi foncière n'est qu'une modernisation du système coutumier. En effet, le chef joue presque le même rôle que l'État, à la seule différence que son influence s'arrête au niveau de sa juridiction. En mode de fonctionnement normal, c'est-à-dire sans pression externe, le système coutumier garantit le mieux l'intérêt général. On se souvient des pâturages collectifs et des travaux champêtres d'envergure.

- L'introduction de l'économie de rente et le dérèglement des systèmes coutumiers

On devine immédiatement que la pomme de discorde dans le système coutumier est l'intervention extérieure, avec en tête l'introduction de l'économie de rente. L'argent ou la ville introduit une compétition non prévue dans le système coutumier. Les fournisseurs d'accès de premier et de deuxième niveaux limitent la distribution et augmentent le prix du *« sel »*. Les disparités dans l'accès à la terre se creusent. L'histoire foncière du quartier Batang à Mbouda est un exemple que nous suivrons de *« l'avant-ville »* à la situation actuelle. Il nous permettra de comprendre l'enlisement du système coutumier et les pratiques actuelles. Mais dans l'ensemble, le système coutumier a montré une flexibilité et une capacité d'adaptation qu'on ne lui a reconnues que tardivement (Lavigne Delville et al.1998).

Le passage d'un système d'héritier unique à un système d'héritier principal dans la société bamiléké prouve que le système coutumier a très tôt pris la mesure de la rareté des terres. Les ventes se faisaient avant que la ville n'envahisse l'espace périurbain. L'esprit de ces ventes non spéculatives répondait à la nécessité de satisfaire un besoin : dot, dettes envers les ancêtres, obligations sociales, etc. On constate en fin de compte un système coutumier déjà en ballottage avant l'apparition du phénomène périurbain. La terre devenue un bien suscite des convoitises qui vont s'amplifier avec l'extension urbaine.

Réglementation en matière d'accès aux terres non immatriculées et nécessité d'incorporer dans le domaine privé ou d'exproprier pour cause d'utilité publique

Les terres de la nation camerounaise sont administrées par l'État qui en assure *« une utilisation et une mise en valeur rationnelles »*.[62] Il reconnaît à cet effet un droit de détention, d'occupation et d'exploitation ; bref un droit de jouissance des collectivités coutumières qui sont établies sur ces terres. Dans l'espace périurbain où les non-membres de la collectivité ont un besoin pressant d'accéder à ces terres, l'État n'a prévu que l'expropriation pour cause d'utilité publique et l'incorporation. Or, ce dispositif ne fonctionne pas ou pas à temps pour permettre au citadin du périurbain de s'installer.

L'expropriation pour cause d'utilité publique permet à l'État de disposer d'une propriété privée tandis que l'incorporation lui permet de disposer d'une dépendance du domaine national, au nom de l'intérêt général. Les procédures de récupération des terres ciblées sont les mêmes, sauf au niveau du calcul des taux d'indemnisation, naturellement, plus élevés dans l'expropriation que dans l'incorporation. C'est quand l'État achève le processus d'incorporation du terrain sollicité dans son domaine privé ou celui de la personne morale de droit public demanderesse que l'utilisation commence. La parcelle de terrain de la nation délimitée au nom de la ville peut à ce moment être redistribuée aux demandeurs suivant la procédure d'affectation, de vente, de cession ou d'échange. Cette redistribution suppose que le terrain délimité ait été divisé en lots suivant un plan d'urbanisme défini par les services techniques et qu'il ait

[62] Article 16 de l'ordonnance 74/1 fixant le régime foncier.

été viabilisé. Cette précaution élimine *ipso facto* les problèmes de risque et d'environnement. L'affectation est la procédure qui permet à l'État de mettre une parcelle de terrain à la disposition d'un service public. Par exemple, les terrains périurbains abritant les services publics ont été incorporés au domaine privé de l'État et affectés au domaine des services demandeurs suivant les dispositions des articles 19, 20 et 21 du décret N° 76/166 du 27 avril 1976 fixant les modalités de gestion du domaine national.

La vente qui nous intéresse le plus est le mode d'accès des personnes physiques de droits privés. Elle se fait par adjudication ou de gré à gré. Le premier cas est rare, tout comme la cession ou l'échange. Leurs détails ne nous intéressent donc pas. Le second cas s'effectue sur demande écrite adressée au ministre des Domaines. Lorsque la vente est validée, l'acquéreur dispose de trois ans pour construire sur le lot suivant les prescriptions du plan d'urbanisme. C'est au bout de ces trois années qu'il engage la procédure d'immatriculation. Cette clause du cahier des charges qui accompagne les ventes est peu respectée. Ce qui justifie le fait qu'après cinq voire dix ans et plus, des lots attribués soient encore vides ou sous valorisés et déclenchent les hold-up des nouveaux riches cités précédemment. Dans les villes de Mbouda et Bangangté, des procédures de déchéance des droits des acquéreurs qui n'ont pas honoré les clauses minimales du cahier des charges sont enclenchées. Mais elles déclenchent des conflits qui dépassent très vite le cadre foncier pour embrasser les champs économiques et sociopolitiques.

En analysant l'esprit de ces lois, on s'aperçoit que le législateur camerounais a bien voulu mettre en avant l'intérêt général et le développement économique. Spécifiquement pour l'extension urbaine, on se rend compte qu'il a tout prévu si bien que le problème d'une loi foncière pour les espaces périurbains n'est qu'un faux problème. Théoriquement, de nouveaux périmètres urbains devaient être fixés avant que les anciens n'arrivent à saturation. Ainsi, l'État ne devrait jamais manquer de lot de construction pour les citadins ou les *« allochtones »*. Alors, on se demande d'où vient le problème ?

Les collectivités coutumières sont détentrices des terres sur lesquelles elles sont établies. Au nom de l'extension urbaine, l'État doit les exproprier pour installer rationnellement d'autres personnes qui ont besoin de la terre. Tous les chefs de villages ou de quartiers périurbains interrogés prennent le phénomène urbain dans leur territoire comme une préoccupation majeure. Au-delà de l'attachement ancestral à la terre dont ils n'ont qu'un rôle de gestion, ils sont tous d'accord pour l'extension du périmètre urbain dans leur territoire à condition que ce soit eux qui fixent les règles du jeu. Autrement dit, que les pratiques actuelles consistant paradoxalement à vendre ou à cautionner la vente des terres sacrées et inaliénables léguées par les ancêtres soient validées. Dans toutes les villes camerounaises, cette attitude des communautés autochtones a été et restera toujours la même, surtout lorsqu'il s'agira de lotir pour des tiers.

Nous convenons avec Haeringer (1973) que *« cette réaction n'est pas fondée sur une opposition de principe au développement de la ville ; elle n'est même pas xénophobe. Elle signifie tout seulement que les propriétaires coutumiers entendent vendre ou exploiter eux-mêmes les terres qu'ils estiment leurs ».*[63]

Derrière ces attitudes se cache une crainte légitime : celle du non-respect des clauses de l'ordonnance N°74/3 du 6 juillet 1974 relative à la procédure d'expropriation pour cause d'utilité publique et aux modalités d'indemnisation, en l'occurrence les clauses du chapitre II élargies à l'article 23 du décret N°76/166 du 27 avril 1976 précité. L'indemnisation doit porter uniquement sur la mise en valeur et non sur la propriété du sol en cas d'incorporation, au cas contraire, sur les deux. En mettant de côté les ambiguïtés des méthodes d'évaluation de la mise en valeur, on constate que la crainte la plus marquante est celle des dispositions de l'article 24 du décret ci-dessus : *« L'État peut, compte tenu de l'urgence du projet, disposer de toute dépendance du domaine national avant le paiement de l'indemnité de déguerpissement ».* Ce fâcheux article, hormis les ambiguïtés sur la notion *« d'urgence »* d'une cause, enlève aux propriétaires fonciers périurbains le droit d'exiger une indemnisation préalable avant toute renonciation aux droits existants.

Ces craintes légitimes sont justifiées à partir du moment où l'on constate que l'État n'a pas toujours tenu ses promesses d'indemnisations. Tjouen (1981) relève les injustices dans les procédures d'indemnisation et note qu'en 1977, la dette de l'État concernant l'indemnisation s'élevait à 5 milliards de FCFA alors que le ministère des Finances pour la même période n'avait prévu que 500 millions de FCFA pour la dette d'indemnisation. Il souligne en outre que cette provision insignifiante était un record d'autant plus qu'avant 1974, elle n'avait jamais dépassé 100 millions/an. Si au cours de cette période où l'on estime que le pays était prospère, on a pu assister à un tel traitement de la dette d'indemnisation, on ne peut qu'approuver les craintes des propriétaires fonciers périurbains dans un contexte de crise. Mais nous pensons qu'au nom de l'intérêt des villes, d'autres formes de négociation doivent être trouvées.

L'esprit de l'immatriculation obligatoire et l'accès aux terres immatriculées

La terre immatriculée est l'expression totale de la propriété foncière. La procédure d'immatriculation se termine par la délivrance d'un titre foncier. Pour immatriculer son terrain le requérant doit prouver que son occupation date d'avant 1974[64] et qu'il est le véritable auteur de la mise en valeur. Une collectivité coutumière peut aussi solliciter l'immatriculation d'une terre à condition d'inscrire dans le procès-verbal les noms de tous les ayants droit.

63 Haeringer 1973, p.485.

64 Cette disposition a été relativisée dans le décret du 16 décembre 2005, modifiant et complétant certaines dispositions du décret fixant les conditions d'obtention du titre foncier.

Dans l'esprit du législateur camerounais, le régime de l'immatriculation obligatoire imposé depuis 1974[65] devait aboutir à la formation de la propriété privée présentée comme élément manquant de la politique économique basée sur l'agriculture. L'État camerounais insérait ainsi sa politique foncière dans la théorie des droits de propriété que nous avons revisitée précédemment. En limitant le droit coutumier sur les terres, il a donc voulu sécuriser l'investissement dans la terre pour tout Camerounais où qu'il se trouve.

Les problèmes de l'immatriculation dans le périurbain résident dans les entorses à la procédure. Pourtant, le législateur l'a beaucoup simplifiée par rapport à l'immatriculation d'avant 1974. Les procédures étaient coûteuses et pouvaient durer 5 ans et plus. La loi actuelle prévoit une durée de 6 mois pour l'obtention du titre foncier. L'immatriculation, quoi qu'on dise, est un déclencheur de spéculation. La course à l'immatriculation à la périphérie a un double but : sécuritaire et spéculatif. C'est ce que souhaitait implicitement le législateur camerounais. Quels peuvent alors être concrètement les modes d'accès aux terrains immatriculés ?

D'après la loi, l'accès aux terres immatriculées doit se faire dans le cadre du décret 79/017 du 13 janvier 1979 relatif aux transactions immobilières privées. Il s'agit de la vente, de la cession gratuite ou de l'échange de terres entre particuliers. Seuls les processus de vente et de démembrement nous intéressent. Une demande est adressée au chef du cadastre pour solliciter le bornage du terrain concerné. Ce qui nous intéresse dans ces deux procédures, c'est la présence obligatoire du notaire. Il est dans l'obligation d'informer et surtout de prouver aux deux parties la régularité des actes qu'ils s'apprêtent à poser. De telles dispositions visent à enrayer toutes tentatives d'escroquerie foncière. Dans tous les cas, les terrains immatriculés offrent déjà une sécurité suffisante aux yeux des acheteurs qui oublient souvent de terminer la procédure officielle et s'exposent, comme nous le verrons, aux problèmes de succession sur un terrain indivis. Les lotissements privés offrent plus de garantie de sécurité.

La création et l'accès aux lotissements privés

Les lotissements privés sont les moyens les plus recommandés aux individus qui veulent offrir un accès à la terre aux citadins. Leur création est régie par le décret N°79/194 du 19 mai 1979 fixant les règles relatives à la création des lotissements. Un lotissement se définit comme une *« opération ayant pour résultat la division d'une propriété foncière en lots »*. Les formalités de lotissement sont exclues lorsque la division aboutit à moins de quatre lots. Le décret reste muet sur la superficie indivisible, se contentant de dire tout simplement que les lots obtenus ne doivent plus faire l'objet d'une division ultérieure. Tous les lotissements privés étudiés montrent le respect des règles

[65] Précisons qu'avant cette date, l'immatriculation existait, mais était facultative.

générales prévues dans ce décret. On est tenté de douter du suivi de ces règles tant que les lots ne sont pas tous occupés, mais on se rend compte qu'il y va de l'intérêt des occupants et du lotisseur. En effet, le non-respect d'une rue par exemple, signifie un chevauchement des limites du lot voisin, ce qui n'arrange pas les intérêts des parties. L'approbation d'un lotissement privé autorise les ventes suivant la procédure de vente des terrains immatriculés. Certains propriétaires fonciers se sont mis à faire des lotissements avec la complicité des agents techniques sans que les plans établis ne soient validés par les autorités compétentes. Quand on observe ces plans, ils s'intègrent apparemment dans les POS qui pourraient être établis. L'autorité devrait les valider en temps opportun tout en trouvant d'autres moyens pour garantir les droits fiscaux.

Gestion des conflits d'après la loi foncière

L'État a confié l'administration du domaine national à des commissions consultatives qui intègrent les dirigeants de la collectivité coutumière. La loi N°19 du 26 novembre 1983 modifie les dispositions de l'article 5 de la loi N°74/1 pour mieux préciser les compétences de toutes les juridictions en charge des problèmes fonciers. Elle précise que : *« Relève de la compétence des commissions consultatives, le règlement des litiges fonciers ci-après : les oppositions à l'immatriculation en instance aux services des domaines à l'entrée en vigueur de la présente ordonnance* [ordonnance 74/1 fixant le régime foncier] ; *les oppositions à l'immatriculation des terrains formulées dans le cadre de l'application du décret prévu à l'article 7* [décret fixant les conditions d'obtention du titre foncier, modifié par le décret du 16 décembre 2005] *de la présente ordonnance ; toutes revendications ou contestations d'un droit de propriété sur les terrains non immatriculés, introduites par les collectivités ou les individus devant les tribunaux. Est de la compétence des juridictions judiciaires le règlement de tous les autres litiges fonciers à l'exclusion de ceux relatifs aux conflits frontaliers ».*

Aussi clairement défini, on se demande d'où peuvent venir les problèmes ? Les commissions consultatives ne sont connues qu'au moment de l'immatriculation. De fait, les problèmes qui arrivent aux commissions avant l'immatriculation sont rares. La loi ne prévoit en outre que deux sortes de conflits : le conflit sur les limites du terrain et sur l'auteur de la mise en valeur. Dans l'opinion, l'idée du rejet systématique de toute plainte sur un terrain non immatriculé est très répandue et suffisante pour décourager tout plaignant. Les tribunaux ne traitent que les litiges sur les terrains immatriculés. Mais avec une pluralité des instances de régulation avant même le fait urbain, la réalité est plus complexe.

En conclusion, le dispositif légal en matière d'accès à la terre autour des villes affiche un grand retard par rapport à l'évolution socio-économique. Entre le droit foncier institutionnalisé et le droit foncier coutumier, se dresse ce que nous appelons le *« droit foncier populaire »,* c'est-à-dire celui émanant des nouveaux jeux sociaux liés aux blocages des systèmes préexistants. Le tableau ci-dessous présente l'évolution des textes régissant le foncier et l'urbanisme au Cameroun. La remarque fondamentale est que le législateur cherche à s'adapter au changement, mais de façon plus lente par rapport à l'évolution de la société. On est très loin d'une évolution simultanée des institutions avec les faits sociaux.

Tableau 11 *: Évolution de la situation foncière et urbanistique du Cameroun à travers quelques textes de loi essentiels*

Nature et date des textes	**Objet**
Lois	
Loi du 15 juin 1896	Terres vacantes et sans maîtres
Loi n° 66-10-COR du 18-11-1966	Réglemente la gestion foncière urbaine
Loi n° 80-22 du 14-07-1980	Répression des atteintes à la propriété foncière
Loi n° 80-21 du 14-07-1980	Modifie et complète l'ordonnance n° 74-1 du 6 juillet 1974 fixant le régime foncier
Loi n° 85-09 du 4-07-1980	Expropriation pour cause d'utilité publique et modalités d'indemnisation
Loi N°97/003 du 10 janvier 1997	La promotion immobilière
Loi N°2004/003 du 21 avril 2004	Code d'urbanisme
Loi N°2009/009 du 10 juillet 2009	La vente d'immeubles à construire
Loi N°2009/010 du 10 juillet 2009	La location-accession à la propriété immobilière
Ordonnances	
Ordonnance n° 73-20 du 29-05-1973	Organise l'urbanisme en République Unie du Cameroun
Ordonnance n° 74-1 du 6-07-1974 modifiée et complétée par l'ordonnance n° 77-1 du 10-01-1977	Fixe le régime foncier
Ordonnance n° 74-2 du 6-07-1974 modifiée et complétée par l'ordonnance n° 77-2 du 10-01-1977	Fixe le régime domanial
Ordonnance n° 74-3 du 6-07-1974	Définit la procédure d'expropriation pour cause d'utilité publique
Décrets	
Décret n° 70-107-COR du 5-8-1970	Organise l'urbanisme, la construction et l'habitat
Décret n° 76-165 du 27-04-1976, modifié et complété par décret N°2005/481 du 16 décembre 2005	Fixe les conditions d'obtention d'un titre foncier
Décret n° 76-166 du 27-04-1976	Fixe les modalités de gestion du domaine national
Décret n° 76-167 du 27-04-1976	Fixe les modalités de gestion du domaine privé de l'État
Décret n° 77/193 du23-juin-1977	Crée la Mission d'Aménagement et d'Équipement des Terrains Urbains et Ruraux (MAETUR)
Décret n° 79-017 du 13-01-1979	Réglemente les transactions immobilières privées

Décret n° 79-189 du 17-05-1979	Réglemente la délimitation des centres urbains
Décret n° 79-194 du 19-05-1979	Fixe les règles relatives à la création des lotissements
Décret n°87/1872 du 16 décembre 1987	Modalités d'application de la loi n° 85-09 du 4-07-1980 Expropriation pour cause d'utilité publique et modalités d'indemnisation
Décret n° 97/205 du 07-12-1997	Crée le ministère de la Ville
Décret N°2004/320 du 08 décembre 2004	Crée le ministère des Domaines et des Affaires Foncières
Décret N°2007/1138/PM du 03 septembre 2007	Fixant les modalités d'application de la loi N°2001/020 du 18 décembre 2001 portant organisation de la profession d'agent immobilier
Décret N°2007/1419/PM du 02 novembre 2007	Fixant les conditions d'application de la loi N°97/003 du 10 janvier 1997 relative à la promotion immobilière
Décret N°2008/0736/PM du 23 avril 2008	Fixant les modalités d'élaboration et de révision des documents de planification urbaine
Décret N°2008/0738/PM du 23 avril 2008	Portant organisation des procédures et modalités de l'aménagement foncier
Décret N°2008/0740/PM du 23 avril 2008	Fixant le régime des sanctions applicables aux infractions aux règles d'urbanisme
Décret N°2009/1726/PM du 04 septembre 2009	Fixant les modalités d'application de la loi N°2009/009 du 10 juillet 2009 relative à la vente d'immeubles à construire
Décret N°2009/1727/PM du 04 septembre 2009	Fixant les modalités d'application de la loi N°2009/010 du 10 juillet 2009 régissant la location-accession à la propriété immobilière
Arrêté	
Arrêté n° 165-A-SECTTP du 9-08-1968	Fixe les formes et délais des demandes de permis de construire, d'accord préalable et de certificat de conformité.
Arrêté N°0009/02/MINDUH du 21 août 2008	Fixe les normes de l'habitat social

Source : Assako Assako 1999, Yemmafouo 2007, complément 2010

III- Le code d'urbanisme et son applicabilité dans le périurbain

Cette nouvelle loi s'inscrit dans le cortex institutionnel qui depuis le milieu des années 1990 (tableau ci-dessus) tente d'appréhender l'urbanisation actuelle et surtout ses spécificités au Cameroun. Cette loi qui se veut ambitieuse dans le processus de lutte contre l'urbanisation anarchique ne définit pas le périurbain, mais édicte simplement les normes d'urbanisme applicables sur l'étendue du territoire. Dans cet esprit, elle veut donner une certaine légitimité à l'action des maires urbains jusque-là contestée par les périurbains qui se voyaient à l'abri des contraintes du permis de bâtir et autres exigences en matière d'urbanisme. Elle va même au-delà des simples règles d'urbanisme et cherche à combler certaines défaillances de la loi foncière. Ce code veut prendre en compte les nouvelles formes d'urbanisation dont la périurbanisation, mais il n'est pas assez courageux ou décisif sur la formalisation du phénomène. Il évoque le périurbain, sans jamais le définir, il n'y a donc pas de projet pour le périurbain, sauf les hypothétiques SDAU et PDU pour planifier leur conquête par la ville. Les établissements humains auxquels il s'applique concernent les villes et les communautés rurales concentrées d'au moins 2000 hab. occupant un espace bâti de façon continue et manifeste. Il aurait suffi une définition statistique du périurbain et donc des autres composantes urbaines comme l'aire, le pôle, la communauté, etc. pour donner plein sens à l'application de ce code. Les documents d'urbanisme ont été jusque-là considérés par certains conseils municipaux comme facultatifs ou de second ordre, souvent parce que leur financement reste à la charge des municipalités qui n'en ont pas toujours les moyens. Or, au lieu de renforcer l'obligation d'en disposer et même de fixer un délai obligatoire de leur révision, la loi se contente en son article 8 de préciser que : *« les communes ne possédant pas de document de planification urbaine en cours de validité, ou comprenant des zones de leur centre urbain non couvertes par un plan en vigueur, appliqueront les dispositions prévues aux règles générales d'urbanisme »*. Cet article se présente comme un aveu d'échec et ouvre la voie aux conflits entre les maires et les associations périurbaines. D'ailleurs, l'enjeu sociopolitique d'une telle intervention quasi illégale est de nature à décourager les élus locaux, sauf si leur intervention se fait par le biais des aménagements concertés qui accompagnent cette loi. C'est plutôt laxiste, le législateur aurait mieux rendu ces documents obligatoires à l'exercice des fonctions municipales et trouver d'autres moyens de financements que les fonds des municipalités. Par exemple, un préfinancement remboursable à long terme sur la base d'une taxation progressive de l'occupation et une mise à contribution efficiente des services techniques de l'État.

Ce code prévoit des opérations d'aménagement foncier, notamment :

- la restructuration et/ou rénovation urbaine ;

- les lotissements ;

- les opérations d'aménagement concerté ;

- toute autre opération touchant au foncier urbain (voirie et réseaux divers, équipement, remembrement, etc.). Ce qui est plutôt novateur et devrait pouvoir permettre une intervention négociée dans le périurbain. En effet, il crée un espace de négociation avec les communautés périurbaines regroupées en Groupements d'initiative foncière urbaine (GIFU), elles-mêmes en mesure d'initier des aménagements fonciers. C'est certes une entrée avantageuse pour négocier avec les propriétaires fonciers périurbains à partir du moment où l'État ne peut pas les dédommager avant de récupérer leurs terrains au profit de la ville. Seulement, le texte ne prévoit aucune mesure incitative qui pousserait un propriétaire terrien à faire appel à un aménageur ou à la puissance publique pour un contrat d'aménagement. Peut-être s'agit-il d'un caillou dans la chaussure des maires qui voient leurs ambitions brisées par des groupes de la société civile ? Quoi qu'il en soit, de la manière d'élire et de la qualité des conseils municipaux, dépendra la capacité d'articuler toutes ces dispositions pour maîtriser le périurbain dans son contexte actuel.

IV- Les acteurs du jeu foncier périurbain et leurs positions dans la hiérarchie des pouvoirs

L'étude des acteurs se fait en fonction de leur rôle et de leur niveau de participation dans le jeu foncier actuel. Nous distinguons les acteurs de base constitués des citadins et ruraux qui achètent ou vendent les terrains périurbains. Les acteurs de deuxième niveau, constitués des chefs de villages et de quartiers, des promoteurs privés et des spéculateurs. L'acteur de troisième niveau est l'État. Il se place au sommet de la pyramide des pouvoirs.

Au niveau de base, les acheteurs et les vendeurs

Étudier les acteurs du premier niveau suppose que l'on distingue d'abord les périurbains nés dans l'espace délimité comme tel (*« autochtones*[66] *»),* puis les nouveaux venus considérés comme les acheteurs et les revendeurs de terrains (*« allochtones »*). Cette distinction a l'avantage de mieux ressortir l'acteur du premier niveau par rapport à sa place dans le jeu foncier. L'analyse suivante concerne beaucoup plus les *« allochtones ».*

Dans l'ensemble, il fallait s'attendre à ce que la polarité régionale des villes de l'Ouest aboutisse à la dominance des populations de cette région à la périphérie. À peu près 80% de la population périurbaine est originaire de la région de l'Ouest. Plus on s'éloigne du rayon de la région, plus l'hétérogénéité de la population périurbaine baisse. Les résultats ci-après découlent d'une enquête détaillée à Mbouda. Lorsqu'on regarde la population périurbaine appartenant à la région de l'Ouest par rapport au département d'origine, on réalise que la population Bamboutos est dominante, mais le pourcentage est moins écrasant par rapport au niveau provincial comme le montrent les figures ci-après. Les voisins de la Menoua et de la Mifi viennent immédiatement après les Bamboutos.

[66] Les termes « allochtones » et « autochtones » ne nous paraissent pas mieux indiqués pour faire la différence entre le périurbain originaire de l'espace délimité comme périurbain, et le périurbain du même village venu s'installer dans cet espace.

Figure 22 : *Origine provinciale de la population périurbaine de Mbouda*

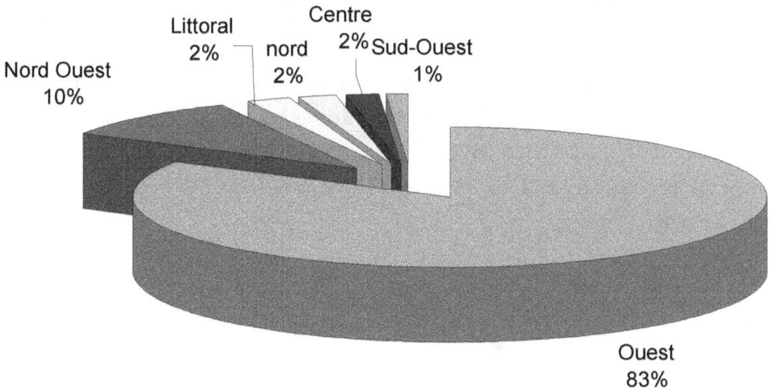

Figure 23 : *Origine départementale des ressortissants de l'Ouest à la périphérie de Mbouda*

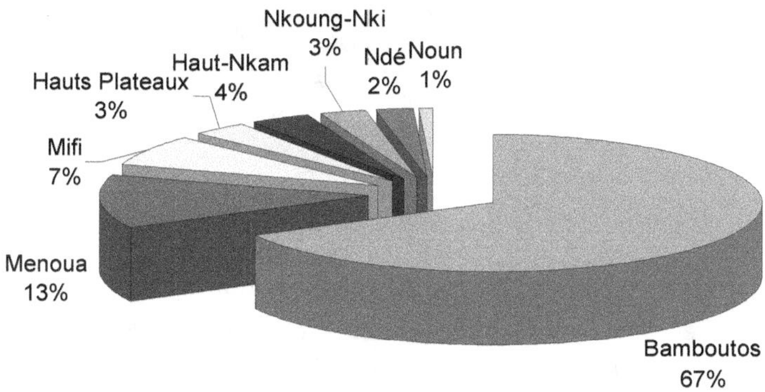

À l'échelle des groupements composant le département des Bamboutos, la population du groupement périurbain contigüe à la ville est dominante. Tel est le cas à Bamessingué. Par contre, à Babété et plus précisément à Batang, la population Batcham est légèrement dominante. À Bameboro, quartier du groupement Bangang, les Batcham et les Balatchi talonnent de près les Bangang. La même tendance se dessine à la périphérie de Dschang, Bafang et Bangangté. Nous n'avons pas recensé de problème majeur lié au fait que plusieurs ethnies du même département occupent un même espace périurbain. Le protectionnisme foncier préconisé par les élites conservatrices ne vise donc pas une ethnie particulière. La présence massive des Batcham à la périphérie serait sans doute liée à l'exode massif vers la ville en raison des fortes densités dans leur village, mais surtout à cause de l'activité commerciale dont ils sont les principaux acteurs dans la ville. Cela nous conduit directement à la profession des périurbains.

Les périurbains sont essentiellement des commerçants comme on pouvait le deviner dans la trame des activités urbaines. La proportion de fonctionnaires dépasse rarement 25%. Le pourcentage d'agriculteur varie en fonction de la manière de poser la question. À Mbouda, il n'est que de 9 %. En réalité, il ne s'agit que de ceux qui font exclusivement cette activité. Quand on regarde les activités secondaires, seuls 44 % de ménages sont impliqués. Ce qui à notre avis est insuffisant. En effet, les activités secondaires telles que l'agriculture et l'élevage sont tellement normales aux yeux des ménages que poser la question est parfois farfelu.

Figure : *Occupation de la population périurbaine*

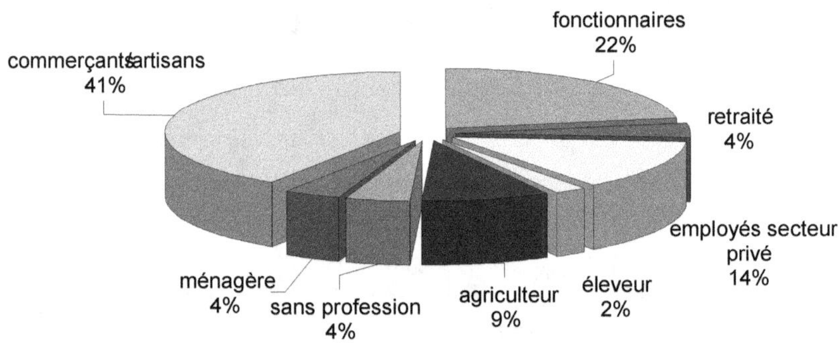

Les chefs de ménage périurbains sont à 78% des hommes. Le pourcentage de 22% pour les femmes n'est pas négligeable. Les recompositions socio-économiques en cours donnent plus de possibilités aux femmes de devenir chefs de ménage. Ces ménages sont en majorité monogames ; ce qui n'est pas étonnant au regard de l'âge moyen des chefs de ménage (30-40 ans). Par conséquent, le nombre moyen d'enfants par ménage n'est que de 3.25, ceci représente peu de chose par rapport aux décennies précédentes où l'on en comptait 5 à 7.[67] Le pourcentage des ménages célibataires (14%), divorcés (5%) et veufs (4%), soit au total 23%, constitue une situation qui retient l'attention. On connaissait jusqu'alors la rapidité des jeunes Bamiléké à se marier ou bien à ne pas divorcer. Ce pourcentage nous paraît élevé et permet de poser qu'il y a une évolution dans ce domaine. Les signes d'évolution sont d'autant plus plausibles que les chefs de ménage actuels ont un niveau d'instruction moyen. Cet avantage leur permet de mieux apprécier les difficultés de la vie actuelle et d'ajuster leurs stratégies. Cela implique aussi une meilleure appréhension des problèmes d'environnement et d'urbanisme, surtout comme au moins 34% de chefs de ménage ont eu à séjourner hors de la ville, avec 81% à Douala et Yaoundé. Contrairement à ce qu'on pense, on ne quitte pas le village (exode

[67] Recensement de 1976.

rural) pour s'installer directement dans le périurbain. On réside d'abord en location ou en hébergement gratuit au sein de l'espace urbain avant de s'en affranchir dès lors qu'on s'est bien enraciné. Ce processus d'autonomisation s'inscrit dans la logique du *« chez soi »* et prouve tout aussi qu'il ne s'agit pas d'une décision spontanée dans le projet personnel du citadin.

***Figure 24** : Situation matrimoniale de la population périurbaine de Mbouda*

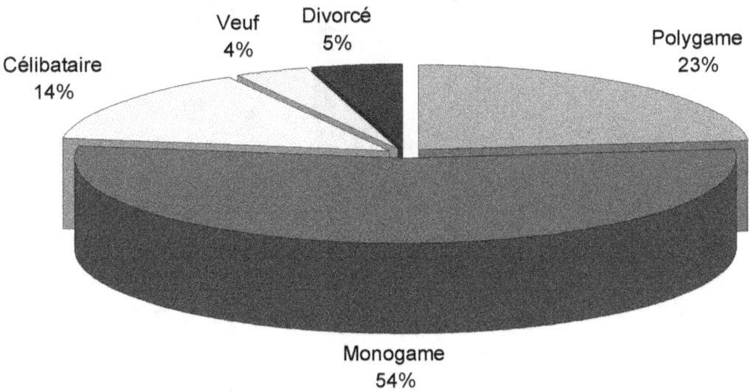

***Figure 25** : Répartition par âge de la population périurbaine de Mbouda (droite)*

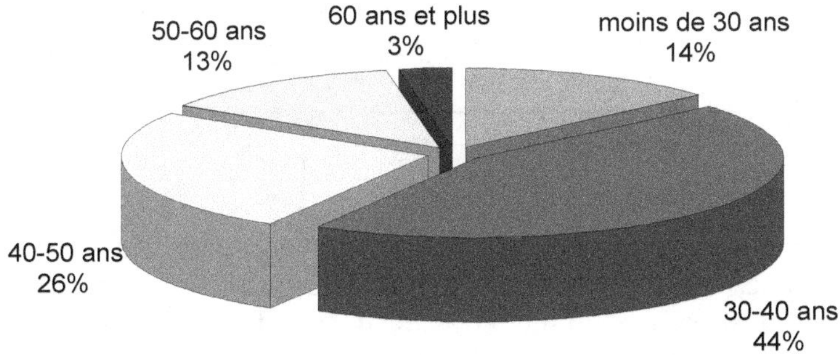

***Figure 26** : Niveau d'instruction des chefs de ménage périurbains de Mbouda*

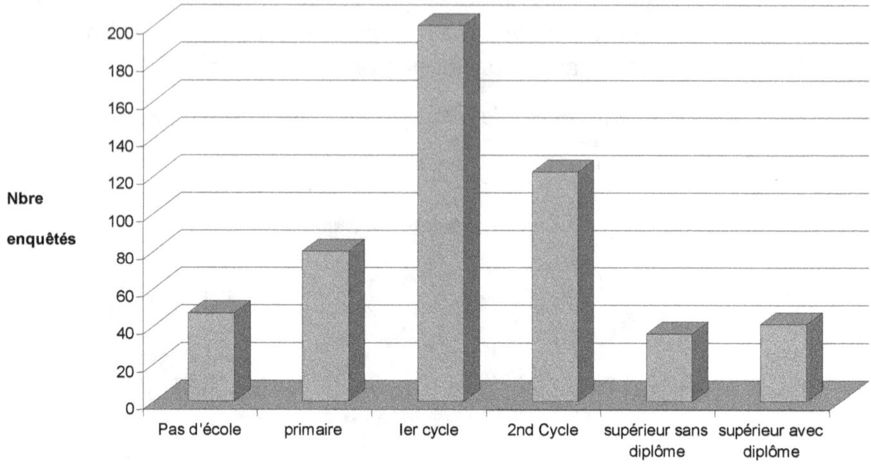

À partir des graphiques ci-dessus et des travaux menés dans les autres villes, nous avons résumé dans le tableau ci-après les portraits de trois catégories de périurbains :

***Tableau 12** : Caractéristiques des périurbains*

Critères	Périurbain type 1	Périurbain type 2	Périurbain type 3
Âge	30-35 ans	35 -40 ans	40-50 ans
Situation matrimoniale	Marié/monogame	Marié/monogame	Marié/polygame
Nombre d'enfants	3	3	7
Niveau d'instruction	Ier cycle	Second cycle	Ier /second cycle
Profession	Commerçant/chauffeur	Boulanger/mécanicien	Fonctionnaire
Séjour de plus de 6 mois dans les grandes villes	Oui	Non	Oui

En somme, les périurbains *« allochtones »* sont jeunes, instruits, monogames, avec peu d'enfants et ayant des contacts plus ou moins réguliers avec les grandes villes. Les expériences accumulées par ces derniers ne peuvent que mieux servir l'aménagement de l'espace périurbain. Le périurbain est la deuxième étape de leur processus de logement en ville. Qu'en est-il des périurbains *« autochtones »* ?

Nos investigations autour des villes de l'Ouest permettent de mieux dresser les portraits des périurbains *« autochtones »* souvent confondus avec les vendeurs de terrains. Ces portraits sont plus nuancés :

- *Les vieux « autochtones »*. Ils se présentent comme des patriarches toujours prêts à tout raconter sur l'histoire du quartier, sans jamais parler honnêtement de leurs propres aventures foncières. On identifie leurs ventes en interrogeant plutôt les acheteurs. Pour eux, vendre la terre est encore un sacrilège. C'est pourquoi à la question de savoir s'ils vendent du terrain, ils ne répondent très souvent que par la négative. La résistance à la vente se lit bien dans le paysage. Après avoir identifié les enclaves résistantes à l'urbanisation ou encore les *« isolats urbains »* comme nous les appelons, nous nous sommes intéressé aux habitants. Ils étaient en majorité des vieux solidement accrochés à leur paysage rural comme à Banock 1, à Mbouda, Keleng et Tsimbing à Dschang, Poango, New-town ou encore Lock sa'a à Bafang. On comprend le souci de protéger le patrimoine foncier pour les enfants, mais quand ces derniers arrivent aux commandes, ils oublient très vite les sacrifices consentis par leurs parents.

- *Les jeunes « autochtones »*. Ils ont les mêmes caractéristiques sociodémographiques que les *« allochtones »* que nous venons d'étudier, mais leur vision de la terre est différente de celle de ces derniers. La terre pour eux est une richesse essentielle. Elle peut permettre de résoudre n'importe quel problème, n'importe où et n'importe quand. En fonction de cette perception et de la situation foncière familiale, nous verrons dans l'analyse des pratiques de l'héritage que leurs attitudes changent à l'égard de leurs parents. Quand ils succèdent à ces derniers, il y a d'abord un morcellement par héritage qui se produit. Ensuite, il n'y a plus de contrôle foncier sur l'ensemble du domaine. Chaque héritier morcèle à son tour et procède aux ventes. Tout cela dépend de la cohésion et du niveau de vie dans les familles. D'après nos enquêtes, ce sont finalement les jeunes qui vendent plus de terre que les vieux. D'ailleurs, c'est souvent pour leurs intérêts que les ventes se font : financer leurs études, fonds de commerce, soins médicaux, etc. Dans ce processus de renchérissement de la terre, les chefs jadis maîtres de la terre ont-ils encore un rôle à jouer ?

Au deuxième niveau, les gestionnaires traditionnels et les agents économiques

- Les chefs et les élites

Contrairement à ce qu'on peut penser, certaines formes du pouvoir traditionnel se sont revalorisées avec la périurbanisation. Le fait est simple : devant la pression urbaine, la notion de patrimoine foncier gagne l'esprit des *« autochtones »* et un sentiment de protection entretenu par les chefs et les élites conservatrices progresse. Les chefs cristallisent ce sentiment vers eux et se font le devoir de protéger le patrimoine de la chefferie. C'est à travers les comités de développement et les regroupements annuels au village que l'on fait le bilan de l'avancée de la ville et on établit les règles à suivre. Paradoxalement, plus ils prennent des mesures conservatrices, plus la ville avance. Dans les chefferies périurbaines que nous avons visitées, le constat est clair : on a pris des résolutions pour que les gens ne vendent plus ou qu'ils vendent moins, mais ils le font sans répit. Face à cet échec, on demande désormais à ceux qui veulent à tout prix procéder à des ventes et à ceux qui veulent en acheter, d'informer le chef, afin qu'il juge de la régularité des opérations pour éviter les litiges. C'est là une nouvelle source de pouvoir pour le chef qu'on ne visite pas les mains vides, surtout lorsqu'on veut s'installer sur ses terres. Mais, on peut aussi se demander s'il ne s'agit pas d'une attitude plutôt sécurisante et avantageuse pour l'ensemble des parties.

On a souvent accusé certaines chefferies périurbaines de protectionnisme foncier. Or, il faut discuter avec ces chefs pour comprendre les fondements de ce dont on les accuse. La chefferie Foréké à Dschang et la chefferie Bamessingué à Mbouda en sont des exemples. Les entretiens avec les chefs permettent de mieux comprendre le problème. Ces chefferies sont sans doute celles qui ont le mieux négocié l'entrée de la ville dans leurs territoires et au profit de leurs habitants. En réalité, au lieu de procéder à des ventes anarchiques, elles choisissent les infrastructures les plus structurantes : site d'implantation des structures sanitaires, éducatives et commerciales. Par exemple, les deux derniers Lycées de leurs villes sont implantés dans leurs territoires. La chefferie Bamessingué a proposé un site à un homme d'affaires pour un projet de savonnerie. On comprend qu'il s'agit plutôt d'une réticence calculée. Les infrastructures ci-dessus citées ont contribué à un développement remarquable de la partie périurbaine de ces villages. De la même façon, les taux de litiges fonciers y sont les plus faibles. L'autorité consensuelle des chefs contribue à les limiter au maximum. D'autre part, les terrains sont presque tous immatriculés.

Les chefs qui négocient mal l'avancée de la ville dans leur territoire se sont retranchés dans les commissions de bornage pour tirer leur épingle du jeu. À défaut de s'entendre avec eux lors de la descente de la commission de bornage, le requérant risque de rater son bornage le jour prévu. Pour éviter ces blocages, il doit *« s'entendre »* avec le chef. Comme nous confiait l'un d'entre eux, *« c'est à ce moment que je vois et reconnais les habitants de mon quartier, pourtant tout nouveau venu devrait venir à la chefferie saluer le chef pour signifier sa présence »*.

L'extension urbaine suppose en général l'augmentation des litiges fonciers. C'est une fois de plus l'occasion pour le chef d'affirmer son autorité, et comme les enjeux sont grands, son pouvoir s'accroît aussi. Certes, la majorité des litiges se traite désormais au tribunal ou devant les commissions consultatives, mais les chefs ont toujours un mot à dire en vertu de la loi foncière en vigueur. Nous verrons dans l'étude des litiges comment le comportement des chefs peut devenir déviant par rapport aux enjeux fonciers. Les chefs n'ont plus de terrain à offrir aux citadins, par contre, ceux qui ont de vastes terrains arrivent à en offrir ; mais à quel prix ?

- Les promoteurs privés et les spéculateurs

L'étalement urbain et l'absence de solution de la part de l'État favorisent de nouveaux types d'acteurs fonciers :

- Les promoteurs privés. Ce sont les opérateurs économiques du secteur de la production foncière et/ou immobilière. La première consiste à rechercher les terrains viables en vue de la satisfaction de la demande foncière urbaine. La production immobilière, quant à elle, est le stade supérieur de la production foncière. C'est la mise en valeur d'un capital dans la construction d'une maison pour satisfaire la demande en logement urbain (Assongmo, 2002 ; Vincent, 1982). Au Cameroun, cette tâche est confiée aux structures parapubliques comme la MAETUR et la SIC. Elles sont juste figuratives dans quelques villes régionales et dans les grandes villes où on les retrouve, elles éprouvent d'énormes difficultés à assurer leur mission. Cette situation a contribué à l'émergence des promoteurs privés bien que l'auto-construction reste dominante. La production foncière jadis inexistante est de plus en plus remarquable. Il existe deux types de lotisseurs privés : ceux qui achètent et lotissent et ceux qui lotissent leurs héritages familiaux. Les terrains sont naturellement immatriculés avant l'opération de lotissement, qu'elle soit formelle ou non. La viabilisation du terrain et les rues se réalisent au rythme de l'évolution des ventes, lui-même dépendant des besoins du lotisseur. Il se développe ainsi un réseau de spéculateurs, certes pas très étendu comme dans les villes de Douala et de Yaoundé, mais tout aussi actif à cette échelle.

- Les spéculateurs. La spéculation concerne *« le fait pour un propriétaire de terrains de les capitaliser dans l'attente de plus-values importantes, créant ainsi la rareté sur le marché foncier par le déséquilibre entre une offre en baisse et une demande en croissance continue »*.[68] Elle n'intervient pas dans ce sens dans les villes de l'Ouest, la logique générale des ventes étant différente. C'est au moment de vendre que le vendeur recherche la plus-value. La nécessité de vendre prime donc sur la plus-value. Le cas des vieux *« autochtones »* qui refusent de vendre ne peut pas être confondu avec la spéculation. Par contre, les *« forteresses »* immatriculées et portant les maisons *« à démolir »* sur les axes routiers principaux traversant les villes sont de véritables spéculations actives. Nous avons demandé à quelques propriétaires le prix de leurs terres. Les réponses sont surprenantes : *« aucun prix »*. Mais à la question de savoir si une société privée convoitait le terrain, la réponse est : *« on verra »*. On comprend alors que ces propriétaires savent bien qu'ils sont installés sur une ressource pour laquelle ils tireront un grand profit le moment venu. Les spéculateurs, au sens défini précédemment, sont d'abord les propriétaires des terrains situés sur les axes à propension commerciale.

[68] Kamto, 1988, cité par Assongmo, 2002, op.cit.

Un autre type de spéculateurs serait ceux qui cherchent indirectement à tirer profit du décalage entre l'offre et la demande foncière. Nous pensons certainement aux *« démarcheurs fonciers »*. En l'absence de marché foncier légal[69], ils sont les *« spécialistes »* des ventes de terrains. Contrairement aux grandes villes où l'on a coutume de voir les affiches indiquant les offres en cours, ce sont des individus connus, populaires parfois, à qui on passe la commande. La *« révolution »* du téléphone mobile a suffisamment allégé leur travail. La négociation des ventes/achats de terrain et la location ne sont pas leur unique activité. Elle est soit secondaire, soit principale. L'encadré ci-après décrit un *« démarcheur »* et son activité. Et l'État dans ce jeu est-il toujours le maître ?

[69] Il faut dire que l'État camerounais venait de structurer le secteur des agents immobiliers (loi n°2001/020 du 18 décembre 2001 et son décret d'application (décret n°2007/1138/PM du 03 septembre 2007). Dans l'ensemble du pays, on ne compte que 12 agences immobilières toutes ayant leur siège à Yaoundé ou à Douala, à l'exception de 01 dans le Sud-ouest.

Encadré 4 : *Un démarcheur foncier se dévoile et parle de son activité*

> Je suis SEGNING Michel, je suis né à Bameboro le 20 février 1969. J'ai fait mes études primaires à l'école Jules Ferry, puis mes études secondaires au Lycée de Mbouda et au collège de l'Unité. J'ai le niveau terminal. J'ai quitté les classes lors des villes mortes pour me lancer dans la friperie. Au même instant, je mettais mon ancienneté en jeu pour chercher les terrains à ceux qui en voulaient. Avec le temps les gens me connaissaient plus et surtout mon repère de la station Mobil. C'est à partir de ce moment que c'est devenu mon activité.
>
> J'ai démarché pour tous les lots de ce secteur [Bameboro-derrière la SNEC]. On me contacte quand on veut vendre pour que je cherche les clients sûrs. Parfois, c'est moi-même qui demande si quelqu'un a un terrain à vendre. Ils me montrent le terrain et me disent le prix qu'ils veulent. Je me lance à la recherche des preneurs et en moins de 3 jours j'en trouve toujours. On va voir le terrain et on négocie le prix entre nous avant que j'informe le propriétaire.
>
> Je tire alors mon bénéfice de deux côtés : du côté de l'acheteur qui doit me faire confiance et du côté du vendeur qui doit donner « mon vin ». Si le prix d'achat est supérieur au prix fixé par le vendeur, il sait qu'il doit me remettre le surplus ou bien on se partage, mais c'est là où ça pose souvent problème. Celui qui est avare veut manger tout seul. Il y a rarement de problèmes entre moi et l'acheteur. Les gens sont très malins, ils savent bien que je ne suis pas le propriétaire du terrain, donc ils ne peuvent pas me verser leur argent. Ils s'informent bien avant de verser l'argent, moi aussi je ne veux pas ternir ma réputation.
>
> Ce travail est rentable, mais occasionnellement. Je peux passer même 6 mois sans trouver un seul terrain à vendre, subitement je peux en trouver même 4 en un mois, tout dépend des problèmes de ceux qui veulent vendre. Il n'y a pas de période fixe pour les ventes, mais je pense que c'est plus en saison sèche où il y a plus de problème à résoudre. Je peux gagner 10.000, 50.000, 100.000, tout dépend des moyens de l'acheteur et de mes relations avec lui. La moyenne que je gagne c'est 30.000, mais j'ai déjà gagné 200.000 dans une seule vente. Je ne vois pas l'intérêt de créer un bureau de vente de terrain, parce que la terre n'est pas une marchandise comme les autres. En tous cas, mon bureau c'est à la Mobil et tout le monde le connaît, il suffit de demander. Le seul problème c'est la terre qui manque pour vendre.
>
> *Texte rédigé par lui-même suivant un guide d'entretien élaboré à cet effet et recueilli en novembre 2003 à Mbouda.*

Au troisième niveau, un État introuvable, se prétendant joueur ou arbitre du jeu foncier périurbain.

Dans le jeu foncier périurbain, on a l'impression que l'État disparaît ou qu'il est impuissant. Cette idée est largement partagée par les citadins qui se sentent à l'abri des contraintes des règles d'urbanisme, notamment le fameux permis de bâtir. D'après la loi foncière, l'État n'est pas propriétaire des terres de la Nation, mais le gestionnaire. Les chefs locaux reprennent alors le pouvoir sur les terres de leurs ancêtres et se livrent à une gestion illicite face à un État introuvable. Les terres périurbaines non immatriculées sont classées dans la catégorie des terres occupées et exploitées du domaine national. Par conséquent, il est difficile pour l'État d'y assurer une gestion selon les principes de la concession ou du bail. Étendre le périmètre urbain à la périphérie par procédure d'expropriation pour cause d'utilité publique suppose des dédommagements que l'État ne peut pas payer immédiatement. Dans cette position de faiblesse, le rôle de l'État se réduit à la distribution des titres fonciers et à la résolution des litiges. Les maires tenus par des enjeux de mandat électoral et donc politiques, bien que ce soit leur rôle, n'ont réellement pas les moyens d'imposer des POS ou des PSU sur les territoires des chefferies périurbaines. La perception des acteurs par eux-mêmes et par les autres permet de mieux comprendre les pratiques et les éléments du paysage périurbain.

Perceptions des acteurs et impacts sur les pratiques

L'homme de l'Ouest-Cameroun et plus particulièrement le Bamiléké est perçu comme celui qui met la terre dans ses trois premières préoccupations. Delarozière faisait le constat suivant : *« Je ne connais pas d'exemple de Bamiléké qui ait accepté une indemnité de déguerpissement, je ne connais pas de chef qui ait accepté le prix de sa terre ».*[70] Comment pouvait-il en être autrement ? On sait bien qu'il est né dans un milieu non seulement étroit et difficile, mais densément peuplé. Dans ces conditions, il connaît mieux que quiconque la valeur de la terre. Au Cameroun, les Bamiléké sont présentés comme des peuples capables de maîtriser les espaces, mêmes les plus difficiles (Marguerat, 1983 ; Warnier, 1984). Leur dynamisme est devenu un concept – bien que critiqué – depuis les travaux de Dongmo (1981) et leur savoir s'est exporté dans tous les autres milieux du pays.

Dans l'espace périurbain, les terrains qui combinent bornes et bocages ou encore la nature et les modes d'expression des conflits ne sont-ils pas des preuves socio-spatiales d'un attachement congénital à la terre ? Autant d'engagement nécessite déjà une perception très affective de la terre. L'examen des litiges fonciers va davantage mettre en relief cette perception, au moment où les enjeux nouveaux se greffent à la perception traditionnelle. La résultante spatiale et paysagère est la mise en valeur dont les symboles sont : la maison – même si elle peut être vide ou en ruine – et les arbres pérennes éparpillés dans les lots non bâtis. Après les acteurs de base dont on accuse l'affection maladive de la terre, qu'est-ce que les périurbains pensent de l'État ?

---

[70] Cité par Pélissier in Blanc-Pamard et Cambrézy (sous dir.), *Terre, terroir, territoire : les tensions foncières*, 1995, p.20.

Il n'y a pas un sentiment de rejet de l'État à la périphérie en ce qui concerne les problèmes de terre, mais un problème d'incompréhension du rôle de celui-ci et/ou un défaut d'écoute de sa part. Ce problème de communication et de dialogue part du comportement quelquefois malveillant des gestionnaires ou des agents des structures de l'État devant intervenir dans l'arbitrage du jeu foncier. Nous avons lu plusieurs écrits à caractères local et critique rédigés par des ressortissants de certains départements comme le Haut-Nkam, le Ndé et le Bamboutos. Il en ressort un sentiment d'abandon, de mépris ou d'oppression propre à tous ceux qui veulent absolument voir l'État réaliser tous les projets de développement rêvés. Sans juger les opinions émises par ces auteurs, on constate qu'il y a eu à des moments donnés de l'histoire, des abus, des problèmes de communication entre les représentants de l'État et les populations, mais ces problèmes ne sont pas propres aux villes de l'Ouest.

D'un côté, certains appellent l'État au secours, de l'autre, on l'accuse de faire le jeu de l'élite. Dans le passionnant débat de l'extension des périmètres urbains actuels par exemple, les services techniques locaux gagneraient à expliquer au maximum aux chefs et aux populations que l'extension du périmètre urbain ne signifie pas récupération des terrains non bâtis et déguerpissement, mais une meilleure organisation de l'espace comme certaines populations savent déjà le faire. Les populations, quant à elles, ont une perception mitigée des chefs. Pour les *« autochtones »*, ce sont eux qui luttent contre la braderie ou qui empêchent la vente des terres. Les *« allochtones »* pensent que les chefs n'ont pas de signification particulière en matière foncière, ils n'ont qu'un rôle consultatif, et facultatif d'ailleurs en cas de problème foncier.

Ces différentes perceptions des acteurs influencent la façon dont les uns et les autres pensent l'aménagement de l'espace. Mais qui détient le monopole de cet aménagement si ce ne sont les pouvoirs publics ? Pendant qu'ils laissent piétiner leur pouvoir, les modes d'accès illicites se multiplient.

Chapitre 4

L'évaluation des trajectoires foncières périurbaines

« La recherche d'un terrain et la construction d'une maison dont ils seront propriétaires est pour eux l'affaire d'une vie. Mais il faut pour cela entrer dans un jeu extrêmement complexe, où les règles sont floues et où les concurrents – du voisin à l'État – suivent avec ruses leurs propres objectifs ». Tel est le constat établi par Piermay (1993) à propos du parcours des citadins d'Afrique centrale pour la quête du sol. Quelles sont les trajectoires foncières périurbaines et le sens de leur évolution ? Ce chapitre analyse la structure et le fonctionnement du marché foncier, mais aussi les modes d'accès temporaires au sol et leurs significations. Le choc des stratégies contradictoires des acteurs produit des conflits multiformes fortement imbriqués dans les relations sociales. Ces conflits comme nous le démontrent les socio-anthropologues ne doivent pas être pris comme des pathologies socio-spatiales, mais simplement comme des formes de communication entre les acteurs périurbains. L'analyse détaillée de quelques cas confirme cette vision et permet d'évaluer les enjeux d'une gouvernance périurbaine.

I- Achats et ventes « illicites » des terres

Les modes d'accès à la terre depuis l'introduction de l'économie de rente n'ont pas changé dans leurs appellations, mais dans leurs contenus et par conséquent leurs étendues socio-spatiales. Ils sont tous aussi étroitement liés à l'évolution des dynamiques résidentielles toujours mal connues ou peu étudiées en Afrique (Bertrand 2003). Il est question d'analyser les logiques de la demande foncière citadine en gardant à l'esprit que le citadin des villes moyennes est souvent acteur et sujet de ses pratiques résidentielles. Nous commencerons par les détails de l'achat qui est le mode d'accès le plus courant. Les transactions *« illicites »* désignent celles qui ne sont pas en conformité avec les règles foncières institutionnalisées. Ce sont les opérations qui se font suivant les *« règles populaires ».* La vente/achat se structure autour d'un système dont l'étude permet de mesurer l'importance du marché de la terre.

Marché foncier et marchandisation de la terre : structure et fonctionnement du système

La vente des terres dont tout le monde parle aujourd'hui mérite réflexion. Il s'agit d'un processus en cours d'achèvement à en croire les prédictions des partisans de l'école des droits de propriété. À travers l'évolution des faits historico-socio-économiques, on voit la vente généralisée apparaître : c'est ce que les spécialistes francophones appellent la *« marchandisation de la terre »* (Le Roy 1995, 1996). Elle suppose que la terre autrefois inaliénable, est devenue un bien, c'est-à-dire que l'on peut lui affecter une valeur monétaire, qu'elle est une propriété et qu'il existe un *« lieu de rencontre aux fins d'achat et de vente »,* donc un marché (Polanyi, 1983).[71]

Au périurbain des villes de l'Ouest et même dans presque toutes les périphéries des villes d'Afrique noire, les conditions du marché foncier ne sont pas réunies. *« L'abusus »* manque encore à la propriété africaine pour qu'elle devienne propriété juridique. Certes, les immatriculations à la périphérie sont impressionnantes, mais quelquefois on a constaté que de lourdes contraintes sociales pesaient sur certaines propriétés immatriculées (hypothèques, propriété indivise, usufruit, etc.). Il n'existe pas encore de véritable marché foncier et encore moins de prix fixé pour la terre. Les ventes de terrains non immatriculés sont interdites et assorties de peines privatives de liberté.[72] La marchandisation actuelle n'est donc qu'une marchandisation imparfaite comme l'a démontré Le Roy (1995, 1996). Quelles sont alors les techniques de marchandisation imparfaite autour des villes de l'Ouest ?

En cas de besoin d'un terrain à acheter, le premier conseil est d'éviter un terrain sur lequel on trouve l'étiquette *« à vendre ».* C'est sûrement un terrain à problème. Nous avons pris la peine de vérifier cette information qui nous a été plusieurs fois répétée au cours des enquêtes. En réalité, c'est assez rare de trouver un terrain en vente portant cette étiquette.

L'achat d'un terrain se fait à l'intérieur ou entre les réseaux sociaux. La demande est adressée à tous les membres de l'association tribale ou socioprofessionnelle au cours des divers d'une réunion quelconque. Elle précise les dimensions du terrain recherché, le lieu souhaité et la somme minimale possédée. Séance tenante, les membres de la réunion expérimentés dans le domaine peuvent amender la demande. L'amendement consiste par exemple à dire au demandeur que la somme d'argent proposée est insuffisante pour la superficie recherchée. Elle peut aussi porter sur une proposition d'un terrain en un autre lieu. Dans tous les cas, si le demandeur ne trouve pas satisfaction séance tenante, chaque membre est chargé de répercuter l'information partout où besoin sera. La durée d'attente varie de 24 heures à plusieurs années (3 ans maximum en moyenne).

---

[71]Cité par Le Roy, La sécurisation foncière dans le contexte africain de marchandisation imparfaite de la terre, in Blanc-Pamard et Cambrézy (sous dir.), *Terre, terroir, territoire, les tensions foncières*, 1995, p.455-472.

[72] L'article 8 de la loi 74/1 du 6 juillet 1974 fixant le régime foncier interdit les ventes de terrains non immatriculés et punit les auteurs de telles transactions d'une amende de 25000 à 100000 et/ou d'un emprisonnement de 15 jours à 3 ans. Il est vrai que dans la pratique, les juges sont tolérants, mais les textes sont clairs. Nous verrons dans l'analyse des pratiques dans le dispositif de sécurité comment font les acheteurs pour immatriculer les terrains achetés illicitement.

La vente d'un terrain est par contre différente. L'information circule peu à cause de la rareté et surtout du besoin qui préoccupe le vendeur au moment où il veut vendre. On n'informe que son ami qui cherche un proche ayant besoin d'un terrain. La vente n'est proposée en réunion que lorsque le vendeur ou le démarcheur cherche une plus-value. Deux situations se posent : dans la première, aucun acquéreur ne se présente. En ce moment, le processus décrit précédemment se déclenche (correction et/ou répercussion de l'offre). Dans la seconde, des acquéreurs se présentent et de véritables ventes aux enchères peuvent alors commencer. Le vendeur arrête le prix qui lui convient et l'acquéreur verse une somme d'argent au moins supérieure à 5000 FCFA pour prouver sa bonne foi. Comme les réunions se tiennent généralement dans l'après-midi, c'est le lendemain qu'on procède à la reconnaissance du terrain. Chaque partie emmène ses témoins (au moins deux de chaque côté) et signe l'acte de vente si l'acquéreur dispose de la totalité de la somme convenue. Cet acte est aussitôt porté au commissariat ou à la gendarmerie pour certification.[73]

À côté de ce réseau de vente traditionnel se développe celui des *« démarcheurs fonciers »*. En temps qu'agent de liaison entre le vendeur et l'acheteur, ils sont les futurs socles du marché foncier dans la plupart des villes africaines (Piermay, 1993). Tout découle du réseau précédent. Si dans une réunion un individu a réussi par exemple à mettre en contact plusieurs dizaines de vendeurs avec des demandeurs et que ces derniers ont trouvé satisfaction, alors, il devient progressivement un spécialiste. Toutes les demandes, même celles des autres réunions, lui seront désormais adressées : il deviendra ainsi un *« démarcheur foncier »*. Celui-ci est un individu connu, a priori honnête. L'encadré 3 précédent a décrit un démarcheur et sa fonction. En passant par le démarcheur, le vendeur a l'avantage de négocier le meilleur prix de son terrain. C'est pour l'acheteur que le démarcheur est très important. C'est lui qui trouve rapidement le type de terrain recherché. En conséquence, il est pour l'acheteur *« ses yeux[74] »*, comme on le dit localement. Dans tous les cas, le démarcheur est conscient du fait que la pérennité de son activité dépend de la confiance qu'il établit avec ses clients.

Quand on ne veut pas passer par les réseaux ou le démarcheur, on passe par le voisinage, voire les débits de boisson. Le vendeur demande à ses interlocuteurs de lui chercher un *« client sûr[75] »*, tandis que l'acheteur se

[73] Précisons tout de suite que la certification de cet acte par une autorité du maintien de l'ordre est une pratique courante, mais elle est de nul effet en droit foncier. Il s'agit des pratiques d'ailleurs niées par ces autorités, pourtant, nous avons vu des actes avec leurs visas. En réalité, ceux qui se livraient à de telles pratiques auraient été rappelés à l'ordre par la hiérarchie. Il nous a été révélé qu'il ne s'agissait pas de cautionner l'acte de vente, mais un contrat entre deux personnes afin de préserver l'ordre et la paix sociale.

[74] C'est-à-dire celui qui veille à ses intérêts, sa personne de confiance dans la transaction.

[75] C'est-à-dire un client sérieux, crédible, car les escroqueries sont nombreuses dans les transactions foncières

renseigne pour savoir si le vendeur est un *« vendeur sûr »*. Ces termes employés dans le marché foncier périurbain traduisent le climat d'insécurité et donc de soupçon qui caractérise les transactions foncières.

L'analyse que l'on peut faire de ces techniques du marché c'est d'abord leur imbrication dans les réseaux sociaux, ensuite leur degré de risque et en même temps de sécurité, enfin leurs incidences paysagères. Il n'y avait que les réseaux sociaux pour fournir un accès à la terre dans un contexte où la quasi-totalité des pratiques étaient illicites. Les procédures réglementaires sont lourdes et le nombre de citadins qui les connaît insignifiant. Ce qui nous marque le plus c'est la sécurité et les risques de l'accès à la terre par les réseaux. Quand on observe le fonctionnement de l'accès à la terre par les réseaux sociaux, on devine une prolifération des conflits. Mais ils sont moindres par rapport au degré élevé d'exposition au risque. La confiance est l'élément qui fonde la sécurité de l'accès à la terre par les réseaux. Les membres d'un réseau se connaissent et ceux qui abusent de la confiance des autres à propos de la terre risquent l'expulsion du groupe avec la perte de tous les avantages y afférents. Les cas des transactions à problèmes que nous avons recensés sont ceux où le membre a été traîné hors du réseau auquel il appartenait. Ce réseau n'est plus tribal ou socioprofessionnel, mais clientéliste. C'est le cas de Alain qui après avoir longtemps cherché un terrain s'est précipité pour verser le quart du prix d'un terrain qui lui a été proposé au cours d'un deuil. Lorsqu'Alain annonça à la réunion du dimanche qu'il avait enfin trouvé un terrain, il fut surpris d'apprendre qu'il avait été dupé. Le cas d'Alain nous invite à situer immédiatement le problème récurrent de l'escroquerie foncière, somme toute moins poignant en région que dans les métropoles. En effet, la rareté fait en sorte que la précipitation affecte la plupart des demandeurs de terre. De la sorte, on peut même acheter un terrain sans le voir de peur qu'un autre ne tombe sur l'occasion ou en propose mieux. C'est cette situation qui explique la majorité des cas d'escroquerie foncière, surtout lorsque des démarcheurs véreux s'en mêlent.

Nous avons constaté qu'aucune précision n'était mentionnée sur la qualité des témoins des parties. Or, en précisant que les témoins soient les membres de la famille des parties, en l'occurrence l'épouse et au moins un fils, on réduit les risques de conflit à l'intérieur de la famille. La certification de l'acte par un commissariat n'est pas une garantie de sécurité et n'est pas opposable au tiers au cours d'un procès.

L'apparition des *« démarcheurs fonciers »* ne signifie pas qu'il y a panne ou blocage dans les réseaux de ventes précédents. Elle exprime tout simplement la hausse de la demande et la nécessité de canaliser les besoins dans un espace central, donc un marché géré par des agents de confiance. C'est ce qui manque pour qu'un véritable marché de la terre se mette en place. Mais les démarcheurs toujours en quête de plus-value agacent parfois leurs clients. Cette recherche acharnée de gain atteint quelquefois les stades d'abus de confiance et d'escroquerie au sens du fameux article 318 du code pénal[76] très redouté par ces derniers. À Mbouda, nous avons recensé six cas fortement imbriqués dans les réseaux clientélistes au point où les responsabilités étaient confuses et difficiles à mettre en évidence. Et c'est justement cette complexité que nous soulignait le président du tribunal de première instance de cette ville. De 1993 à 2003, l'escroquerie foncière représentait 8% des problèmes traités devant ses tribunaux. Ce pourcentage doublerait si l'on ajoutait les autres cas non enregistrés au tribunal. En essayant de spatialiser ce pourcentage, on convient au fait que l'espace périurbain vienne en deuxième position après l'espace urbain.

La tribalisation de l'occupation de l'espace apparaît comme la conséquence spatiale de l'accès à la terre par les réseaux. On a l'habitude de penser que les quartiers qui s'identifient par l'origine ethnique de leurs occupants sont le résultat d'une vente sélective opérée par le vendeur. C'est pourtant faux. Le quartier *« Bafang »* à Tsoumontchio, à Mbouda ou à Foto derrière UCB à Dschang par exemple n'est qu'un produit de ce dysfonctionnement du marché foncier. Le premier ressortissant du Haut-Nkam qui s'y était installé ne pouvait qu'informer ses frères quand de nouvelles ventes allaient s'opérer. On a fini par avoir un espace surnommé *« quartier Bafang »* dans les deux villes. De la même façon, les quartiers *« Haoussa »* reconnus dans toutes les villes du grand Sud-Cameroun participent de cette logique et caractérisent l'espace urbain occupé par les ressortissants du grand Nord. Mais on doit comprendre qu'il faut, soit un seul vendeur pour un espace vaste, soit une pression continue des membres d'une communauté sur des potentiels vendeurs pour que l'homogénéisation de l'occupation de l'espace soit réalisée. Pour s'en convaincre, examinons les vendeurs de terrains.

Les vendeurs de terrains d'après l'enquête exhaustive réalisée à Mbouda et quelques enquêtes localisées à Dschang, Bafang et Bangangté sont par ordre : les particuliers (52%), les amis et les frères (21%), les chefs de quartiers (18%) et les membres de la famille (9%).On est étonné par le pourcentage élevé du nombre de particuliers vendeurs. Le particulier dans l'esprit du périurbain est celui à qui on a acheté le terrain par l'intermédiaire d'un parrain ou encore celui avec qui la transaction foncière s'est opérée sans possibilité de poursuivre une

---

[76] L'abus de confiance est l'atteinte à la fortune d'autrui par détournement, destruction ou dissipation d'un bien dont on a reçu la charge de le conserver, de le rendre, de le représenter ou d'en faire un usage déterminé, à l'exception du prêt d'argent ou du prêt de consommation. L'escroquerie concerne le même processus de soustraction d'un bien, mais par détermination fallacieuse de la victime, soit par des manœuvres, soit en affirmant ou dissimulant un fait. Dans l'article 321, le législateur précise que les peines de l'article 318 sont doublées si l'abus de confiance ou l'escroquerie ont été commis par un avocat, un notaire, un commissaire priseur, un huissier, un agent d'exécution ou par un agent d'affaires, on parle à ce moment d'abus de confiance et escroquerie aggravés.

relation quelconque. Dans le cas où il existe une relation qui continue après la vente, le vendeur devient un frère ou un ami. Donc, *« frère »* ou *« ami »*, signifie des relations assez étroites entre le vendeur et l'acheteur. Ce qui ne veut pas dire qu'ils sont frères de sang. Si c'était le cas, on parlerait de ventes au sein de la famille.

On peut aussi s'étonner de ces ventes au sein de la famille, pourtant c'est un phénomène depuis longtemps banalisé en pays Bamiléké. La transaction se fait d'ailleurs avec peu de sentiment. Le seul avantage, c'est que l'acquéreur peut verser l'argent en plusieurs tranches en fonction du problème du vendeur. Le prix de la terre peut aussi être une compensation par rapport à un acte posé, par exemple lors d'un cas d'accident. Les deux parties ne manquent pas de signer des certificats de vente locaux en bonne et due forme.

La dernière surprise est celle des chefs de quartiers qu'on tient d'habitude comme premiers vendeurs des terres. Ils ne le sont pas au moins pour deux raisons :

- Au moment où le phénomène urbain envahit la périphérie, toutes les terres sont distribuées aux membres de la communauté. Leur rôle se réduit alors à la gestion des litiges.

- Ils sont les propriétaires de vastes domaines, mais quand on regarde par rapport au nombre d'enfants à qui ils doivent distribuer de la terre, on ne peut que se rendre à l'évidence qu'ils n'ont pas le droit de vendre, sauf en cas de nécessité absolue.

Dans le contexte de spéculation actuelle, on sait d'office que la taille des parcelles vendues sera petite.

Formes et dimensions des terrains périurbains : l'ère des surfaces 20 carrés -20*30

Au début de l'extension urbaine, les formes et les dimensions des lots n'intéressaient qu'à partir du prix que l'on voulait à sa terre. Les lots s'allongeaient sur une portion de versant définissant une forme rectangulaire. De nos jours, on est arrivé à une standardisation des formes et des dimensions. On parle de 20 carrés pour désigner un terrain carré dont les superficies sont comprises entre 300 et 500 m^2 (plus précisément le standard 400 m^2). Les 20*30 sont les terrains rectangulaires dont les superficies sont comprises entre 500 et 700 m^2 (plus précisément le standard 600 m^2). Le graphique ci-après nous montre la superficie des lots vendus.

Figure 27 : Superficie des terrains vendus à la périphérie

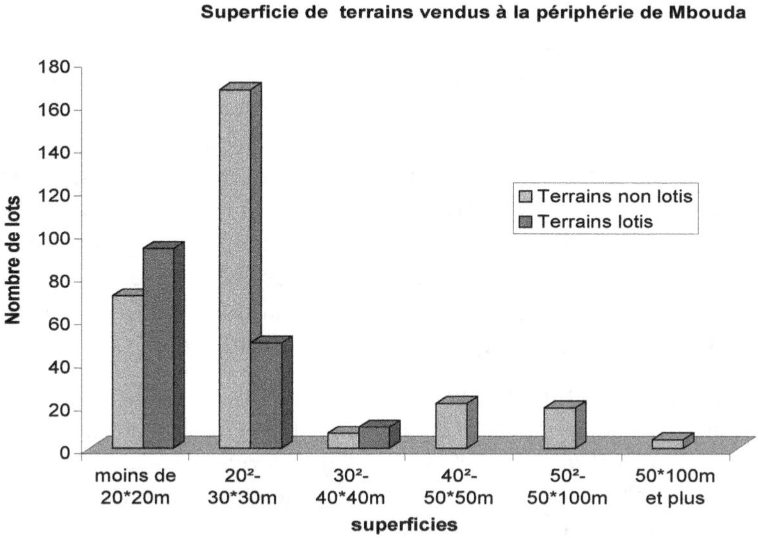

Aujourd'hui, chaque propriétaire terrien est conscient du fait que l'appel ou les conseils des agents des services techniques pour lotir, permettent de tirer le meilleur profit de la vente des terres. Les propriétaires de lotissements privés formels ou informels ont vite compris cet avantage et tout porte à croire que les autres sont en train de les suivre. Les superficies inférieures à 500 m² sont les plus répandues dans les lotissements tandis que celles supérieures caractérisent le plus les terrains non lotis. Les lots de superficies supérieures à 1000 m² ont été acquis un peu plus tôt dans les années 1970-1980 ou encore se retrouvent à la troisième couronne comme à Bangangté-Bafang et forment des champs achetés par les périurbains. La tendance des années 2000 est nettement autour des 400 m² standard. Les zones les plus densifiées offrent des 20*15 juste un espace de construction de 300 m². On se demande justement à quel prix ces petits lots peuvent être achetés.

Formation du prix des terrains et dynamique du marché foncier

La question du prix du terrain suscite celle des raisons de la vente. Ces raisons s'orientent dans deux sens. Le premier est celui des *« ventes de détresse »* ou *« vente forcée »*. Face à un besoin urgent, vendre la terre est devenue l'ultime solution. La baisse des revenus paysans a accentué cette pratique. En effet, comment ne pas comprendre la tristesse de cet enquêté qui a vendu son lopin de terre pour payer une intervention chirurgicale sur son épouse qui, finalement, est décédée. Alexis a vendu son terrain pour *« libérer »* son fils qui allait en prison. Pierre s'est trouvé dans l'obligation de vendre un lot pour organiser les funérailles de son père qui lui causeraient des malheurs dans sa vie professionnelle. Voilà autant de situations qui peuvent occasionner la vente brutale d'un terrain.

Le deuxième sens est celui des *« ventes productives »* ou des *« ventes spéculatives »*. On vend un terrain pour produire et faire fructifier de l'argent. C'est le cas des jeunes successeurs migrants de retour comme nous le verrons dans l'analyse des cas spécifiques de problèmes fonciers. L'investissement de l'argent de la terre s'oriente vers la *« négociation »* d'un poste à la fonction publique, l'envoi d'un fils à l'étranger (Europe, Amérique du Nord), le transport et le commerce. C'est le cas d'Henri qui, en accord avec son père, a vendu une parcelle pour renforcer son fonds de commerce. Malheureusement les affaires ont toujours fini par péricliter. Henri et sa famille, plutôt fatalistes, pensent comme nombre de vendeurs, que l'argent de la terre est maudit.

Cette perception donne matière à réflexion : même dans les rues de Douala et de Yaoundé, on a coutume d'entendre dire que les autochtones X ou Y *« n'ont rien fait de l'argent des hectares qu'ils ont vendus »*. On arrive à trois conclusions : d'abord, les observateurs externes ignorent les raisons urgentes qui poussent à vendre un terrain. Ensuite, l'argent de la terre est obtenu sans le moindre effort, ce qui justifierait les dépenses incontrôlées. Enfin, les échecs dans l'investissement de l'argent de la terre seraient liés à une sanction des ancêtres qui s'insurgeraient contre la vente du patrimoine sacré qu'ils ont laissé. En comparant les investissements ratés et les investissements à succès, on se rend compte qu'il s'agit plus d'un mauvais investissement que d'une malédiction ancestrale, voire d'une fatalité.

L'illusion de braderie ou de spoliation des terres est grande chez les vendeurs de terre et se justifie par l'évolution du prix de terrain. Marc nous révélait au cours de l'enquête que son frère du village l'avait *« trompé »* en achetant son lot de 700 m^2 à 300 000 alors que son voisin a vendu la moitié du même terrain à 450 000. Marc ne veut pas remettre en cause l'acte de vente, mais il n'est pas satisfait d'autant plus que son frère a construit des dépendances à titre locatif sur ce lot. Il veut tout simplement que son frère soit plus *« gentil »* envers lui en guise de reconnaissance à son geste de *« générosité »*. D'ailleurs, Marc ne nous dit pas qu'il a vendu son terrain à son frère, mais qu'il le lui a donné.

En réalité, Marc oublie tout simplement l'évolution du prix du terrain entre 1995 où il a vendu et 2002 où son voisin a effectué la même opération. Ailleurs comme par exemple à Douala, on aurait assisté à une remise en cause de l'acte de vente, soit par le vendeur lui-même, ou par l'un des membres de sa famille, ce qui aurait déclenché des procès pour escroquerie foncière, abus de confiance, etc. Sans nier l'existence de tels cas, nous soutenons l'hypothèse que dans les grandes villes, une plus grande hétérogénéité de la population accroît les litiges fonciers à caractère ethnique par rapport aux villes régionales où l'hétérogénéité de la population est moindre. Cela réaffirme la bonne fonctionnalité des réseaux tribaux par rapport à la terre et confirme aussi le fait que dans notre zone d'étude, de telles situations font plus de problèmes à l'intérieur des familles vendeuses qu'entre le vendeur et l'acheteur.

En définitive, au regard des situations ambivalentes des vendeurs de terrains autour des villes de l'Ouest, il est difficile de conclure sur l'émergence d'une classe de pauvre produite par la vente de l'outil de production. Les arguments sont tous aussi insuffisants pour conclure sur la formation d'une bourgeoisie durable fondée sur la rente foncière. Les cas que nous avons suivis montrent plus des vendeurs revenus à leur niveau de vie de départ quelques années après la vente. Ce qui justifie bien les opinions négatives sur eux lorsqu'on néglige la prise en compte des raisons de vente. On peut par contre prétendre à une bourgeoisie immobilière, très visible dans les métropoles.

On se serait attendu à ce que des écarts remarquables existent entre les prix de terrains en fonction des raisons de vente. Tel n'est pas le cas, les différences en fonction de ces considérations dépassent rarement 100.000 F. Quatre conditions déterminent le prix du terrain :

- *L'accès*. L'accès englobe la position. Il s'agit de la servitude qui permet d'entrer dans le lot et de la position par rapport à l'axe routier structurant ou à grande circulation. Comme on sait que les routes occupent les crêtes, les terrains les plus chers sont alors adjacents aux crêtes-rues. Plus on descend vers le bas du versant, moins le prix est élevé.

- *La distance*. Il s'agit de la distance par rapport au centre commercial. Plus on s'éloigne du centre, moins les terrains sont chers. C'est l'illustration simple des relations foncières centre-périphérie en géographie. Cependant, les axes de communication influencent parfois plus le prix que la distance. De la sorte, un terrain situé au *« marché d'igname »* à près de 5 km de la ville de Mbouda coûtera plus cher que le même terrain situé au fond du village Babété à 4 km du centre.

- *Les infrastructures*. C'est d'abord l'école pour les enfants et l'électricité. Les autres éléments viennent après. Nous ne citons plus les routes parce qu'elles figurent déjà dans la condition 1. Par contre, l'eau est devenue plus relative dans le choix du terrain. Beaucoup savent qu'ils auront à creuser un puits. Ils le font d'ailleurs avant le début des travaux de construction. Les plus avisés s'informent auprès des voisins sur la profondeur minimale de la nappe phréatique et sur d'éventuels blocages liés aux affleurements basaltiques. C'est dans ces conditions que l'eau devient déterminante pour le prix du terrain.

- *La sécurité*. Elle est plus une condition d'achat que de prix. En temps que condition d'achat, la sécurité englobe toutes les stratégies menées par l'éventuel acheteur pour connaître le véritable propriétaire du terrain. La sécurité intègre aussi le mode de délimitation du lot à acheter et en temps que condition du prix, le titre foncier. Elle peut concerner la parcelle à vendre ou tout le terrain immatriculé. Dans ce dernier cas, l'acheteur sait qu'il procédera à un morcellement de titre foncier. La matrice ci-dessous présente les prix moyens d'un lot standard de 400 m² d'après les quatre paramètres de prix.

***Tableau 13** : Matrice des prix moyens d'un 20 carré standard à la périphérie moyenne des villes de l'Ouest*

	Sécurité	Accès et position	Infrastructures	Distance
sécurité	700.000	1.000.000	800.000	750.000
Accès et position	1.000.000	500.000	650.000	600.000
Infrastructures	800.000	650.000	350.000	400.000
Distance	750.000	600.000	400.000	300.000

Source : enquête de terrain (2009)

On constate que la sécurité est le premier indicateur du prix du terrain. Les terrains les moins coûteux ne sont pas en dessous de 300.000 FCFA. Cette tendance presque générale concerne tous les terrains inférieurs à 400 m² quel que soit le lieu où il se trouve. On sait localement que pour chercher un terrain, il faut avoir au minimum 300.000 F pour espérer une vente de *« détresse »*. Pour les terrains bien situés et immatriculés, on atteint facilement le million comme à Banock 2 à Mbouda sur la route de Bamenda ou à Foto rural à Dschang sur la route de Bafoussam.

Après avoir étudié le marché, les dimensions et la formation du prix des terrains, nous pouvons envisager la distribution et la dynamique des ventes à travers le cas de Mbouda. Les ventes de terrain ont évolué au rythme de la croissance urbaine dans le temps et dans l'espace. La première couronne connaît ses fortes ventes entre 1970 et la fin des années 1980. La baisse commence à partir de 1990, donnant le relais des fortes ventes à la périphérie moyenne où le maximum des ventes s'opère dans la décennie 1990-2000. La vente reste timide dans la troisième couronne. Ce qui nous a le plus marqué dans cette dynamique, c'est le phénomène de revente, véritable creuset de la spéculation active.

***Tableau 14** : Ampleur du marché foncier : pourcentage du phénomène de revente par quartier à Mbouda.*

Quartiers	2e acheteur	3e acheteur	4e acheteur	5e acheteur
Lafi 1	6.49	5.26	0.00	0.00
Lepi 1	6.49	5.26	0.00	0.00
Haoussa	1.30	0.00	0.00	0.00
Carrière	0.00	0.00	0.00	0.00
Tsoumontchio	6.49	5.26	10.00	0.00
Montchio 3	10.39	13.16	20.00	0.00
Rapide	6.49	7.89	0.00	0.00

Bamessingué-ville	5.19	5.26	0.00	0.00
Bamessingué-village	5.19	0.00	10.00	0.00
Bameboro	12.99	18.42	20.00	50.00
Batang	23.38	31.58	40.00	50.00
Métio	3.90	2.63	0.00	0.00
Lafi 3	2.60	0.00	0.00	0.00
Banock 1	0.00	0.00	0.00	0.00
Banock 2	9.09	5.26	0.00	0.00

Source : enquête de terrain (2003)

Ce tableau renforce l'idée de la spéculation foncière qui se développe autour de Mbouda. Pour le cas précis, il s'agit d'une part, des gens qui ont acquis des lots supérieurs à 1000 m² dans les années 1970-1980 et qui se mettent aujourd'hui à les morceler pour revendre. D'autre part, ce sont les migrants de retour et ceux qui, face aux difficultés, sont contraints de revendre leur terrain. Le quartier Batang est celui qui offre le plus grand nombre de situations de reventes. Les débuts de la vente dans ce quartier ont porté sur de grandes superficies. Ce qui a donné l'occasion aux premiers acheteurs de devenir aujourd'hui des revendeurs de terrains. Le climat d'insécurité foncière dans ce quartier, comme nous le verrons, a aussi obligé certains acheteurs à revendre. La même situation de revente se présente à Bameboro, mais avec une acuité moindre. On passe ensuite au quartier Banock 2 et aux quartiers de la première couronne qui renouvellent leurs occupants. Ce phénomène permet d'attester une spéculation davantage hasardeuse. En achetant leur terrain, très peu avaient à l'esprit l'idée de les revendre. Néanmoins, l'extension urbaine a éveillé en eux le souci de spéculer sur la terre.

Dans les lotissements agréés, la procédure de vente n'est pas différente de celles décrites dans l'analyse de la structure et du fonctionnement du marché foncier. Les acteurs ne respectent donc pas les dispositions du décret N°79/017 du 13 janvier 1979 relatives aux transactions immobilières privées. Le fait de brandir un plan de lotissement agréé à l'acheteur suffit à le convaincre de la garantie de sécurité. Seuls quelques avertis vont jusqu'au niveau du notaire, et très peu terminent la procédure d'immatriculation du lot irrégulièrement acheté. On devine dès lors qu'ils s'exposent aux problèmes bien que nous n'en avons pas recensé de cas.

Dans les quartiers périurbains, les appréciations des vendeurs de terrains sont mitigées en raison du fait que la terre reste malgré tout perçue comme un bien inaliénable ou du moins, on ne peut pas avoir pour profession vendeur de terrain. À Batang, les ventes sont devenues assez fréquentes, y compris les conflits fonciers, si bien que dans la ville, des surnoms ont été trouvés pour désigner les autochtones : *« Béti de Mbouda »* ou encore *« Douala de Mbouda »*. On les compare ainsi aux autochtones des grandes métropoles

(Douala et Yaoundé) qu'on accuse d'avoir pour profession la vente de terrain. Les quartiers périurbains à l'Ouest de Foto à Dschang seraient aussi dans cette situation. Ironiquement, ceux qui tiennent ces propos sont les *« allochtones »*, c'est-à-dire ceux qui achètent. Piermay (1993) relève les mêmes faits à Kinshasa et Brazzaville lorsqu'il constate que les citadins se moquent des lotisseurs coutumiers qui n'ont pas pensé à réserver des terres pour les membres de leurs familles ou les enfants de bas âge.[77] Quoi qu'il en soit, le marché de terrains est prospère à la périphérie des villes de l'Ouest. Quel que soit le motif de la vente, les bénéfices sont juteux. Dans ce contexte, on comprend pourquoi même les terrains hérités se monnaient dans toutes les villes.

II- Les terres à hériter : plus de compétitions pour les mériter

On savait déjà la compétition à laquelle il faut se livrer pour mériter l'attribut d'héritier en pays bamiléké (Dongmo, 1981). Face aux nouveaux enjeux fonciers, la nécessité pour tous d'accéder à la terre s'est accentuée, augmentant du même coup le niveau de compétition. Tout enfant (fils ou fille) a désormais[78] une chance d'être héritier principal, c'est-à-dire de garder la grande partie des biens de la famille, y compris les terres. À chaque génération – entendue ici comme période de vie d'un chef de famille – correspond alors un morcellement et une compétition pour l'attribut d'héritier principal. Cette dernière suppose qu'il y ait un minimum de biens, donc de terres et de concurrents pour justifier les enjeux. Sauf dans les cas d'extrêmes dissensions, les familles dont la superficie du domaine ne donne plus de possibilité de morcellement ou celles qui n'ont que deux enfants ne sont pas engagées dans la compétition pour le partage de l'héritage. Toutefois, dans les familles qui disposent de terrains ailleurs comme par exemple en ville, la compétition pour le terrain urbain est parfois très aigue quelle que soit sa superficie. Piermay (1993) a fait le même constat dans les métropoles d'Afrique centrale. Il y a donc deux types de compétitions pour l'accès à la terre par héritage : la compétition pour être héritier principal et celle pour avoir simplement une parcelle désirée du domaine familial. Dans les deux cas, les pratiques ne changent pas.

La *« négociation »,* mieux, la monétarisation des héritages de terres dont on parle est réelle, mais tout simplement difficile à mettre en évidence. C'est l'exemple parfait des preuves de la corruption, difficiles à élucider tant qu'aucun parti ne la dénonce. Nous avons au cours de l'enquête, testé une méthode de vérification empirique. À la question de savoir si oui ou non l'héritier avait négocié son héritage, nous avons préféré le dialogue avec ce

[77] Piermay (1993), p.229.

[78] On connaissait jusqu'alors les femmes exclues de l'héritage des terres. Aujourd'hui, la situation a évolué dans toutes les chefferies bamiléké, donc les chefferies périurbaines. Les femmes non seulement accèdent à la propriété foncière par héritage, mais aussi, deviennent des héritières principales.

dernier, qui consistait à lui demander ce qu'il avait donné à son père pour mériter la taille de sa parcelle. Si la parcelle était petite, il était à l'aise pour nous dire que son père ne l'aimait pas autant que ses frères qui avaient reçu des superficies plus grandes. Ceux qui avaient des superficies raisonnables ou grandes brandissaient l'amour réciproque entre eux et leur père.

En dépit des réserves que l'on peut émettre sur cette méthode, on peut mener quelques réflexions. Dans le passé, il fallait apporter une tine[79] d'huile de palme et du sel pour demander une parcelle de construction à son père. Que devient la tine d'huile aujourd'hui, puisqu'on n'en parle presque plus ? Elle n'a sûrement pas disparu, elle s'est simplement transformée en assistance *« calculée »*. La crise du café a mis les parents en situation d'assistés sociaux. S'il s'agit d'un retour d'ascenseur comme le souligne Kuété (2002), nos enquêtes en milieu rural (Yemmafouo, 2000 ; 2002) comme en milieu périurbain (Yemmafouo, 2007 ; 2008) montrent que les parents tiennent encore pour longtemps les fils-citadins par le *« cordon de la terre »*. Il est légitime d'assister ses parents en difficulté, mais que cache la réclamation de la terre en retour ? De la même façon, un parent qui tarde à donner une parcelle de construction à son fils qui en réclame, cela sous prétexte qu'il ne l'assiste pas ou encore pour lever les enchères entre ses fils, n'est-il pas comparable à un spéculateur ? Les confidences que nous avons pu arracher dans certains héritages au périurbain de Mbouda et Bafang nous paraissent suffisantes pour conclure à la négociation effective des héritages en situation concurrentielle. Si l'on évalue les sacrifices qu'il faut consentir pour mériter l'attribut d'héritier, on se demande s'il ne vaut pas mieux pour un fils en cas de compétition aigue comme dans les familles polygamiques, d'acheter un terrain hors du domaine familial pour y construire. On oublie les considérations affectives de ce domaine qui justement haussent les enchères. En effet, ne pas pouvoir construire sa résidence de campagne dans le domaine familial est synonyme d'exclusion qu'aucun héritier potentiel ne souhaiterait subir.

Les premiers occupants de la périphérie étaient presque tous des polygames, ce qui fait que les partages successoraux n'ont jamais satisfait tous les fils. Les crises de succession transparaissent à travers la majorité des conflits que nous analyserons. Tantôt la haine se perpétue de génération en génération, tantôt elle se dilue dans la perception de la terre par les générations nées en ville. La conquête des *« terres du village »* ne les préoccupe pas autant (Yemmafouo, 2008). Seul 21 % de chefs de ménages enquêtés ont avoué implicitement avoir négocié leurs parcelles héritées. Mais on peut revoir ce pourcentage à la hausse en partant de l'hypothèse selon laquelle il n'est pas honorable d'avouer cette pratique. On remarque que le nombre de lots hérités à la périphérie intégrée à la ville est le même que celui de la périphérie moyenne. On s'attendrait à ce que ce

[79] La tine d'huile correspond à 20 litre d'huile.

nombre évolue vers la périphérie lointaine. Cette situation s'explique par le fait que la périphérie intégrée est une zone depuis longtemps urbanisée. En conséquence, les transferts par héritage peuvent paraître élevés, parce que la plupart des premiers occupants seraient décédés ou retraités. Dans tous les cas, l'héritage ne participe que pour 17.68 % de l'ensemble des modes d'accès à la terre. L'achat est le mode d'accès le plus courant. Si on est arrivé à la monnayage des héritages, la conséquence serait le renchérissement des modes d'accès temporaires.

III- Les modes d'accès temporaires au sol et au logement : des stratégies transitoires vers la propriété foncière

Sous ce titre, nous regroupons la location et le prêt de terrain aux fins agricoles, puis la location des logements et le logement gratuit.

Location et prêt de terrains aux fins agricoles

Dans l'espace périurbain en contact avec la campagne, ces modes d'accès existent mais pas de façon aussi sensible que l'on s'y attendrait[80]. Les femmes demandent des parcelles aux autochtones en fonction des relations qui existent entre elles et ces derniers. D'autres louent les parcelles pour les cultures vivrières. Le standard de 2500 m² se loue à 24000 FCFA pour trois années. Par contre, la même superficie se loue à 20000 FCFA par an pour les cultures maraîchères qui se pratiquent plusieurs fois par an et que l'on juge très appauvrissant pour les sols ; une façon locale de tirer une rente proportionnelle à l'objectif de production.

À la périphérie intégrée et moyenne, ces modes d'accès sont insignifiants, ce qui est tout à fait normal en raison du fait urbain qui réduit les espaces agricoles. La location n'existe pas, par contre le prêt de terre apparaît à travers *« la garde de lot »*. Il s'agit pour un nouvel acquéreur, de confier l'exploitation agricole du lot, soit à la femme du voisin, soit à celle d'un frère ou d'un ami. Rarement la garde du lot se voit confier à un homme. Elle n'excède pas trois ans, le temps que le propriétaire économise de l'argent pour se construire une maison. Si au bout de trois ans, il n'arrive pas à bâtir sur le lot, il trouve un prétexte pour changer de *« gardien »* de peur qu'à force de cultiver, l'ancien s'érige en propriétaire.

Un cas de conflit relatif à ces droits délégués a retenu notre attention. Il s'agissait d'un lot acheté par une femme résidant à Douala. La garde du lot a été confiée à la femme du frère cadet de celle-ci. Après trois années d'exploitation, le frère cadet a décidé de construire sur le lot sans l'avis de sa sœur qui a aussitôt ordonné l'arrêt du chantier et la démolition des constructions en cours.

[80] On verra les raisons dans l'analyse des pratiques d'agriculture périurbaine.

La décision du monsieur de construire sur le lot n'était pas dans le but de rivaliser avec sa sœur. En effet, au sein de son association professionnelle, il était le plus vieux qui n'avait pas encore construit de maison. Se sentant de plus en plus harcelé, il décida de construire sur le lot de sa sœur avec l'aide des membres de son association. L'autre problème est qu'en s'engageant à l'aider, ses amis ne savaient pas que le terrain ne lui appartenait pas. Ce cas illustre encore mieux la valeur socioculturelle du *« chez soi »* telle que nous l'avons analysée au chapitre 2.

Location et logement gratuit

Ce sont des pratiques résidentielles peu étudiées dans les processus d'urbanisation en Afrique. Pourtant, elles ne sont pas que des formes transitoires. Elles sont aussi des creusets des processus de socialisation et d'intégration à la ville. L'ouvrage dirigé en 2002 par Bertrand met justement en exergue les *« Dynamiques résidentielles dans les villes du Sud ».* Autour de Dschang, les prix de location sont élevés en raison de la spéculation née de la forte demande en logements estudiantins. Les chambres modernes se négocient à 10 000 F alors que les plus modestes se louent à 5000. Les appartements à partir de 2 chambres et 1 salon sont cédés à partir de 12 000 et ce jusqu'à 35 000. Par contre, autour de Foumban, Bafang, Bangangté et Mbouda, la location de maison ne dépassent pas 25 % des modes d'accès au logement. Les prix sont modestes. Le standard 2 chambres et 1 salon en dur se négocie à partir de 15.000 F alors que les chambres les plus modernes ne dépassent pas 10 000 F. Il faut surtout relever les exceptions liées à la proximité des axes principaux de circulation et à la sécurité.

À l'analyse, on se rend compte que louer à la périphérie ne dépend pas seulement du prix abordable, mais aussi au moins à cause de deux raisons. La première, c'est que louer dans un espace convoité est une stratégie pour chercher le terrain à acheter et se donner plus de sécurité le moment venu. Le locataire se fait alors très vite connaître par ses voisins et les patriarches du quartier et signale son désir d'acheter un terrain dans le quartier. En réalité, il met en place un système d'information qui lui permettra d'être le premier candidat du lot qui sera mis en vente. Et pour preuve, la durée de location dans le périurbain ne dépasse généralement pas cinq ans pour le ménage le plus modeste. Pour la deuxième raison, le locataire a une image de la nature qu'il voudrait garder sous ses yeux. Très souvent, l'idée d'exploiter un jardin de case ou de pratiquer une agriculture périurbaine active, y compris l'élevage de volailles et de porcs dépasse la simple action de résider à la périphérie en statut de locataire, autrement dit, sans les motifs ci-dessus évoqués, il y aurait très peu de locataires dans l'espace périurbain.

Le logement gratuit est la situation dans laquelle un ménage loge dans une maison sans payer de loyer alors qu'il n'est pas propriétaire. C'est un mode d'accès au logement périurbain qui souligne les liens de solidarité encore poussés dans les villes régionales. Les citadins et surtout les fonctionnaires qui n'y résident pas ou qui y ont résidé, ont eu le temps d'y construire des maisons. Au risque de voir ces investissements pourrir faute d'entretien, ils permettent à leurs frères ou amis d'y loger. L'objectif principal étant l'entretien de la maison par l'occupant. Dans la plupart des logements temporaires, l'occupant a le droit de cultiver le jardin contigu à la maison. Il a le droit de ramasser les fruits dans le jardin, mais pas le droit de les cueillir, ni couper, ni planter les arbres et les bananiers, sauf dérogations spéciales du propriétaire. Nous avons enregistré des cas de violation de ces contrats, mais sans grandes incidences sur les relations avec le propriétaire ou sur le paysage.

On est a priori surpris du fait que beaucoup ne se plaisent pas dans cette situation de logé gratuit. On l'accepte parce qu'on est en difficulté ou parce qu'on n'a pas encore atteint la maturité sociale. Le regard de la société a posteriori n'est pas bienveillant à l'égard des logés gratuits. La notion de *« chez soi »* se réaffirme dès lors avec force. On les tolère pour un maximum de cinq ans. Au-delà, on se pose des questions sur l'investissement des revenus tirés de la profession exercée. On risque alors d'être exclu ou de s'exclure du groupe parce qu'on a le sentiment de ne l'avoir pas honoré. Une situation comparable a été relevée par Paquette (2002) à propos des hébergés de Santiago.

En définitive, les modes d'accès au sol périurbain sont basés sur l'achat et l'héritage de terrain. L'achat participe pour 50-60 % dans les modes d'accès à la terre tandis que l'héritage ne participe que pour 20-25 % dans les villes de l'Ouest. Le rapprochement entre l'achat et la location confirme le fait que la location dans l'espace convoité est une phase transitoire vers l'accès définitif au terrain. À présent, on peut envisager la relation entre ces pratiques et les paysages périurbains.

IV- Les relations entre les modes d'accès et les paysages

Après avoir analysé les modes d'accès à la terre, il convient d'établir leurs relations avec les types de paysages qu'ils induisent. On admet immédiatement que les espaces lotis au préalable de façon formelle ou informelle produisent des paysages structurés en conformité minimale avec les normes urbaines. C'est le cas au quartier Tsui à Dschang et Lafi-Haoussa à Mbouda. On devine que les terrains vendus ou hérités sans structuration précise sont à l'origine des paysages anarchiques. Ce n'est pas toujours vrai. Dans les taches urbaines formées spontanément, on ne retrouve pas forcément de l'occupation anarchique. C'est le cas au quartier Banock 2, à Bameboro derrière la SNEC et à Batang derrière le domicile Stella à Mbouda. C'est aussi le cas dans le quartier Nsui à Dschang, Poango, Doumga IV à Bafang. À Bafoussam, le cas de l'extension du quartier Kamkop est autant illustratif. Les occupants ont parfois, et contrairement à ce qu'on a toujours pensé, des notions d'ordre acquises par expérience dans les grandes villes ou tout simplement par les processus de diffusion du phénomène urbain. La structure des acteurs de base nous montre davantage qu'il s'agit des jeunes de 30-40 ans, qui ont un niveau d'étude plutôt moyen, donc susceptible de les aider à mieux discerner la nécessité d'une organisation rationnelle de l'espace urbanisé.

Cependant, on remarque que dans une tache urbaine spontanée, la continuité de ce paysage structuré est souvent rompue par des paysages anarchiques. En interrogeant les modes d'accès à la terre, on se rend compte qu'un morcellement intense y est à l'origine ; c'est-à-dire avant que les ventes au profit des citadins ne se déclenchent, ou un conflit foncier est à l'origine du fait que les vendeurs ou les acheteurs ne s'entendent pas sur le passage des rues. Le cas des conflits que nous allons analyser en témoigne.

À l'échelle du lot de construction, il existe peu de différence entre les modes d'accès et le type de paysage produit, en l'occurrence, le type de maison et la nature du jardin de case. Que le terrain soit acheté, hérité ou que l'on soit logé gratuitement ou encore comme locataire, le paysage produit ne dépend pour l'essentiel que du revenu dont on dispose. Toutefois, il est important de signaler que le paysage à l'échelle du lot n'évolue pas simultanément avec le revenu. Sur un terrain acheté, le propriétaire peut décider de construire d'abord un *« studio »* pour *« garantir »* le terrain et se préparer pour la construction de la grande maison plus tard.

L'analyse des acteurs fonciers et de leurs perceptions de la terre nous a permis de mettre en relief les pratiques dans les modes d'accès à la terre : les façons d'acheter et d'hériter de la terre, le sens social des droits d'occupation délégués. Ces pratiques sont à la base des paysages périurbains et commandent leur évolution. Se loger, se nourrir, économiser, investir, tels sont les actions qui motivent les changements dans les pratiques foncières et construisent les paysages. Les *« règles populaires »* qui structurent l'accès au foncier périurbain ne commandent pas automatiquement les paysages anarchiques comme on le croirait. Cet écart entre *« règles populaires »* d'accès au foncier périurbain et paysages anarchiques est un indicateur des tendances urbaines dans les villes d'Afrique. On ne peut plus continuer à penser qu'en raison de la précarité des modes d'accès ou mieux de leur insécurité, le paysage urbain produit soit condamné à être anarchique. Certes, les conflits fonciers croissent avec la périurbanisation comme nous allons le voir, mais ils apparaissent comme normaux et non comme des pathologies provenant des comportements irrationnels des acteurs fonciers. D'ailleurs, ils se stabilisent et se réduisent sensiblement quand le processus d'occupation est à son terme.

V- Les conflits fonciers comme conséquence d'un jeu biaisé

Les conflits fonciers expriment une opposition, voire un choc d'intérêts dans les stratégies des acteurs fonciers. Ils peuvent être la cause ou la conséquence de la formation d'un paysage au lieu où on les retrouve. L'imbrication des conflits rend leur identification et leur typologie complexes et soulève des ambiguïtés conceptuelles qu'il faut préciser. C'est à partir de ces précisions que nous allons choisir des exemples qui nous permettront de montrer les rapports conflits fonciers/pratiques de gestion/paysages et tirer les conclusions qui s'imposent en termes de gestion de l'espace périurbain.

Cadre des conflits et des pratiques de gestion

- Précisions conceptuelles et contextuelles

Le conflit foncier désigne une tension, une contestation, une compétition et finalement un affrontement entre deux ou plusieurs partis à propos de la terre. Le litige est alors la forme du conflit où l'on se limite à la contestation en sollicitant un arbitrage. Nous convenons avec Ovono Edzang (2004) qu'un conflit a cinq phases : la phase latente du conflit ou pré-conflit ; la phase de confrontation qui est la phase où l'enjeu des besoins se précise, s'accentue et évolue au point de devenir l'objet de tiraillement ; la phase de crise avec absence de communication entre les parties ; la phase d'affrontement où les oppositions se manifestent, et enfin la phase post-conflit où les parties s'engagent à le résoudre. Ce qui est donc difficile dans l'étude des conflits c'est leur identification et leur interprétation (Chauveau et Mathieu, 1998). Dans la plupart des cas, on ne voit que la manifestation du conflit pour réaliser son existence. Beaucoup de conflits sont latents ou endormis au fond des cœurs meurtris par les contraintes de leur système : hiérarchisation sociale, hiérarchisation des droits fonciers, précarité. Il y a risque pour l'observateur de voir un conflit là où il n'y en a pas ou vice versa et de mêler sa propre sensibilité à l'interprétation. Déterminer un conflit dépend finalement des normes sociales et surtout de la limite entre le tolérable et l'insupportable. Quels sont les seuils de tolérance ? C'est naturellement la société étudiée qui les détermine et non l'observateur. Il existe donc un risque de sur-interpréter ou de minimiser un conflit.

Sur le plan fonctionnel, les techniciens pensent que le conflit, par les dégâts qu'il peut poser, prouve un désordre que la puissance publique doit combattre ou prévenir par des moyens adéquats. Pour les institutionnalistes, le conflit prouve *« l'inadaptation des systèmes préexistants d'identification et d'administration des droits sur la terre »* (Feeny, 1988). Les socio-anthropologues pensent à juste titre que le conflit est normal et inhérent à la vie sociale. Il n'est pas seulement l'expression d'une inadéquation des règles, mais aussi un moyen de communication entre les acteurs. Dans ce cas, il faut

« distinguer soigneusement ce qui relève du "jeu" où l'on cherche à convaincre l'adversaire de la justesse de ses positions, du "débat" au cours duquel on cherche à emporter le plus d'avantages et du "combat" où il s'agit d'éliminer ou de vaincre l'adversaire ».[81]

Dans le contexte de l'espace périurbain des villes de l'Ouest, les terres sont déjà assez rares et les enjeux variés. Chaque acteur développe une stratégie d'accès ou de protection en fonction des faiblesses des systèmes en cours et surtout en fonction de ses intérêts à un moment précis. Les conflits portent essentiellement sur les droits et les règles d'accès qui se superposent souvent dans un même espace. La croissance des conflits dans les années 1990 est étroitement liée au contexte politique marqué par le multipartisme et l'agitation démocratique. Il y a eu un relâchement des principes d'unité acquis dans l'ancien parti unique et l'occasion était propice pour libérer les querelles étouffées ou transgresser les règles de gestion. Dans cette situation, le pouvoir de l'État s'est affaibli et ses représentants se sont livrés au jeu de la corruption et du favoritisme.

- Nature et gestion des conflits avant le phénomène urbain

On sait qu'avant la création des villes, les villages aujourd'hui périurbains étaient en conflit permanent au sujet de leurs limites territoriales. On sait aussi que la résolution de ces conflits a été l'une des préoccupations majeures de l'administration coloniale française, bien qu'on ait regretté une gestion parfois partisane (Kanguelieu, 2003 ; Kenné, 2007). Sous le régime de parti unique, la résolution de ces conflits a été presque suspendue au nom de l'unité nationale et des objectifs de développement économique. Au niveau des individus, les conflits portaient sur les limites et surtout sur les droits bafoués des *« petits »*. Leur arbitrage était du ressort du chef du village et son verdict était définitif et inattaquable. La rareté de la terre et la pression des *« grands »* ont aussitôt altéré l'équité des jugements. Aujourd'hui, les gestionnaires se sont multipliés et les pratiques de gestion diversifiées. Les types de conflits sont aussi variés, mais seuls les conflits de droits de propriété et de limites prédominent.

Nature et mode d'expression des conflits actuels

- Nature des conflits

Les conflits révèlent *« les problèmes nouveaux qui se posent au système social »* (Chauveau et Mathieu, 1998) et apparaissent comme des moyens de communication entre les acteurs sociaux au sujet de la terre. La figure ci-dessous montre les problèmes fonciers qui préoccupent les périurbains de Mbouda.

[81] Chauveau et Mathieu, « Dynamiques et enjeux des conflits fonciers », in *Quelles politiques foncières pour l'Afrique rurale,* Lavigne Delville et al. (sous dir.), 1998, p.245.

***Figure 28** : Nature des litiges fonciers dans l'espace périurbain de Mbouda d'après les habitants*

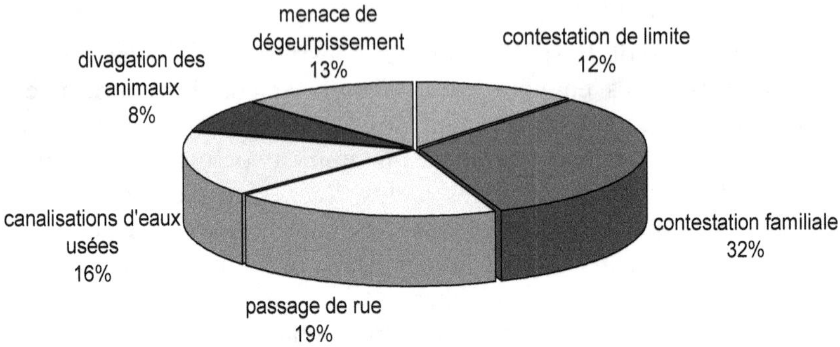

La *« contestation familiale »* souligne l'ensemble des problèmes liés à la succession et aux multiples droits qui se superposent sur les terres. L'acheteur rencontre ces problèmes avant ou après l'achat. Ils surviennent généralement lorsque les membres de la famille n'ont pas – et c'est souvent le cas – été consultés au moment de l'opération de vente. Ceux qui se sentent lésés tentent désespérément de se prévaloir soit un droit d'usufruit, soit un droit de culture, ou encore un droit sur les arbres. Le problème de rue se pose beaucoup plus en termes d'étroitesse et d'entretien permanent qu'en termes d'absence totale. Quand ce sont les rues communales, le problème est celui de leur obstruction par des cultures, des barrières ou des maisons *« à képi »,* c'est-à-dire des maisons avec des chambres annexes qui empiètent sur la rue adjacente. Pour les rues créées par les populations, il revient souvent aux vendeurs et aux acheteurs de terrains de les tracer en fonction de la topographie et sous la bienveillance du chef de bloc. Dans le cas contraire, les acheteurs sont obligés de négocier la rue de desserte avec les voisins. C'est à ce niveau que les problèmes se posent parce que la largeur de la rue dépendra de la volonté du voisin et de la somme disposée par les bénéficiaires. Les menaces de déguerpissement et la divagation des animaux sont des problèmes liés à des situations plus ponctuelles. Les quartiers Batang, Rapide, Lépi 2 sont concernés par les menaces de déguerpissement en raison de leur occupation mouvementée tandis que la divagation des animaux intéresse les parties périurbaines proches du rural.

Nous nous attendions à ce que les problèmes d'assainissement et de limite soient les plus évoqués au cours de nos enquêtes. Deux situations souvent rares justifient les problèmes de limite. Dans la première, la matérialisation des limites se fait en l'absence du voisin. Dans la seconde, les haies limitrophes n'existent pas ou sont peu denses, le chevauchement des limites est alors possible. Les problèmes d'assainissement se posent peu en raison de la topographie qui facilite l'écoulement des eaux. Dans tous les cas, les conflits sont imbriqués et les acteurs ne déclarent que ceux qui les tiennent à cœur.

Les problèmes au niveau des instances étatiques de régulation prennent leurs formes juridiques et changent de nature. La figure ci-dessous est une compilation de la nature des litiges fonciers recensés au parquet et au domaine de Mbouda

Figure 29 : *Nature des litiges fonciers au centre urbain et à la périphérie de Mbouda d'après le parquet et le service des domaines de 1993 à 2003*

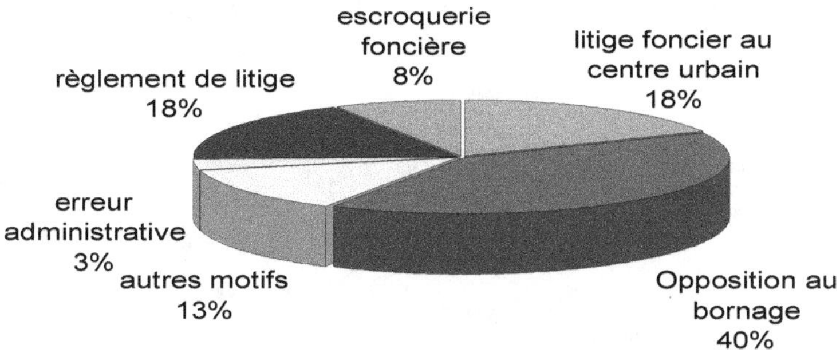

Les oppositions au bornage constituent jusqu'à 40 % des problèmes fonciers. Elles soulignent la complexité des droits réels ou supposés dans un contexte de rareté amplifié par le phénomène urbain. Les litiges fonciers spécifiques au centre urbain viennent en deuxième lieu et rappellent l'une des causes du repli à la périphérie. Les règlements de litiges sont fréquents, mais surtout à rebondissement. Plusieurs rencontres sont souvent nécessaires pour arriver au terme d'un litige. Les escroqueries foncières couvrent 8% des problèmes traités. Bien qu'elles concernent en majorité le centre urbain, on s'attend à ce qu'elles se développent à la périphérie. Les autres problèmes fonciers concernent la destruction des bornes, des cultures ou des clôtures, les oppositions au règlement de litiges, la fermeture, l'ouverture ou l'obstruction des servitudes. Sous les erreurs administratives, nous avons regroupé les irrégularités dans les procédures, le rejet des dossiers des plaignants et les conflits de compétence. Pour les plaignants, il s'agit ni plus ni moins des stratégies pour punir ceux qui ne veulent pas engraisser la chaîne de corruption. Dans ce contexte, on peut entrevoir une pluralité des modes d'expression des conflits.

- Des modes d'expression des conflits complexes

La violence qui révèle le conflit au public emprunte un mode d'expression parmi tant d'autres. La plupart des conflits n'atteignent pas les instances de régulation et surtout les tribunaux considérés trop chers par les pauvres. Les conflits fonciers s'expriment finalement à travers les problèmes sociaux. Les querelles de succession par exemple cachent les problèmes de terre. C'est au détour de la résolution d'une plainte pour *« coups et blessures »* que le juge se retrouve au cœur d'un problème foncier qui aurait pu se résoudre au niveau de la commission consultative. Les rapports sociaux par rapport à la terre sont hiérarchisés. De fait, ils limitent l'extériorisation du mécontentement de ceux qui s'estiment lésés ou spoliés de leur terre par les plus *« grands »*. Les femmes, les veuves, les orphelins, les enfants nés hors mariage, etc. puisqu'il s'agit souvent d'eux, n'ont finalement que les crânes des ancêtres et les lieux sacrés où se plaindre et exprimer leur désarroi comme nous le verrons dans l'analyse de cas.

Figure 30 : *Modes d'expression des conflits fonciers autour de Mbouda*

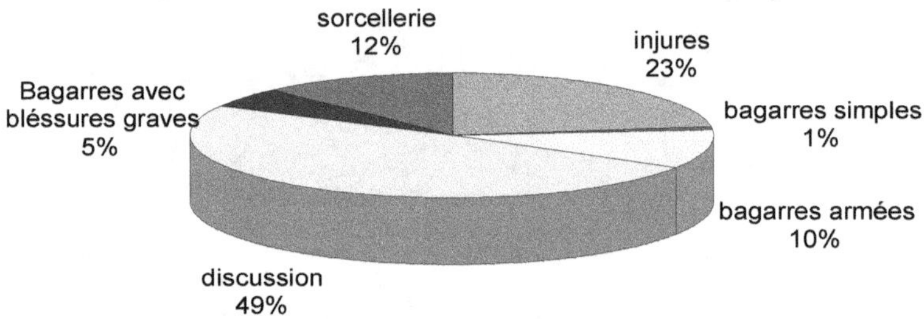

La discussion représente le niveau d'expression primaire du conflit et l'injure, le niveau secondaire. On progresse ainsi vers le niveau d'expression tertiaire marqué par la manifestation violente du conflit. Cette progression graduelle n'est qu'un ordre général d'évolution, d'autres commencent par la violence pour reculer vers la discussion. La sorcellerie, bien que difficile à prouver, s'affiche comme le recours ultime tant des forts que des faibles. C'est la forme d'expression la plus redoutée et les opinions sur ses effets laissent les esprits cartésiens assez dubitatifs. Cette pluralité des modes d'expression complique davantage la tâche des instances de régulation formalisées. Leurs faiblesses rapidement exploitées constituent le point de départ des changements dans les pratiques de gestion.

VI- La complexité de quelques cas de conflits

Sous ce titre, nous présentons quelques conflits recensés en vue d'illustrer les méandres du jeu foncier périurbain, la pertinence du dispositif de gestion et l'impact spatial des pratiques sur le paysage périurbain. Les cas ont été choisis en fonction de la complexité des rapports en jeu et du niveau d'implication de tous les acteurs fonciers. Trois cas parmi les plus complexes et les plus illustratifs ont été choisis dans le périurbain de Mbouda où l'on a observé le plus de conflits.

Histoire foncière de l'Ouest de Batang : imbrications de 2 décennies de litiges (1980 et 1990) et dynamique des paysages périurbains

Les faits rapportés ici se déroulent en quatre phases et témoignent de la complexité des problèmes fonciers et des pratiques de leur gestion.

Phase 1. Le quartier Rapide est une réserve non lotie du périmètre urbain de Mbouda. Le notable batang, qui contrôlait cette partie du territoire de Batang appelée Ntouotia, a continué d'installer les populations sur ce qu'il considérait toujours comme la continuité de son territoire de commandement. Les acheteurs, sachant bien qu'ils s'implantaient dans l'illégalité, ne construisaient que le week-end et même la nuit. D'où le nom quartier *« Rapide »*. Dans cette clandestinité guidée par l'appât du gain, doubles ventes, escroqueries, problèmes de limites et bagarres se sont superposés pour donner le paysage anarchique de ce quartier. C'est précisément entre 1980-1988 que la zone est occupée et prend le nom de quartier Rapide avec un chef nommé par l'administration. Jusqu'à aujourd'hui, les problèmes de légitimité continuent de se poser et sous-tendent la question de l'origine du quartier.

Phase2. L'Ouest de Batang est une zone tumultueuse depuis le décès du premier chef de Ntouotia. Partons d'une reconstitution de l'arbre généalogique de la famille du chef pour mieux comprendre.

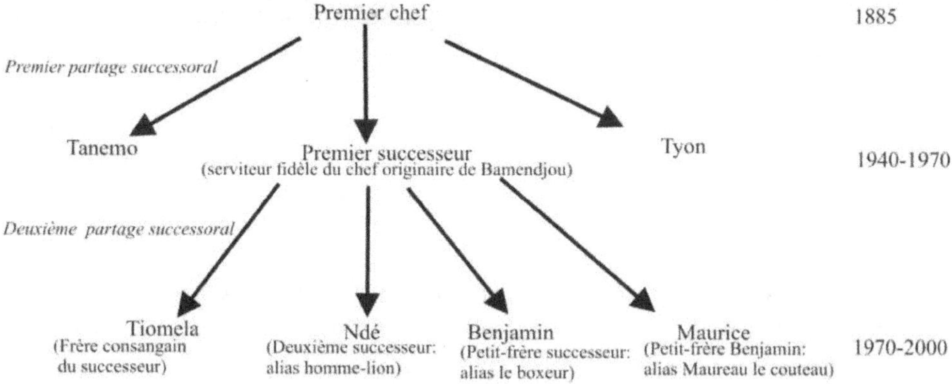

Ndé est l'actuel successeur du chef de quartier Ntouotia. Son père, serviteur fidèle du premier chef, était originaire de Bamendjou. Le premier chef ayant constaté que ses fils étaient moins serviables et de surcroît incapables de gérer une chefferie, a conféré sa succession à son serviteur, non pas pour punir ses fils, mais pour assurer une bonne gestion des biens et des hommes. La première source de contestation naît de ce choix que n'ont jamais accepté les fils du premier chef. Nous sommes dans les années 1940, donc avant la création de Mbouda.

Phase 3. Le serviteur devenu chef meurt en conférant la succession à Ndé. L'évolution socio-foncière pendant son règne occasionne les événements tragiques qui mettent la ville en émoi en mars 1997. Adolescent, Ndé a succédé à son père. Il est envoyé à Douala où il passe une grande partie de sa jeunesse joyeuse et un peu mouvementée. Il n'apparaît que sporadiquement pour vendre les terrains dans une chefferie dont il n'a apparemment pas conscience des enjeux qu'elle représente. Au même moment, ses frères restés au village font pareil en fonction de leurs problèmes à résoudre ; la ressource étant encore disponible.

Vers la fin des années 1980, la crise économique débutante oblige Ndé, le successeur, à retourner dans sa chefferie après un périple agité dans les grandes cités camerounaises. Installé sur ses terres, Ndé se rend compte de la diminution de sa source de richesse au rythme des ventes. Astucieux, il décide d'entreprendre quelque chose. Il part de deux hypothèses : ses frères ont abusé de son état de mineur et profité de son absence pour liquider le patrimoine royal. Les ventes effectuées sont donc illégales pour tous ceux qui n'ont pas immatriculé les terrains achetés. En conséquence, il décide de les ignorer et d'immatriculer le domaine de sa chefferie. Plus d'une cinquantaine d'acheteurs et une vingtaine de *« sous-acheteurs »* avec leurs alliés sont sur le pied de guerre.

Dans une réunion tripartite de crise, regroupant le sous-préfet de Mbouda, le chef de village Babété et les représentants des acheteurs, le sous-préfet au nom de l'administration décide d'appliquer la loi. Il reconnaît alors le droit de Ndé d'immatriculer son domaine. Mais au nom de l'ordre et de la paix sociale, il demande aux acheteurs hors la loi de *« s'entendre »* avec Ndé. Ce qui en réalité veut dire renégocier les achats de terrain. L'opinion crie au scandale et colporte que le sous-préfet a été manipulé par Ndé et ses partisans. Une minorité consciente de l'erreur faite s'exécute en douce, tandis que la majorité aiguise machettes et couteaux pour attendre l'affrontement qui s'annonce.[82] Elle soutient que Ndé doit s'en prendre à ses frères puisqu'il était au courant des ventes et, de toutes les façons, percevait une part du produit des ventes. Mais le dénouement de la situation ne va pas venir du conflit Ndé-acheteurs, mais du conflit familial Ndé-Benjamin alias Boxeur (frère cadet de Ndé).

Phase 4. Le patrimoine foncier s'est considérablement réduit, mais Ndé et Maurice continuent de vendre les terrains pour faire face aux difficultés quotidiennes devenues plus aiguës. Cette fois, ils sont plus rigoureux sur la superficie (20 * 20 m ou 10 * 15 m) et sur le prix ; ce qui n'est pas du goût de Benjamin alias *« Boxeur »*. Sa désapprobation, selon plusieurs indiscrétions, serait plus liée au fait qu'il est exclu du circuit de vente par ses deux frères que par son souci de vouloir préserver le domaine familial. Véritable boxeur, donc physiquement tenace, il menace à la fois les acheteurs et ses deux frères qui quelquefois le désintéressent.

[82] C'est-à-dire l'éventualité d'un déguerpissement par les forces de l'ordre.

La tension est à son comble lorsqu'un jour de mars 1997, *« Boxeur »* déclenche une bagarre contre Ndé au sujet d'une vente de terrain. Maurice voyant Ndé battu par le redoutable *« Boxeur »* planifie le scénario d'une vengeance qui deviendra un fratricide. Au petit matin, il se rend chez *« Boxeur »* et lui assène un coup de poignard mortel dans le dos au cours d'une conversation, puis se présente lui-même à la gendarmerie pour avouer son forfait.

Interprétation et impact spatial du conflit

Nous sommes en présence d'un conflit familial qui finit par impliquer tous les acteurs fonciers urbains et périurbains. La principale cause et conséquence de cette histoire est l'extension de la ville. Les crises de succession face aux enjeux fonciers périurbains sont au centre du conflit. Il se pose le problème de la compétition pour la succession, problème que nous avons déjà posé dans l'analyse des pratiques de l'héritage. Le fondateur de la chefferie a confié sa succession à son serviteur plus méritant que ses fils. Au moment de mourir à son tour, le serviteur porte sa confiance sur un de ses fils, trop jeune pour gérer une chefferie. La période de tutelle est marquée par des ventes anarchiques face à la pression urbaine. Il se pose à ce niveau le problème du choix du successeur de plus en plus en débat dans la société bamiléké. Le successeur adulte revient à la chefferie, s'accorde avec ses frères sur les ventes et ne réalise la *« finition »* de son espace que tardivement. C'est à ce moment que le conflit au départ familial devient général.

Les questions de l'impartialité réelle ou supposée de l'administration dans la gestion des conflits, de l'ignorance des textes et de la perception des acteurs se posent clairement. Ces questions que nous avons déjà abordées seront approfondies à la lumière de tous les conflits. L'arbitrage du sous-préfet est remis en cause, pourtant au regard de la loi, il a été exemplaire. Demander aux acheteurs illégaux de *« s'entendre »* avec le chef – ce qui veut dire racheter ces terrains – était la solution de compromis idéale, car devant éviter les conséquences sociales d'un déguerpissement. Mais face à la détermination des acheteurs de défendre « leur » terrain, l'évolution du conflit pouvait bien aboutir à l'affrontement si le fratricide n'était pas survenu. Les réseaux sociaux liés à la terre ont bien fonctionné, parce que les groupes de pression se sont formés de chaque côté. Les soupçons de corruption et de favoritisme n'ont fait que mettre en évidence la fonctionnalité de ces réseaux que nous avons déjà étudiés.

En somme, ce conflit lié au droit d'accès et aux règles est l'exemple courant qui illustre la précarité foncière que l'on rencontre dans les périphéries des villes à forte croissance comme Yaoundé (Assongmo, 2002), Douala (Dzalla, 2000 ; 2002). On voit tour à tour la terre comme cause de discorde au sein des familles, comme source d'insécurité sociale et de brouille administrative. La même situation a été relevée à Kinshasa (Piermay, 1993). *« Le chef Ngandu*

(Kimbanseke, Kinshasa) était à la tête d'un vaste terrain dont le contrôle lui a largement échappé... La vente est effectuée au nom du clan. Mais l'attrait de l'argent est devenu un puissant stimulant. Chacun tend alors à vendre le maximum de lots, entraînant de sérieuses dissensions familiales : le chef Ngansele (Mont-Ngafula, Kinshasa) essaie en vain de modérer les appétits contraires de ses neveux et de ses fils ».[83] La place du marché foncier est plus que jamais posée et l'impact spatial est l'implantation d'un paysage urbain anarchique.

Expression cartographique de l'ordre rétabli à l'occasion d'un litige foncier à Batang

Paul et Jean sont deux frères consanguins d'une famille polygame comme le présente la figure ci-après. L'acheteur 2 achète son lot en procédure d'urgence[84] sans se soucier de la voie d'accès. Jusqu'en 1996, il n'y a pas de problème parce que son lot n'est qu'une parcelle de culture, c'est-à-dire qu'il peut y accéder par n'importe où.

Année 1995, le successeur de Paul (propriétaire 1), qui ne s'entend pas avec Jean (propriétaire 2) parce qu'il a usurpé le terrain de son défunt père, vend à l'acheteur 3 un lot incluant la portion litigieuse qui s'intègre géométriquement dans le lot vendu sans que l'acheteur 1 ne s'en rende compte (l'acheteur 1 étant celui qui a acheté le lot usurpé à Jean l'usurpateur donc le propriétaire 2). Au moment où le problème éclate, l'usurpateur meurt. Il revient aux deux successeurs de régler un problème dont ils ne maîtrisent pas les contours.

---

[83] Piermay (1993), *op.cit.*, p.186.

[84] Il s'agit d'une situation de vente de détresse, où l'opération de vente se fait dans l'extrême urgence.

Figure 31 *: Expression cartographique d'un problème foncier à Batang*

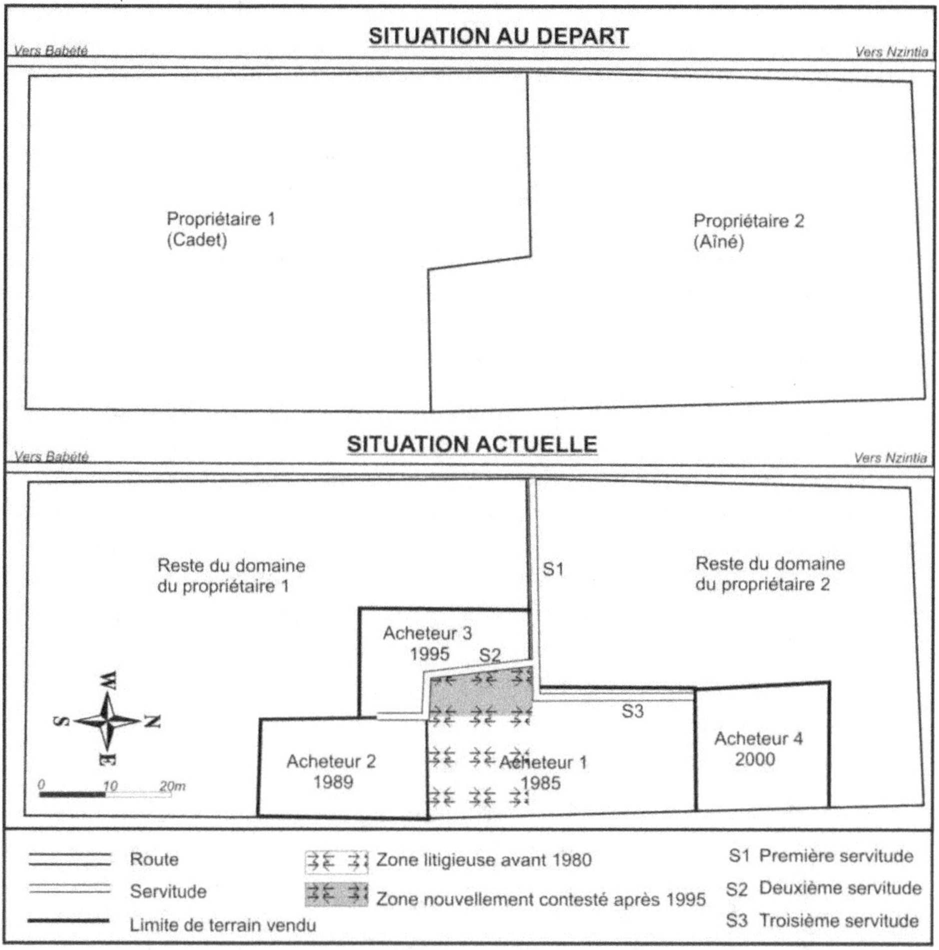

Entre temps, le même problème est porté devant trois juridictions : la juridiction coutumière, très vite jugée incapable de résoudre le problème, le service des domaines et le parquet de Mbouda. C'est au déclenchement du conflit que les deux protagonistes, chacun de son côté, s'activent à immatriculer le terrain litigieux. Bien entendu, le processus d'immatriculation est bloqué par des oppositions au bornage.

Coutumièrement, la portion litigieuse incorporée dans le lot de l'acheteur 3 lui revient, car effectivement Jean le propriétaire 2 avait usurpé le terrain de Paul le propriétaire 1. Telle est la décision du chef du quartier. Cette décision encourage l'acheteur 3 à saccager les cultures de l'acheteur 1 sur la portion litigieuse et à porter atteinte à son intégrité physique. L'acheteur 1 porte plainte contre l'acheteur 3 pour *« destruction de biens, trouble de jouissance, coups et blessures »*. L'acheteur 3 dépense plus de 300.000 F pour se libérer des mailles de la justice. Entre-temps, la famille de l'acheteur 1 fréquente différents marabouts où elle dépense beaucoup d'argent pour, dit-elle, se *« protéger »* contre les attaques occultes de l'acheteur 3. Finalement, l'acheteur 3 a remboursé une partie de la somme déboursée par l'acheteur 1 pour entrer définitivement en possession de la portion litigieuse.

Année 1999, l'acheteur 2 veut se construire une maison et se rend compte que la meilleure voie pour accéder chez lui passe par le terrain de l'acheteur 1 qu'il n'a pas supporté au moment du conflit. L'accès par le terrain de l'acheteur 3 est accidenté (pentu et jonché de blocs basaltiques, donc nécessitant beaucoup d'investissement) et constitue la dernière solution. À sa grande surprise, son allié d'hier veut répercuter les coûts de son long procès en exigeant une somme de 150.000 FCFA après plusieurs négociations.

Année 2000, le successeur 2 vend un lot à l'acheteur 4. Ce dernier plus avisé exige la voie d'accès pour verser la totalité de la somme convenue (550.000). Le successeur 2 aux abois en raison de l'urgence de son problème à résoudre constate que la meilleure voie possible passe par le lot de l'acheteur 1. En effet, une ligne d'Eucalyptus empêche le recul vers le haut. Rappelons que le successeur 2 avait abandonné l'acheteur 1 au moment du conflit avec l'acheteur 3. Ce dernier, en raison de sa foi chrétienne, finit par céder le passage à l'acheteur 4 contre une symbolique somme de 60.000 F. Voilà qui remet de l'ordre après un conflit qui aurait dû se terminer aussi tragiquement que le premier.

Interprétation et impact spatial du conflit

Le conflit quitte toujours le cadre familial pour toucher tous les acteurs du jeu foncier. Les acheteurs payent finalement le prix de ces disputes familiales. Le recours à l'immatriculation cache très souvent la crainte ou le ressentiment d'une insécurité imminente. Les jeux d'alliances pendant les conflits sont complexes et soulèvent la question des intérêts individuels dans la formation et l'émergence des conflits. Il se pose alors la question de l'éducation, du niveau d'instruction, bref des valeurs de référence pour chacun dans la perception et le traitement du conflit.

L'une des questions de droit qui apparaît est celle de savoir si l'on peut refuser de céder quelques mètres de terrain pour la servitude à un voisin. Si la réponse juridique est non, il faut d'abord condamner la précipitation des acheteurs qui ne se préoccupent pas de l'accès au lot au moment de l'achat. Enfin, les espaces disputés sont souvent de tailles insignifiantes. La conséquence spatiale de ce conflit est la formation d'une tache urbaine pré-structurée qui aura une chance de s'intégrer dans le schéma global du PDU, si les prochains vendeurs tirent les conséquences du conflit. C'est ce que les parties en conflit dans une tache urbaine en ballottage à Bameboro n'ont pu faire.

Expression cartographique de l'occupation anarchique révélée par un litige foncier à Bameboro

Nous sommes dans un secteur de ventes anarchiques du quartier Bameboro. Le terrain sur la figure ci-dessous est morcelé en 4 lots au profit des héritiers d'une famille de 4 personnes vivant en ville. Dans les années 1980, le propriétaire 1 est accusé de dilapider le patrimoine familial et d'introduire les étrangers dans le domaine lignager. Il a en effet vendu contre le gré des autres, les lots 1 (1981) et lot 2 (1987). En 1990, le propriétaire 2 tombe malade et vend le lot 3 pour se soigner, malheureusement il meurt. En 2001, son successeur, dépourvu de moyens, est obligé de vendre le lot 9 pour organiser les funérailles. Actuellement migrant de retour, son commerce ne marche plus et la maladie de sa femme va empirer. Le propriétaire 3 n'a que 2 garçons ; ce qui a priori lui donne la possibilité de vendre le terrain.

Figure 32 : Expression cartographique d'un problème foncier à Bameboro

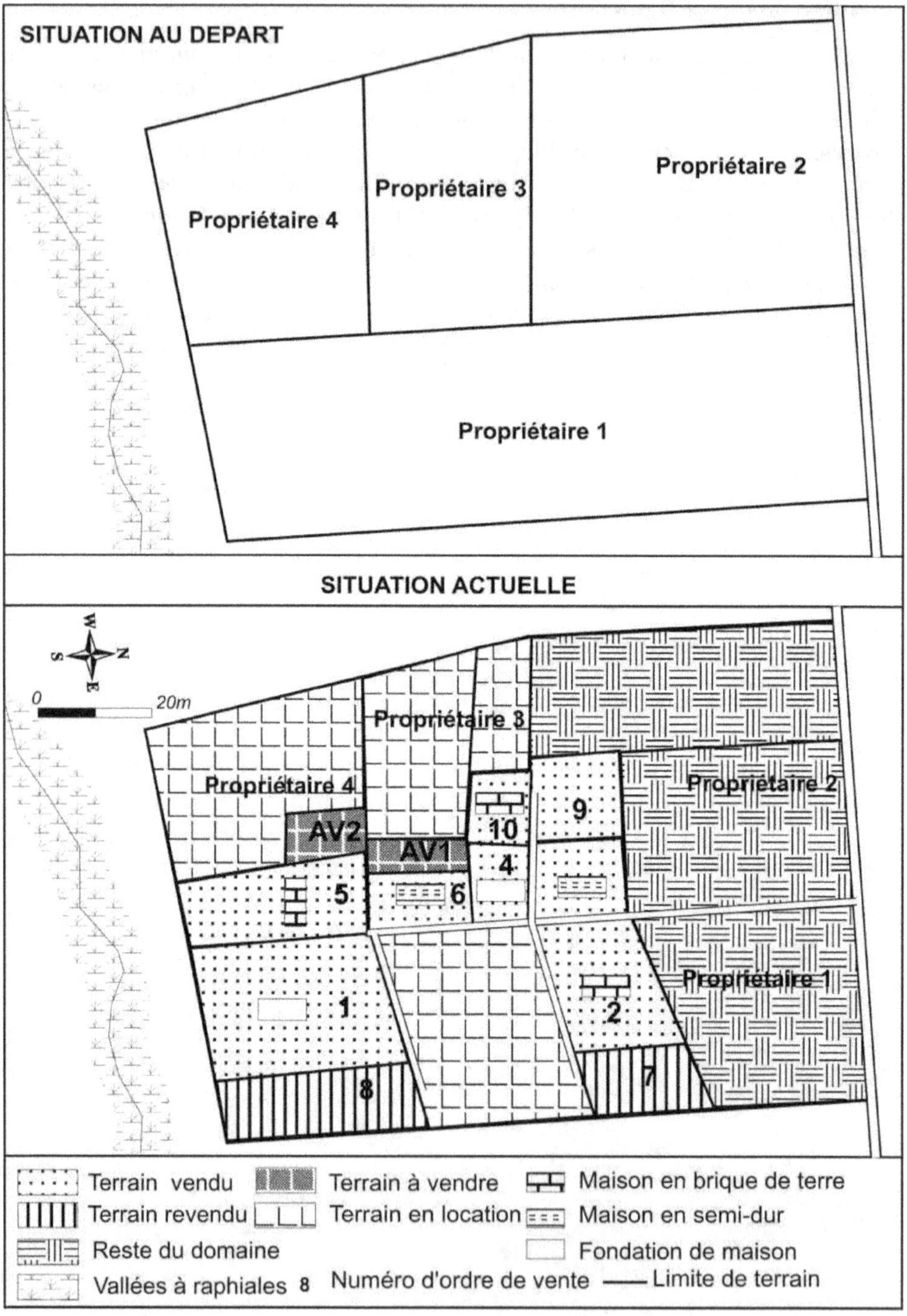

Dans cette situation, il vend les lots en désordre. Le lot AV1 qu'il a mis en vente ne trouve pas d'acheteur, parce qu'il n'y a pas d'accès. L'acheteur 6 voyant cette erreur du propriétaire 3 se frotte les mains, car lui seul peut débloquer la situation en cédant le passage. La situation se complique quand l'acheteur 6 révèle que le vendeur ou propriétaire 3 a tenté de l'escroquer au moment de l'achat de son lot. Néanmoins, il décide d'acheter ce lot à 300.000 FCFA afin d'augmenter son lot, mais le vendeur 3 exige 400.000 tout en sachant que personne d'autre ne peut l'acheter sans négocier d'avance l'accès avec l'acheteur 6. En réalité, ce dernier veut installer son frère sur ce lot, mais souhaite négocier au plus bas prix en guise de sanction au vendeur arrogant. Le propriétaire 4 n'attend que le déblocage de la situation de son voisin pour enfin voir son lot AV2 acheté. Il a vendu le lot 5 en 1993 pour constituer son fonds de commerce à Douala. Malheureusement, la mauvaise gérance et le vol ont entraîné la faillite. Depuis quelques mois, il a mis un nouveau lot en vente mais, le manque d'accès bloque l'achat. L'acheteur 5 détient un titre foncier sur son lot, de même que les acheteurs 1 et 2. Ces deux derniers ont su tirer profit des vastes lots qu'ils ont acquis. Plus habiles, ils ont vite immatriculé leurs lots et un morcellement leur a permis de récupérer près du triple du prix d'achat initial de leurs lots : Lot 7 en 2000 à 750.000 F, lot 8 en 2000 à 650.000 F.

Interprétation et impact spatial du conflit

Au risque de nous répéter, nous nous limitons à l'essentiel en faisant remarquer cette fois que le litige part des ventes anarchiques. La conséquence est le blocage des ventes illustrées par la figure. Le problème des raisons de vente se pose de nouveau : trois types de vente se succèdent : vente de détresse, vente productive et vente spéculative. La vente productive est bien la situation du propriétaire 4 qui a cédé le lot 5 pour se lancer dans le commerce à Douala. La vente spéculative est la revente effectuée par les acheteurs 5, 1 et 2. Les acheteurs 1, 2 et 5 ont immatriculé leurs terrains.

En somme, les cas que nous venons d'étudier témoignent bien du fait que les pratiques liées aux conflits et leurs gestions sont des facteurs d'ordre et de désordre dans l'espace. Le cas de la définition du site de la ville ou encore celui du litige à Batang montrent finalement le rétablissement d'un ordre dans l'espace. Par contre, à l'Ouest de Batang et à Bameboro, le paysage produit est assez désordonné. Le temps de formation d'un conflit peut durer moins d'une année à plusieurs générations et donner la possibilité aux acteurs d'imprimer leurs marques dans le périmètre conflictuel ou à ses alentours. Ainsi, soit les arbres et les arbustes s'élèvent assez rapidement, soit c'est une jachère qui permet au sol de se reposer. De la même façon se déclenche la course à l'immatriculation.

L'autre remarque fondamentale est la pluralité des instances de gestion ; ce que ne reconnaît pas la loi. Ces instances sont certes illicites, mais facilement accessibles, peu coûteuses et surtout plus crédibles aux yeux des plaignants. Le schéma ci-dessous montre le processus de recherche d'une solution à un conflit d'après le périurbain. Il commence au niveau de la famille et se termine au parquet[85] ou aux lieux sacrés. Les pratiques cultuelles paraissent plus objectives en ces temps de crise de confiance envers les instances légiférées. Si l'on ne peut prouver l'impact de ces juridictions, au moins la peur qu'elles suscitent contribue à la résolution des conflits et à la consolidation de la sécurité foncière.

***Figure 33** : Instances et processus de régulation d'un conflit d'après le périurbain de l'Ouest*

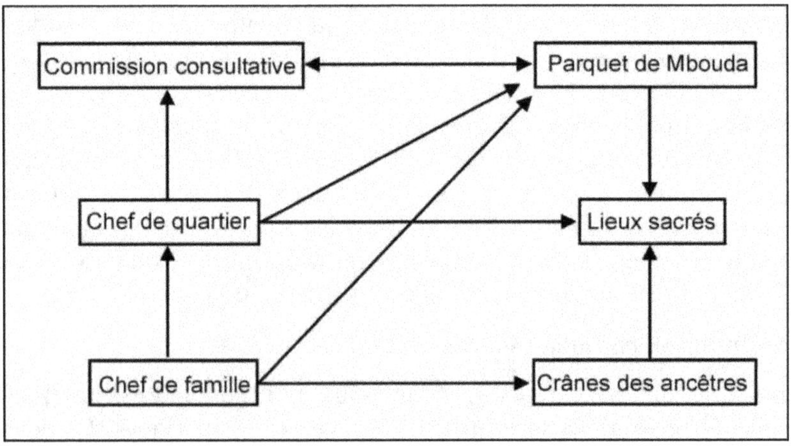

Cette pluralité des instances de régulation n'est nuisible que dans la mesure où les acteurs opportunistes ajustent leurs stratégies en fonction des faiblesses de l'instance juridique qui a la charge du dossier conflictuel. Les théories socio-anthropologiques se vérifient alors mieux que les théories évolutionnistes dans ces zones conflictuelles.

En conclusion, les conflits fonciers sont des révélateurs d'ordre et de désordre dans le paysage. Il fallait déjà s'attendre à beaucoup de conflits. Mais quelle en aurait été la situation sans les modes de régulation sociale et juridique ? Nous refusons de nous alarmer sur la question des conflits fonciers périurbains. Les populations ne se préoccupent d'ailleurs que du vol et des tracasseries policières comme en témoigne l'exploitation de l'ensemble des suggestions émises à la fin de notre questionnaire. Seuls 34% de ménages interrogés ont livré des suggestions à la fin. Parmi ces ménages, seuls 24% ont des préoccupations foncières, 30% sont préoccupés par leur sécurité, 22% ont des reproches à faire à l'administration et surtout à la police, 14% ont des préoccupations économiques, et 10% seulement des préoccupations politiques.

[85] À l'échelle du département, parce qu'il y a des conflits qui sont transmis devant les instances supérieures au niveau de la région.

Tout semble montrer que les populations vivent avec leurs conflits et finissent par les oublier. Il ne faut donc pas les placer au centre de leurs préoccupations.

Nous nous sommes proposé dans ce chapitre d'analyser le jeu foncier et de tracer les trajectoires du foncier périurbain. Nous avons mis en évidence le fait que les pratiques foncières reposaient sur des règles composites qui n'appartenaient ni à la législation foncière ni à la coutume, et qu'en fait le dualisme du système foncier n'était qu'apparent. On arrive à la conclusion selon laquelle ce vide juridique apparent n'est qu'un des éléments qui justifient le jeu des acteurs et les trajectoires qui émergent. La trajectoire principale est l'émergence d'un marché foncier imparfait reposant sur la dynamique des relations sociales par rapport à la terre. Cette trajectoire est celle de la marchandisation et de la monétarisation des transactions foncières périurbaines.

La position des acteurs – qui sous-tend le rôle et le pouvoir de ceux-ci – montre bien que le jeu foncier périurbain est d'avance truqué en l'absence de règles claires. Le marché foncier est fructueux malgré ses imperfections liées à l'ambiguïté des règles et à la précipitation qui entourent les transactions. Finalement, la terre se vend plus qu'on ne le pensait et les héritages de terres se *monétarisent*. Les modes d'accès temporaires augmentent, mais on ajoute au principe de confiance celui de méfiance matérialisé par des accords écrits.

Il n'est pas surprenant que dans ces conditions, il y ait beaucoup de conflits liés à la terre. Les exemples étudiés permettent de conclure beaucoup plus sur des stratégies de rente foncière plutôt que sur les limites de la législation foncière. En réalité, dans la législation actuelle, il y a plus un problème de pratiques dans le système de régulation qu'un problème de textes en eux-mêmes. Ce qui veut dire qu'il y a des failles que les agents des instances de régulation exploitent pour assujettir les usagers avides de gain. La figure ci-après montre un labyrinthe schématique des processus fonciers autour des villes de l'Ouest-Cameroun.

Figure 34 : *Les méandres du jeu foncier autour des villes de l'Ouest-Cameroun*

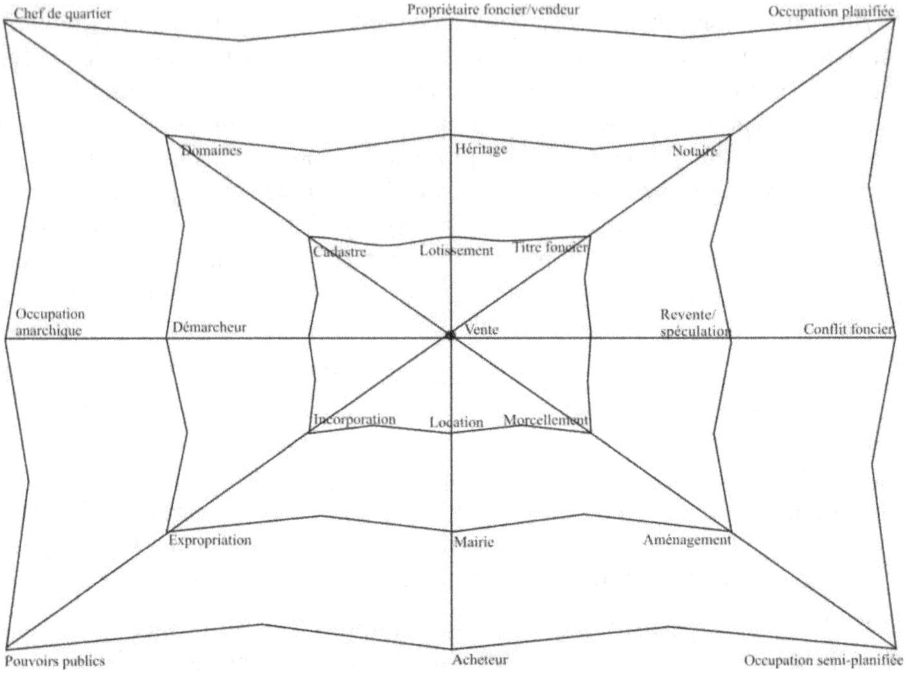

VII- Enjeux spatiaux de la maîtrise des conflits de gestion et questions de gouvernance périurbaine

L'État et les collectivités territoriales ont la responsabilité de la maîtrise de l'étalement urbain. Dans le cas présent où l'on accepte que leurs moyens sont très limités, que peuvent-ils faire pour canaliser les stratégies de *« bas »* ? Il faut d'abord assainir les pratiques locales de gestion tant au niveau des structures de gestion qu'à celui de la collectivité locale, mais aussi des relations entre les services intervenant dans la gestion de l'étalement urbain ; c'est-à-dire établir un équilibre entre légalité et légitimité.

Des pratiques locales de gestion noyées dans la crise et la politique

Le système de gestion des conflits fonciers périurbains est fait pour fonctionner dans un ordre précis. À partir du moment où les enjeux nouveaux se greffent sur l'espace auquel il devrait s'appliquer, les pratiques changent au gré des jeux sociaux qui se tissent.

- Pratiques de gestion dans le dispositif de sécurité prévu par les textes

Pour mieux mettre en exergue les pratiques du système de gestion, il faut partir des pratiques de sécurisation qui sont d'abord les pratiques de l'immatriculation. Les périurbains partout à l'Ouest ont vite compris que *« le titre foncier est la certification officielle de la propriété immobilière ».*[86] Contrairement à ce que l'on peut croire, le niveau de sécurisation foncière et de régulation des conflits est élevé à l'Ouest. Autant il y a des conflits, autant il y a des immatriculations. On conclut alors que les populations tirent les leçons des conflits en immatriculant massivement leurs terres. Le prix de la sécurité foncière ne se mesure plus. La figure ci-dessous nous montre l'état de la sécurisation par le titre foncier autour de Dschang.

Figure 35 *: Situation des terres immatriculées dans les quartiers périurbains de Dschang de 1978 à 2009*

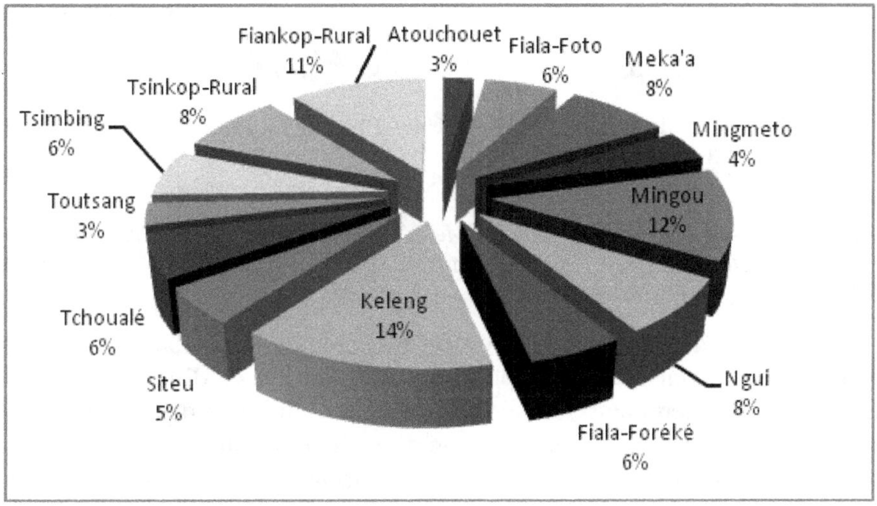

La situation confirme l'état satisfaisant de la maîtrise du jeu foncier périurbain dans la chefferie Foréké et Foto au cœur de la ville. Les quartiers comme Keleng, Mingou et Fiankop-Rural exclus du périmètre urbain initial ont les plus forts pourcentages d'immatriculation (supérieur à 10%).Ceci confirme le fait que les vastes quartiers périurbains sont ceux qui offrent le plus de possibilité d'accès et donc des besoins de sécurité. La course à l'immatriculation est globalement ascendante, mais pas continue à l'échelle des années comme le montre le graphique ci-dessous.

[86] Art. 1 décret N° 76/165 du 27 avril 1976, fixant les conditions d'obtention du titre foncier.

Figure 36 : *Évolution des immatriculations de terre dans l'espace périurbain de Dschang de 1978 à 2009*

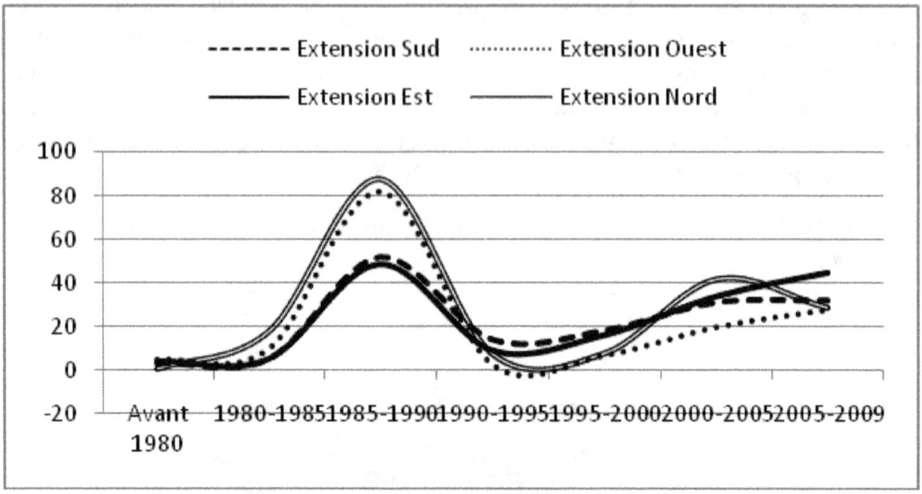

Extension Sud : Ngui et Mingmeto, Meka'a, Atoutchouet ; Extension Est : Tsimbing et Keleng ; Extension Nord : Sinteu, Fiankop, Tsinkop, Fiala-Foto ; Extension Ouest : Tchoualé, Mingou, Fiala-Foréké

Si la courbe des immatriculations est globalement ascendante, des situations conjoncturelles sont bien l'origine d'une accélération ou d'une décélération de celles-ci. Particulièrement, l'année 1986 a connu un boom des immatriculations autour de Dschang. C'est sans doute l'année où l'on a le plus discuté de l'extension du périmètre urbain, raison pour laquelle une course effrénée à l'immatriculation s'est déclenchée et s'est aussitôt affaiblie entre 1990-1995. Cette *« crise »* des immatriculations qui dure globalement toute la décennie 1990 est commune à toutes les villes de l'Ouest et trouve son explication dans les faits socio-économiques et politiques. En effet, l'année 1994 correspond à la dévaluation du franc CFA, 1992, 1997 correspondent à des années d'élections. La situation de 1994 se comprend aisément d'autant plus que la flambée des prix qui a accompagné la dévaluation ne pouvait que freiner les immatriculations. Les situations de 1992, 1997 et auxquelles il faut ajouter celle de 1990 sont étroitement liées au contexte de découverte et d'initiation à la démocratie. En effet, tout le monde est mobilisé, du requérant d'une immatriculation à l'agent du service public. Dans tous les cas, on a l'impression que le service public est limité au strict minimum. Cette situation prévient celle que nous verrons dans l'analyse des pratiques de gestion entre les instances de régulation et les pratiques de gestion de la collectivité territoriale. Pour l'instant, elle nous permet de comprendre que le chemin de l'immatriculation n'est pas facile. Les conditions ordinaires de l'immatriculation sont prévues dans le paragraphe 2 du décret N°76/165 du 27 avril 1976, fixant les conditions d'obtention du titre foncier, modifié par le décret N°2005/481 du 16 décembre

2005 qui simplifie davantage les procédures. Depuis 2004, avec la consécration d'un ministère entier aux Domaines et aux Affaires foncières et le contexte de lutte contre la corruption, on observe une diminution globale des arnaques ou un langage plus discret. Voici un détail des pratiques courantes que nous avons décrites en 2000 et qui bien sûr ont baissé d'intensité depuis que la lutte contre la corruption s'est déclenchée. Mais sera-t-elle durable ?

Encadré 5 : *Sur le chemin d'un requérant de titre foncier à la périphérie de Mbouda*

Une fois sa demande rédigée, le pauvre demandeur doit repasser au moins trois fois parce que le sous-préfet qui doit viser son dossier et lui remettre un récépissé est *« en tournée ».* Après cette étape, il doit attendre pendant des mois le décret préfectoral fixant la date du constat d'occupation et de mise en valeur. Il sait d'avance qu'il aura à déplacer de *« grosses baleines »* comme le sous-préfet, le chef SDD, le chef SDC, le chef de village et le chef de quartier. Ces *« grands hommes »* ne peuvent se mélanger dans une seule voiture ; d'ailleurs quelle voiture ? Il lui faut d'avance payer *« l'argent du carburant »* pour ces *« grands ».* Le jour du constat, il se rend compte qu'il aura à faire à des *« petits agents »* délégués par les *« grands ».* Ces derniers doivent *« mousser »* à leurs tours, mais finalement, il y aura entente. Sur le terrain, il faudra de temps en temps des pardons pour que le travail ne prenne pas plus d'une journée. Le demandeur aura au préalable assuré les membres de la commission qu'il a préparé du porc et des casiers de bières. Parallèlement, il aura eu à s'entendre avec ses riverains et ses proches pour éviter une éventuelle opposition. Voici qu'il a réussi à borner son terrain. Mais l'épreuve n'est pas terminée. La troisième étape consiste à suivre son dossier dans les différents bureaux et services où il devra passer. Pour éviter ces longues traînes, il *« se confie »* à un agent du circuit qui va chaque fois lui demander de *« débloquer son dossier »* à différents niveaux.

En somme, pour que son dossier soit transmis à la DIR-DOM [direction des domaines], il aura passé en moyenne quatre mois et dépenser une somme d'argent inestimable mais toujours supérieure aux sommes dues pour une immatriculation. [...]

La majorité des titres fonciers ont suivi une procédure qui a duré entre 2 et 4 ans. Les procédures ayant duré moins de 2 ans témoignent de l'empressement du demandeur à faire avancer son dossier. Les périodes allant au-delà de 4 ans se justifient par l'abandon du dossier et les entorses de la procédure.

Yemmafouo (2000), Étude cartographique du morcellement foncier sur le bassin versant de la Métsé moyenne ; mémoire de maîtrise, pp.117-118

La partialité des instances de régulation n'est plus à douter dans une société en proie à la corruption et surtout lorsque le litige oppose – et c'est souvent le cas – deux personnes de conditions sociales différentes. Mais parfois nous accusons la partialité des instances de régulation à tort. Les plaintes de ceux qui s'estiment lésés cachent une ignorance notoire des textes en vigueur. Sur 310 lettres d'opposition au bornage enregistrées aux domaines de Mbouda entre 1993 et 1998, seules 113 ont été jugées recevables (Yemmafouo, 2000). Ce serait une erreur de consigner toutes ces plaintes dans le registre de l'ignorance des textes. La situation foncière périurbaine actuelle n'avait pas été prévue dans les textes. En conséquence, ils ne peuvent s'appliquer aux pratiques actuelles. L'autre preuve de l'inadaptabilité des textes au contexte périurbain est la pratique de l'immatriculation des terres achetées illicitement et de surcroît mis en valeur après le 6 juillet 1974, date d'entrée en vigueur de la loi foncière actuelle. L'immatriculation de ces terres devrait d'après la loi suivre la procédure de concession, c'est-à-dire qu'après achat, l'acquéreur devrait adresser au ministre des Domaines une demande de concession en admettant à ce moment qu'il a trouvé un terrain libre de toute occupation et qu'il souhaiterait occuper. Ainsi, il devrait se déclencher la procédure de concession comme prévue dans le décret N°76/166 du 27 avril 1976 fixant les modalités de gestion du domaine national. Cela signifie donc que les ventes illicites sont admises et que le problème de l'État est plutôt fiscal.

Sur le terrain, les acheteurs trouvent cette pratique longue et plus coûteuse. Le requérant d'une immatriculation préfère *« s'entendre »* tout simplement avec les membres de la commission chargée de faire le constat de la mise en valeur pour que la date soit antérieure au 6 juillet 1974. D'autres préfèrent – et c'est surtout le cas dans les grandes villes – emprunter la voie des *« promesses de vente »,* des *« dons », « des abandons de droit coutumier »* ou des *« reconnaissances de dettes »* qui sont légales à partir du moment où la procédure passe devant un notaire. Le principe est simple dans le premier cas et prescrit que le terrain X appartenant à Monsieur Y à l'issue de la procédure d'immatriculation sera vendu au profit de Monsieur Z. À la fin de la procédure, il y a simplement mutation du titre foncier au nom de Monsieur Z. Dans les autres cas, l'acte notarié signifiant la cession des droits sur le terrain déclenche la procédure d'immatriculation.

Lorsque l'acheteur est né après 1974, il y a deux possibilités : dans la première, il cherche un *« tuteur »* qui fait la demande en son nom et prescrit l'établissement du titre foncier au nom de l'acheteur. Pour plus de confiance, le *« tuteur »* choisi est très souvent le père ou la mère de l'acheteur. En cas d'absence de *« tuteur »,* l'acheteur et le vendeur établissent en dehors du contrat de vente, un certificat de donation avalisé par un notaire et qui permettra d'enclencher la procédure d'immatriculation. Dans tous les cas, chaque acteur choisit la méthode de contournement de la loi suivant les circonstances d'achat, les enjeux du terrain et selon ses moyens.

Cependant, la simplification de la procédure actuelle[87] n'autorise plus ces longs détours. Elle permet l'immatriculation directe sous certaines conditions si l'on est né après 1974 et oblige dans les autres cas à passer par la procédure de concession. En outre, les dossiers ne sont plus soumis à la signature du ministre, mais à celle du délégué régional. La procédure normale dure maintenant 6 mois au lieu de 12 voire 24 mois.

- Pratiques de gestion entre les instances de l'État

Les représentants de l'État au nom de la loi foncière administrent les terres dans leur territoire de commandement. Les *« chefs de terres »* comme on les appelle localement profitent de leur position dominante pour multiplier les abus qui exacerbent non seulement les autres instances, mais aussi les services techniques obligés de jouer le jeu. Dans ce contexte, comment ne pas comprendre les conflits de compétence soulignés par le chef de service des domaines de Mbouda dans son rapport annuel 1996-1997 ? Il accuse *« la confiscation des procès-verbaux relatifs à diverses procédures présentés à la signature du président de la commission [sous-préfet] ... la tendance à privilégier l'examen et la garde des dossiers à la sous-préfecture »* (Yemmafouo, 2000).

Quand les services techniques se plaignent, c'est encore plus grave pour la commune qui ne serait pas gérée par le parti du sous-préfet. La commune est en effet sous la tutelle de l'État tel qu'on peut le lire dans le décret N°77/91du 25 mars 1977[88] : *« le pouvoir de tutelle sur les communes, les syndicats de communes et les établissements communaux est exercé par le ministre de l'Administration territoriale et, sous son contrôle, par les gouverneurs et les préfets ».* Ces derniers ont même un pouvoir de sanction et de contrôle de l'action municipale. *« Ce pouvoir s'exerce par voie d'approbation, d'annulation ou de substitution ».*[89] Même la décentralisation n'annule pas ce droit de regard de l'État. À l'Ouest comme dans les autres régions du pays, on sait que les partis d'opposition ont eu du mal à gérer leurs mairies en raison d'une collaboration des autorités administratives limitée au strict minimum. Nous n'avons pu trouver les preuves pour les cas qui nous ont été rapportés. Mais au moins, on doit citer l'examen tardif des dossiers soumis à l'approbation de chaque partie. Il est clair que lorsque les alliances et les compromis se nouent, les voix ne s'élèvent plus et la gestion personnalisée s'érige au-dessus des objectifs de gestion rationnelle des espaces. À cet effet, plusieurs

---

[87] L'article 11 du décret N°2005/481 du 16 décembre 2005 portant modification et complément de certaines dispositions du décret N°76/165 du 27 avril 1976 fixant les conditions d'obtention du titre foncier.

[88] Décret déterminant les pouvoirs de tutelle sur les communes, syndicats de communes et établissements communaux, modifié par le décret N°90/1464 du 9 novembre 1990.

[89] Article 2 alinéa 3 cité par Assako, 2003.

limogeages des représentants de l'État à Mbouda et à Dschang auraient eu pour cause cette gestion foncière personnalisée.

- Pratiques de gestion de la collectivité territoriale

Au niveau des communes urbaines de l'Ouest, les pratiques de gestion sont justifiées par le manque de moyens d'action et les jeux politiques. Le contrôle et le suivi de l'étalement urbain relève prioritairement de la mairie qui doit disposer des moyens nécessaires. Or, elles éprouvent souvent de graves difficultés de trésorerie et finissent par limiter leurs actions au centre-ville. Voici à titre d'exemple les moyens dont a disposé la mairie de Mbouda de 2000 à 2003 pour mener son action.

Tableau 15 : *Budget et équipement de la commune de Mbouda*

Budgets annuels	Personnels en 2003	Équipements en 2003
2002-2003 : Prévisions : 340.963.552 Recouvrements : 238.903.373	Formés aux affaires communales : 02	03 camions bennes
2001-2002 : Prévisions : 141.124.546 Recouvrements : 138.914.858	Techniciens génie civil et maçons : 07	03 véhicules de service
2000-2001 : Prévisions : 282.249.930 Recouvrements : 177.102.984	Chauffeurs, conducteurs engins, mécaniciens : 10	01 tractopelle
	Employés de bureau : 25	01 bulldozer D5
	Agents forestiers : 02	01 niveleuse
	Manœuvres : 09	01 compacteur
Moyenne recouvrée :184.973.738 F	Nombre employés en 2003 : 55	Nombre de matériels en 2003 : 10

Source : commune de Mbouda (2004)

Pour une mairie qui gère à peine 200 000 000 FCFA par an, 55 employés dont 25 agents de bureau constituent un effectif pléthorique. Les équipements présentés dans ce tableau ont tous au moins 20 ans d'âge. Au moment où nous faisions notre enquête, seuls la niveleuse et le bulldozer étaient en marche. Les autres étaient en panne depuis une période variant de 2 à 14 ans.

On fait aussi le constat de mairies incapables de recouvrer des taxes ou le font de façon maladroite, attirant du coup la colère des commerçants, et dans le cas contraire, incapable d'élaborer des budgets réalistes. Entre autres, il faut relever avec force les pesanteurs politiques qui entravent l'action des communes. C'est peut-être à ce niveau que se situe le déficit entre les prévisions et les recouvrements budgétaires, mais aussi les entraves à l'extension du périmètre urbain. Depuis l'avènement du multipartisme, les villes de l'Ouest vacillent entre le parti au pouvoir et l'opposition. Cette situation tantôt a bénéficié au développement de la ville, tantôt contribué à le retarder. À Dschang par exemple la concurrence SDF (opposition)-RDPC (au pouvoir) a largement contribué au développement de la ville (cf. chap.2). À Mbouda, les résultats sont mitigés entre l'opposition extrême des années 1990 et le retour au parti au pouvoir des années 2000. Ces oppositions dans le défaut de maturité politique que l'on reconnaît aux démocraties africaines – démocraties somme toute imposées – sont exploitées par les citadins et les politiciens véreux. Quand on observe les déficits communaux, on se rend compte qu'ils sont plus prononcés pendant les années d'élections tout comme le déficit d'immatriculation précédemment cité. Cela illustre un manque de maturité politique et de culture démocratique chez les populations et les leaders politiques locaux, qui ont tendance soit à laisser faire, soit à faire un peu trop en périodes électorales. Or, ce jeu pèse tout au long du mandat et inhibe la volonté d'exécuter les programmes après élection. À partir de cet aperçu des problèmes spécifiques à la structure et au fonctionnement des institutions étatiques et des communes, nous pouvons poser les bases d'une gestion qui tienne compte des réalités locales.

Gouvernance périurbaine et suivi des dynamiques : acteurs et outils

La formation d'un espace périurbain conforme aux normes élémentaires d'urbanisme et de l'environnement exige que l'on prenne les structures de régulation et de gestion comme un ensemble dans lequel on reprécise le rôle de chacun et qu'on le dote de moyens nécessaires. Après plus de trois décennies de recherche sur la question foncière et le développement, l'Agence française de développement (AFD) et ses partenaires ont mis sur pied un document de synthèse[90] qui va dans le même sens.

- Du rôle des acteurs

La loi a bien défini les droits, les règles d'accès et d'utilisation de la terre, mais ce sont les stratégies pour les contourner en situation de pénurie qui alimentent la confusion. L'observation du jeu foncier périurbain montre qu'il faut un pouvoir central fort pour discipliner les acteurs qui ne respectent pas les règles du jeu. Mais qui doit détenir ce pouvoir ? L'État, la collectivité locale, les groupes ou les élites ?

L'État doit anticiper la ville et produire l'espace nécessaire dans le périurbain. À Dakar par exemple, cette politique est à l'origine de profondes mutations urbaines. Cette vision prospective a pour conséquence un saut

[90] Gouvernance foncière et sécurisation des droits dans les pays du Sud, Livre blanc des acteurs français de la coopération (2009).

qualitatif dans la production de la ville (Khouma, 2007). En effet, dans la zone rurale de Diamniadio, l'État malgré la montée des enjeux fonciers a pu créer des lotissements et y implanter des infrastructures qui en font aujourd'hui un modèle d'invention urbaine. Le rôle de contrôle de l'État doit s'affirmer dans le contexte du périurbain. Il s'agit d'intervenir pour protéger les droits des *« petits »* et non ceux des *« grands »*. D'autre part, la distribution des titres de propriété, la mise en place des infrastructures comme les écoles et les centres de santé ont plus que jamais besoin du visa de l'autorité de l'État, même dans le contexte de décentralisation. Partout dans le monde, les législations ont prévu des restrictions pour éviter l'abus de pouvoir des représentants de la collectivité. Encore faut-il que celle-ci soit en mesure de connaître et de prendre ses responsabilités. Dans le contexte de cette décentralisation, on pense que la collectivité territoriale doit légitimement prendre en main la gestion des espaces périurbains. Ce qu'elle n'avait pas jusque-là toute la liberté de faire. Pour nous, le problème est plus pratique qu'institutionnel. La question reste de savoir si la collectivité territoriale, représentée par la commune, est préparée et a les moyens de prendre ses responsabilités. Nous avons vu que le budget de la commune de Mbouda, son matériel et son personnel n'étaient pas préparés aux défis de la décentralisation et encore moins à ceux de la gestion des espaces périurbains. Elle attend tout comme les autres pour résoudre le problème de l'extension du périmètre urbain ; ce qui serait certainement trop tard. Cette question du périmètre urbain interpelle aussi les autorités coutumières de plus en plus conscientes du problème et qui ne demanderaient qu'à être mieux intégrées dans le processus de délimitation. Les populations, quant à elles, ont besoin d'être mieux informées pour connaître et défendre leurs droits. Il y a à la base un réel problème de méthode et de communication, car le code d'urbanisme de 2004, pour un début, offre clairement un espace de négociation, des voies que les communes locales ignorent sous le prétexte bien que non négligeable de moyens financiers.

À propos de méthode, la responsabilité et la qualification des maires dans la gestion de l'étalement urbain est à souligner avec force. L'expérience de Mbouda est aussi révélatrice. L'ancien maire de Mbouda, Me. Tchio, ancien avocat au barreau du Cameroun, a mis son autorité et son savoir en jeu pour qu'émergent quelques paysages semi-structurés que l'on rencontre dans son quartier à Banock 2.[91] On se souvient en plus que l'avancée décisive dans les efforts de définition du futur périmètre urbain n'a été effective que grâce à son autorité et son sens de la négociation. Les maires ne doivent plus être simplement des hommes politiques, mais des techniciens rompus aux principes d'aménagement de l'espace ou à défaut s'entourer de spécialistes. D'ailleurs, Debarbieux (2002) constate qu'à force de vouloir s'assurer des incidences techniques des décisions à prendre, les maires se technicisent. De leur côté, les

---

[91] Nous y reviendrons au moment de l'analyse des paysages périurbains.

techniciens se politisent à force de vouloir mesurer l'incidence politique des choix qu'ils recommandent aux maires. Cette inversion des rôles paraît plutôt bénéfique pour la maîtrise de la gestion urbaine.

La consécration depuis le 08 décembre 2004 d'un ministère entier aux Affaires domaniales et foncières montre le réveil, bien que tardif, de l'État camerounais. Beaucoup d'espoirs sont fondés sur cette réforme institutionnelle qui devrait, selon les dirigeants de ce ministère, *« révolutionner la situation foncière du pays »* en droite ligne de la *« la bonne gouvernance »*. À cet effet, l'État a prévu cinq directions avec chacune des défis à relever : la direction du patrimoine de l'État doit relever celui de loger les fonctionnaires et les services de l'État ; la direction des domaines doit rationaliser la gestion des lots domaniaux, ce qui suppose qu'elle doit veiller au non cumul de lots et au respect du délai de mise en valeur des lots attribués. La direction du cadastre vise à relever le défi technique notamment dans la cartographie à grande échelle en utilisant les outils les plus adaptés de l'heure. La direction des affaires générales a pour but de combler le déficit en ressources humaines et financières. Vouloir combler le déficit financier éveille tout de même des inquiétudes quant à l'augmentation des frais de prestation des services du MINDAF, ce qui les écartera davantage des usagers. La direction la plus en vue est celle des affaires foncières. Elle a pour défi de raccourcir les délais et de sécuriser le titre foncier. Le premier acte concret du gouvernement a été la modification le 16 décembre 2005 de la loi sur l'obtention du titre foncier et la décentralisation effective de l'établissement de ce document au niveau des régions. Pour le moment, nous ne disposons pas d'éléments suffisants pour juger les actions sur le terrain. Toutefois, nous remarquons un souci de transparence qui pourrait ramener la confiance si l'assainissement des habitudes à travers la sensibilisation, l'information et l'éducation s'intensifiait.

Des outils gestion

Il est admis que dans le contexte d'urbanisation par *« le bas »,* les acteurs n'ont pas de moyens pour aménager et viabiliser les espaces qu'ils occupent. On ne doit d'ailleurs pas commettre l'erreur de le leur exiger. Ce serait une mauvaise appréciation de la situation, car c'est aux pouvoirs publics d'accompagner cette dynamique de bas par ses apports. Sans glisser dans un chapitre de recommandations infertiles à l'endroit des pouvoirs publics et de l'État qui n'ont guère de moyens financiers – du moins pour l'instant – nous soutenons l'encadrement et l'encouragement des initiatives locales d'aménagement, c'est-à-dire un choix judicieux entre la légitimité et la légalité des actions des acteurs de *« bas »,* le code d'urbanisme offrant le cadre juridique nécessaire.

Beaucoup d'espoirs reposent sur la décentralisation en ce qui concerne la gestion des espaces périurbains. Le pouvoir aux collectivités territoriales permettrait de créer des forums de discussion dans lesquels les populations, les élus locaux et les élites discuteront de l'orientation à donner à l'occupation des espaces périurbains et aux rôles de chacun. Les grands forums internationaux et les théoriciens insistent sur ce rôle central de la discussion et de la formation au sein des structures de gestion décentralisées (encadré ci-après).

Encadré 6 : Mobilisation mondiale sur l'accès au sol et à la sécurité foncière et avis d'un spécialiste

Habitat II : Conférence globale sur l'accès au sol et à la sécurité foncière en tant que conditions d'un développement durable de la ville et de l'habitat (New Delhi (Inde) 17-19 janvier 1996 : Extrait de la déclaration de New Delhi.

1- Décentralisation et collectivités locales

[...] Les collectivités locales sont le niveau le plus approprié du gouvernement pour traiter de la gestion foncière en faveur des populations locales. Ceci exigera une modification de son rôle actuel. [...] Il faut que les autorités locales soient investies de pouvoirs et de ressources financières correspondant à leurs nouvelles responsabilités.

2- Développement foncier informel

[...] Les aspects tant négatifs que positifs de l'aménagement foncier irrégulier devraient être reconnus de façon réaliste. Bien que l'aménagement foncier informel engendre l'accès au sol et aux quartiers dépourvus de services, il n'offre pas une sécurité suffisante, ni l'infrastructure requise et peut permettre le développement de pratiques d'exploitation ; il offre néanmoins un large éventail d'accès au sol aux populations urbaines pauvres, dans un contexte où ni le secteur public, ni le secteur privé formel ne peuvent répondre à la demande. Ceci étant, il faut reconnaître que la filière informelle de l'aménagement foncier joue un rôle clef dans la viabilité sociale et économique de la ville. Il existe un rapport de dépendance réciproque entre terrains formels et informels. Par conséquent, plutôt que d'être immobilisé par le fait de situations illégales, les gouvernements devraient entreprendre des actions positives pour transformer les revendications incertaines existantes et les usages non autorisés en droit à la terre reconnus par la société et la loi. La diversité de système d'accès du sol et d'acteurs dans le domaine de l'aménagement foncier, y compris ceux qui sont informels, devrait être reconnue comme un atout qu'un désavantage.

3- Participation des populations à la régularisation de l'occupation et à l'aménagement foncier

La participation des populations constitue un instrument clé pour garantir un logement durable aux populations urbaines pauvres et sans terre. Les approches participatives consistent à préciser les objectifs ; donner aux communautés locales le sentiment d'autonomie en matière d'élaboration de politiques et de stratégies, utiliser les connaissances des habitants concernant leurs conditions de vie ; sensibiliser le public pour renforcer et rendre effective la volonté politique et développer les initiatives locales pour l'exercice des droits des citoyens [...].

Avis de spécialiste sur la question des institutions et de leur perception par les populations

La question de la protection des droits fonciers est indissociable de celle d'accès à la terre des groupes défavorisés, notamment les pauvres et les personnes vulnérables. L'idée qui sous-tend cette conception est la suivante : une action qui assure la sécurité, la protection et le bien-être des couches sociales défavorisées contribue fortement à la lutte contre la pauvreté et l'injustice sociale. [...] Ces groupes lient généralement l'efficacité des institutions : aux différentes personnes impliquées dans les procédures et le processus de régulation foncière : origine de ces personnes, leur statut social, leur situation dans le processus, leurs prises de position, leurs comportements supposés, au contexte de fonctionnement des institutions ; aux antécédents en matière d'actions relevant des institutions ou de leurs représentants ; aux opinions populaires ou aux rumeurs sur les capacités et le sens de l'équité des représentants locaux des institutions.

YAPI Simplice AFFOU, Institute for Development Resarch, Côte d'Ivoire

La formation doit commencer d'abord par les gestionnaires, qu'ils soient légaux ou illicites. Nous voyons : le préfet, le sous-préfet, le maire, les chefs de village, les chefs de quartier, les chefs de bloc et les associations de quartier. Ces derniers à l'échelle du quartier périurbain jouissent d'une légitimité qui peut permettre de canaliser les efforts des populations dans l'aménagement et l'entretien de leur environnement. On se rappelle les investissements humains mensuels à Montchio 3 ou à Bameboro. Ils permettent d'entretenir un environnement décent en l'absence d'intervention de la mairie. L'expérience de Dschang et de Mbouda montre que malgré le peu de moyens, les idées ne manquent pas, mais cette volonté se trouve empêtrée dans les jeux sociopolitiques. Ce qui veut dire qu'en chassant de l'esprit des acteurs l'idée de politisation de l'aménagement de l'espace, on fait un grand pas vers un espace périurbain viable pour tous. L'expérience des *« journées de la propreté »* continue de faire ses preuves dans les centres-commerciaux qui ont maintenu le système. Il s'agit en effet de consacrer les premières heures d'une matinée choisie à la propreté des lieux que l'on occupe quotidiennement. Tous les commerçants sont contraints d'y participer au risque de sanctions allant jusqu'à la fermeture de la boutique. L'extension de cette méthode à toute la ville avec un regard attentif sur les systèmes de drainage et les servitudes garantirait un environnement décent comme dans certains quartiers ; les comités de développement le font déjà. Il reste la mise en place des outils cartographiques acceptés par les collectivités coutumières.

Imaginons un instant que les services techniques mettent à la disposition des chefs des plans au 1/2000 de leur quartier et qu'on leur propose un plan de parcellaire et de servitude qu'ils discutent en conseil de notables sans aucune présomption d'extension urbaine. L'expérience que nous avons faite au moment de l'actualisation de nos cartes nous a bien révélé qu'une cartographie participative pouvait contribuer efficacement à résoudre le problème de lotissement et du périmètre urbain. Il suffit de reconnaître sur des cartes à grande échelle les droits de chacun dans sa parcelle et de prévoir tout simplement les rues en discutant avec les propriétaires dont les terrains seront touchés. Après cette cartographie, on établit des plans de lotissement pour toutes les parcelles de taille supérieure à la surface indivisible que l'on remet aux différents propriétaires. Au chef de quartier, on remet le plan du quartier.

À propos des servitudes et des conflits éventuels qui peuvent en découler, une lecture topographique du milieu montre encore que c'est souvent les propriétaires situés au 1/3 supérieur du versant qui se plaignent et surtout lorsque leurs terrains ne se prolongent pas au 2/3 inférieur du versant. Par exemple, à Banock 2 ou dans l'îlot structuré de Bameboro-derrière la SNEC, les opposants à la route se sont ravisés et louent finalement le chef du quartier qui a imposé ces routes dont ils tirent aujourd'hui profit : prix élevé des terrains de bas de versant, électricité et boutiques. On comprend donc qu'au stade actuel, on peut intervenir énergiquement et sans grands dommages avec l'appui des chefs de quartiers. À partir du moment où le modernisme se présente comme l'appât décisif, un système d'information des propriétaires fonciers renforcerait l'action de ces aménageurs occasionnels.

Le problème de moyens financiers empêche les propriétaires fonciers périurbains de faire des lotissements avant les ventes. Peu importe l'urgence et le rythme de vente, s'ils disposaient leurs terrains sur une carte avec le nombre de lots qu'ils peuvent proposer à la vente, cela limiterait le désordre et la ville s'étendrait plus aisément sous leur contrôle. Ce pré-cadastre ou cadastre préventif nous paraît la solution idoine à l'aménagement des espaces périurbains dans le contexte actuel où il est impossible de reporter tout l'aménagement sur la puissance publique.

Le problème crucial du support des coûts de cette opération demeure. Si la mairie veut réellement organiser sa périphérie, elle doit incorporer dans son budget les coûts de cette cartographie qui aboutira un ou deux ans après au déclenchement de la procédure de délivrance des titres, c'est-à-dire le temps de régler les litiges qui peuvent se produire. C'est à ce moment que l'on fixe un taux à payer au moment du retrait du titre foncier. Nous savons bien évidemment que personne ne voudra payer pour un titre foncier qui ne sert plus à rien, c'est pour cela qu'il serait prévu une augmentation des taxes ou des impôts pour ceux qui ne retireraient pas leur titre foncier. On peut aussi créer une structure centrale chargée d'enregistrer les ventes et de prélever un pourcentage du prix de vente. À ce moment, des équipes de contrôle s'assureront que les nouveaux habitants non membres du lignage s'acquittent de leurs droits. Cela permettra à la collectivité territoriale de recouvrir progressivement ses dépenses non pas sur les propriétaires, mais sur les acheteurs.

Au sujet des espaces pour le service public, il suffit que le service demandeur fasse un appel à proposition pour que les offres se précisent. Le problème qui a souvent gêné les propriétaires, c'est que l'État prend avec *« force »* (expropriation pour cause d'utilité publique) et ne dédommage pas immédiatement quand il le promet. En déposant une somme d'argent supérieure au prix local d'achat du lot recherché, le service public demandeur a une grande chance de trouver le terrain pour son activité. Tout cela suppose que l'on accepte la forme actuelle du marché foncier ou au mieux qu'on la formalise surtout en conservant le principe de la vente par le propriétaire, qu'il soit légal ou coutumier.

En ce qui concerne le suivi des dynamiques paysagères, les acteurs de régulation précédemment cités veilleront, chacun à son niveau, au respect des servitudes créées. Ils devront surtout créer un comité de médiation des crises incluant à l'échelle du bloc les *« personnes-ressources du quartier »*. Pour le permis de bâtir, la solution revient au comité de médiation et à la sensibilisation des populations. Ces comités doivent détenir les plans au 1/500e de leur bloc dans lesquels les services techniques de l'urbanisme ont défini les zones non constructibles et les types de construction en fonction des conditions du milieu. Il ne s'agit pas d'imposer des types de maison qui dépasseront les moyens financiers des populations, mais d'en proposer des types économiques utilisant au mieux les matériaux locaux.

La question de l'aménagement ainsi présentée laisse surgir celle de l'uniformité du bâti. Mais nous pensons qu'elle se règle seule avec le jeu de la compétition foncière ou de la ségrégation sociale, cette fois au choix des populations. Pour les espaces verts, nous savons déjà que les populations aiment et savent vivre avec la verdure. Ce qui interdit de sombrer dans le pessimisme écologique. Voilà dans quel sens l'espace périurbain de l'Ouest à l'état actuel peut être géré durablement sans dégâts majeurs. L'analyse de quelques cas de conflits a permis d'illustrer la pertinence de ce dispositif de gestion. En outre, les paysages périurbains tels qu'ils se présentent actuellement ne constituent-ils pas une autre préoccupation majeure ?

Troisième partie

Activités, paysages et territoires périurbains : mieux comprendre les réalités socio-spatiales

Chapitre 5

Activités périurbaines : bâtiment et agriculture

Le périurbain s'organise autour d'activités qui assurent son fonctionnement. Elles sont souvent contemporaines à l'installation des citadins. Les chercheurs s'accordent sur le fait que le périurbain a dépassé le stade de cité-dortoir pour embrasser celui de territoire bien structuré. Même si la mobilité vers la ville-centre reste dominante, elle n'assure plus à elle seule la vitalité du milieu. Des entreprises se déportent à la périphérie où elles trouvent l'espace dont elles ont besoin. L'activité du bâti, et plus particulièrement celle du bâtiment, retient notre attention parce qu'elle fabrique le plus le paysage. L'agriculture périurbaine paraît plus complexe à l'Ouest qu'on ne le pense. De ses significations, découle une meilleure compréhension du paysage des villes et de leurs périphéries.

I- De la brique de terre à la maison en dur : la modernité et l'urbanité au cœur de la dynamique du bâtiment

L'utilisation du sol périurbain est plus représentée par le bâti et plus particulièrement le bâtiment. Notre attention se focalise sur les réseaux du bâtiment, la manière de construire, les formes et les types de maisons.

Réseaux et liens de solidarité autour du bâtiment ou le règne de l'autoproduction

Dans les villes d'Afrique subsaharienne il est commun que les citadins qui veulent construire conçoivent, dirigent et aident parfois dans leur chantier : c'est l'autoproduction du logement (Piermay, 1993). L'autoproduction est assez rare, c'est-à-dire la situation où le citadin construit lui-même ce qu'il a conçu. Le recours aux entrepreneurs qualifiés tout au long du projet de maison individuelle n'est pas systématique, sauf pour les immeubles à étages où de très gros investissements sont engagés.[92] Les entreprises du bâtiment, déjà rares, coûtent cher pour le périurbain. Les réseaux de construction se tissent suivant les mêmes processus que les réseaux d'accès à la terre. Cependant, ils sont plus ouverts en raison des spécificités du travail à faire. Il peut donc arriver que le requérant ne trouve pas satisfaction dans les circuits d'accès à la terre. Il s'adresse alors aux vendeurs de matériaux de construction qui disposent souvent

[92] Même jusque-là, il y a des soupçons de méprise des normes au regard du nombre d'immeubles qui s'écroulent au point de devenir des faits banals dans la presse : Journal Mutations du 19 août 2009, 05 mars 2010, Le Quotidien le Jour, 03 mars 2010, etc.

des adresses d'entrepreneurs de toutes catégories. Une autre façon consiste à identifier dans le quartier une maison à sa convenance et à rechercher l'entrepreneur par le biais du propriétaire de ladite maison.

Avant de rencontrer l'entrepreneur, le requérant fait un devis estimatif de son projet sur la base des informations recueillies auprès de ses proches qui ont déjà réalisé des projets semblables ou auprès des quincailleries. La rencontre avec l'entrepreneur s'apparente généralement à une confrontation des devis de construction. La façon la plus courante consiste à payer uniquement la main-d'œuvre de l'entrepreneur, c'est-à-dire que le requérant s'engage à fournir lui-même les matériaux de construction. Quand un accord est trouvé, les travaux commencent généralement au début de la saison sèche. Ce moment est le plus propice pour les constructions de maison en raison de la clémence du temps. Au départ, c'était surtout la possibilité de fabriquer les briques de terre avec l'eau de ruissellement des dernières pluies qui justifiait le choix de cette période. Mais aujourd'hui, c'est une habitude commune aux constructions en parpaings, à l'exception des travaux de construction d'immeubles et de grandes villas qui peuvent durer toute l'année.

Les portraits des entrepreneurs sont divers. Les premiers ont suivi leur formation sur le tas. Ils constituent plus de 55.7% de ceux que nous avons interrogés. À force de travailler dans les chantiers, ils acquièrent des connaissances qui leur permettent d'abord de seconder, puis de remplacer leurs patrons en cas d'absence. Ces derniers leur délivrent des attestations de fin de formation quand ils estiment que l'élève-entrepreneur est bien formé. Le processus de formation peut durer plus de dix années, tout dépend de la capacité de l'élève-entrepreneur à assimiler les pratiques du métier. La formation ne se passe pas seulement dans la ville où il se trouve, mais partout où le patron peut gagner un contrat. Les seconds (44.3%) ont au moins été dans un établissement d'enseignement technique. Leur formation pratique suit le même parcours que celui des précédents, mais dans un temps relativement court (cinq années en moyenne). Dans ce pourcentage, 63.34% ont au moins un certificat d'aptitude professionnel. 6,3% ont poursuivi leurs études au-delà du certificat d'aptitude professionnel et résident pour la plupart dans les métropoles. Ils sont à la tête d'équipes pouvant atteindre une douzaine de personnes.

De ce qui précède, on retient une fois de plus le principe de confiance qui régit le fonctionnement des réseaux. Avoir confiance en les réseaux signifie-t-il faire confiance à l'ignorance ? Les réponses à cette question sont discutables. Nous soutenons qu'il y a certes une part d'ignorance, mais aussi un problème de moyens financiers. Un entrepreneur officiellement reconnu prendra au moins 3 000 000[93] FCFA pour le standard 2 chambres 1 salon en dur, alors qu'un

[93] Cette évaluation a été faite en 2003, soit avant l'augmentation du prix des matériaux de construction.

maçon sans référence officielle et recruté dans les réseaux se contentera de 2 500 000 FCFA au plus. Mais parce que le propriétaire du chantier trouve cette somme élevée,[94] il préfère être lui-même le fournisseur de son chantier. La conséquence immédiate est ce climat de soupçon qui peut aller jusqu'au conflit entre les deux partis. Nous avons assisté à plusieurs disputes dans lesquelles le propriétaire du chantier reprochait à l'entrepreneur d'avoir sous-dosé le ciment. Pour l'entrepreneur, le propriétaire du chantier n'a tout simplement pas suivi les conseils en achetant la quantité et la qualité de ciment prévues pour les travaux. Les regrets ne manquent pas. Michel, un instituteur, regrette encore le fait de n'avoir pas suivi les conseils de son premier entrepreneur ; il a choisi une offre plus accessible et aujourd'hui sa maison aux murs lézardés et à l'oblique est à refaire alors qu'il s'achemine vers la retraite.

À première vue, on peut penser que le problème provient du manque d'engagement écrit entre les deux parties ou de qualification de l'entrepreneur. Tout cela, d'après nos observations, ne participe qu'à un faible pourcentage. Le vrai problème est celui de la bonne foi des deux parties. On enregistre un nombre croissant des cas d'abus de confiance et d'escroquerie que l'on découvre en dessous des problèmes exposés par les plaignants. Quelles peuvent alors être les conséquences paysagères de telles pratiques ?

À l'échelle du lot, c'est le paysage des maisons lézardées en équilibre instable qui attire l'attention.[95] Une autre marque dans le paysage est la présence de gros cailloux sur la toiture. Ils symbolisent les suintements fréquents dus essentiellement au défaut de matériaux ou de qualification du technicien ayant effectué les travaux. À l'échelle du quartier et de l'ensemble de la périphérie, ils forment le paysage urbanisé sans plan où la précipitation dans l'occupation est la règle générale. Nous les analyserons ultérieurement.

À l'inverse des pratiques précédentes, le requérant ne va pas forcément dans le bureau d'un entrepreneur soumettre son projet. Une fois qu'il s'est suffisamment informé sur son projet, il choisit son entrepreneur sur la base de ses réalisations précédentes et lui confie le projet. Ils examinent tous les deux le plan, une fois adopté, le volet financier est alors discuté. Quand le montant est convenu, c'est paradoxalement la tendance à l'auto-livraison[96] qui prédomine. Mais cette fois l'auto-livreur exécute soigneusement les commandes de l'entrepreneur. Très souvent, il choisit sa quincaillerie de confiance d'où tous les matériaux doivent provenir. Ainsi, en cas de nécessité et en l'absence du propriétaire du chantier, l'entrepreneur peut retirer le matériel nécessaire pour

[94] En réalité, il ne s'agit que d'une impression liée au fait qu'il ne peut pas réunir cette somme d'argent en un seul tenant.

[95] Voir à cet effet la planche photographique N°5 dans l'analyse des paysages d'occupation anarchique.

[96] Il s'agit toujours de la situation dans laquelle le requérant s'engage à fournir lui-même les matériaux de construction pour son chantier.

continuer le travail. La facture ne sera payée que plus tard. Les conséquences spatiales d'une telle confiance ne peuvent être que positives.

À l'échelle du lot de construction, nous avons remarqué que le paysage de maison bien structuré procédait de ce processus de construction. Il s'agit du paysage de maisons en dur ou non, bien stabilisées, aux murs droits, chaînages réguliers, gouttières aménagées et aux vérandas bien marquées. À l'échelle du versant et de la périphérie, l'ensemble donne des paysages structurés formellement ou de façon spontanée. À Mbouda, de beaux exemples comme nous le verrons sont au quartier Banock 2, au *« quartier Bafang »*, au quartier Carrière et Lafi 3. On les retrouve à Bafang au quartier Poango, Doumga IV, Newtown ou Banka-Marché. Pour mieux comprendre les pratiques d'utilisation de la terre et les paysages qui peuvent en découler, nous devons entrer dans les détails des types et des formes de maison.

Types de maison et mixité du périurbain de l'Ouest

La maison est l'élément du paysage qui traduit le plus l'occupation de l'espace périurbain. Comme nous l'avons vu au chapitre 2, elle traduit la vision du monde de son propriétaire. En fonction des matériaux constitutifs, donc de la physionomie, on distingue habituellement les maisons en dur, semi-dur, briques de terre et les maisons en hauteur comme les villas et les *« châteaux »* (planche 3). Il est difficile d'établir une ségrégation de l'espace en fonction des types de maisons tant les processus d'accès au foncier comme nous l'avons démontré sont complexes. Les hypothèses habituelles sur la relation entre l'accès au foncier, la maison et le niveau de vie se vérifient, mais à des degrés moindres auxquels l'on ne s'attendrait.

La maison en dur est construite à base de parpaings ou de briques de terre et crépie de façon à ce que les traces des briques ne soient plus visibles. Elle peut être peinte ou non. La maison en semi-dur est celle qui alterne briques de terre et parpaings ou briques de terre et béton. C'est aussi une maison crépie uniquement à l'intérieur ou à l'extérieur. La maison en briques de terre est celle qui utilise le plus les matériaux locaux, notamment les latérites pétrifiées et moulées sous forme de brique.

Le tableau ci-après présente les résultats de l'enquête détaillée autour de Mbouda. Les maisons en dur dominent dans les quartiers de Bamessingué-ville et Métio. Quand on regarde la combinaison des types de maison dans chaque quartier, on se rend compte que les maisons en dur sont plus nombreuses dans les quartiers Carrière, Lépi 1, Lafi 3 et Bamessingué-ville. Nous faisons immédiatement la remarque selon laquelle les maisons en dur sont dominantes à la deuxième couronne (55.97%), mais la combinaison des types de maison où le dur l'emporte se retrouve à la première couronne.

Les maisons en semi-dur dominent dans les quartiers Batang, Montchio 3 et Bamessingué-village. Par rapport aux combinaisons des types de maison, le semi-dur l'emporte au quartier Lafi-Haoussa et Bamessingué-village. Dans l'ensemble de l'espace périurbain, le semi-dur est le type de construction dominant. Il est le plus représenté à la deuxième couronne et est souvent l'étape transitoire vers la maison en dur rêvée. On l'occupe en l'améliorant progressivement.

La deuxième couronne concentre le plus de maisons en briques de terre (61.71%), mais en termes de combinaison des types de maison, la troisième couronne l'emporte avec 56,52% de maisons en briques de terre.

Tableau 16 : *Typologie des maisons dans le périurbain de Mbouda*[97]

	Dur	% de la maison en dur dans la couronne	Semi-dur	% de la maison en semi-dur dans la couronne	briques de terre	% de la maison en briques de terre dans la couronne	Total
Ire couronne périurbaine	65	40.88	68	35.42	54	30.86	187
% du type de maison dans l'ensemble des types de la couronne	34.76		36.36		28.88		100
IIe couronne périurbaine	89	55.97	119	61.98	108	61.71	316
% du type de maison dans l'ensemble des types de la couronne	28.16		37.66		34.18		100
IIIe couronne périurbaine	5	3.14	5	2.60	13	7.43	23
% du type de maison dans l'ensemble des types de la couronne	21.74		21.74		56.52		100
Total espace périurbain	159	100.00	192	100.00	175	100.00	526
%	30.23		36.5		33.27		100

Source : Yemmafouo 2007

À côté des types de maisons ci-dessus définis se trouvent les maisons en hauteur. Ce sont les *« châteaux »* des grands « bourgeois » qui s'imposent dans le paysage périurbain et qui témoignent du fait que le repli à la périphérie n'est pas particulièrement un fait des pauvres ou des classes moyennes. Une enquête supplémentaire sur les *« châteaux »* recensés montre que les terrains qui les supportent sont à parts égales achetés et hérités, mais cela ne réduit pas le fait périurbain à *« l'urbanisation des campagnes »*. En effet, leurs propriétaires affirment l'influence directe de la ville sur leurs œuvres et les considèrent comme partie intégrante du développement de la ville. Ces bourgeois créent les infrastructures comme l'électricité, l'eau, la route et le téléphone pour mettre leur cadre de vie à la hauteur de leurs moyens. L'impact de ces infrastructures qui obéissent à une logique individuelle devient un moteur incontestable de l'urbanisation du quartier où il se trouve. C'est le cas des domiciles *« Stella »* à Batang, *« Grand Luc »* ou *« Amour Mezam »* à Bamessingué.

[97] Précisons que dans les ménages à plusieurs maisons, c'est la maison principale ou celle du chef de ménage qui était retenue pour qualifier le type de maison.

Les maisons à étages sont assez rares et dépassent rarement trois niveaux. On les retrouve aux sorties de la ville. Dans l'ensemble de l'espace périurbain, les maisons en semi-dur dominent (36.50%), suivies de celles en briques de terre (33.27%). Si l'on s'en tient au caractère provisoire revendiqué par les chefs de ménages, on devrait s'attendre à une augmentation du nombre de maisons en dur avec le temps. Cette idée se renforce, car les écarts entre les types de maisons sont faibles. Quelles peuvent alors être les relations entre le type de maison, les pratiques foncières et les paysages ?

La construction de la maison est un processus qui relève des pratiques socio-spatiales du périurbain. Maintenant, le fait qu'elle soit en dur, en semi-dur ou en briques de terre aurait-il une liaison avec les pratiques des modes d'accès ou les paysages ? Ces interrogations posent le problème du rapport entre le niveau de vie et la qualité de la maison. On sait que les différences sociales expliquent celles de capacité à accéder au foncier et à sa valorisation. Nous posons alors l'hypothèse que le riche achète un bon terrain, y construit une belle maison et crée un paysage structuré parce qu'il a les moyens nécessaires. À l'inverse, le pauvre achète un mauvais terrain, y construit une maison en briques de terre et y crée un paysage sans plan parce qu'il procède coup par coup. Voici dans le tableau ci-après les revenus[98] estimés des périurbains de Mbouda. La corrélation entre les types de maisons et le revenu n'est pas facile à établir et par conséquent l'apparence des paysages produits.

Tableau 17 : *Revenu moyen mensuel estimé d'après les périurbains de Mbouda*

	< à 50.000	%	50-100.000	%	100-150.000	%	150.000 et plus	%	revenu moyen mensuel
Première couronne	57	23.85	70	48.95	40	38.46	9	33.33	101334
Deuxième couronne	164	68.62	69	48.25	64	61.54	18	66.67	90465
Troisième couronne	18	7.53	4	2.80	0	0.00	0	0.00	59048
Total espace périurbain	239	100.00	143	100.00	104	100.00	27	100.00	92105
% total revenu /ménage	46.59		27.88		20.27		5.26		

Source : Yemmafouo 2007

La tendance générale de notre hypothèse se vérifie, mais dans les détails, on se rend compte de la difficulté à corréler le revenu au type de maison. Les corrélations montrent des écarts de plus en plus sensibles suivant que l'on progresse vers les ménages que l'on peut qualifier de pauvres (revenu mensuel

[98] Il est difficile au regard des mentalités locales d'avoir une connaissance réelle des revenus des ménages au travers d'un questionnaire. Habituellement, le revenu déclaré est sous-estimé.

inférieur à 50 000 FCFA.) L'observation qualitative lors des enquêtes atteste cette situation. Dans le quartier Banock 2 et Lafi 3, les revenus moyens mensuels sont nettement supérieurs aux revenus de la première couronne. Pourtant, cette différence se voit mal dans le type de maison. En revanche, à Bameboro et à Montchio 3, réputés pour les riches hommes d'affaires dont ils regorgent, les maisons en briques de terre dominent, mais le confort interne de certaines surprend : radio-casette, lecteur CD-DVD, télévision, meubles de luxe, etc. Mis à part le caractère transitoire des maisons en semi-dur et briques de terre, on est en droit de penser à la relativité du modèle du *« chez soi »* chez le Bamiléké, modèle qui voudrait que la maison reflète absolument le niveau socio-économique de l'individu. Il y a en effet des gens dont les maisons ne reflètent pas nécessairement leur revenu. Cependant, nous tenons à lever l'équivoque sur ceux qui ont changé leur statut socio-économique après la construction de la maison dans laquelle nous les avons interrogés et qui s'apprêtent à s'en construire une nouvelle à la dimension de leur statut actuel. L'apparence des paysages qu'ils produisent n'est donc que trompeuse. Il faut aussi se rappeler que la mixité du paysage d'urbanisation par le *« bas »* est aussi liée au fait que les citadins s'installent par affinité tribale, et donc ne distinguent pas forcément le riche du pauvre. C'est principalement la variable prix, donc le terrain bien situé qui valide notre hypothèse générale, jusque-là à un pourcentage juste supérieur à la moyenne en raison des situations parfois urgentes de l'offre et des réseaux sociaux qui l'orientent.

Planche 3 : *Quelques maisons de l'espace périurbain de l'Ouest-Cameroun*

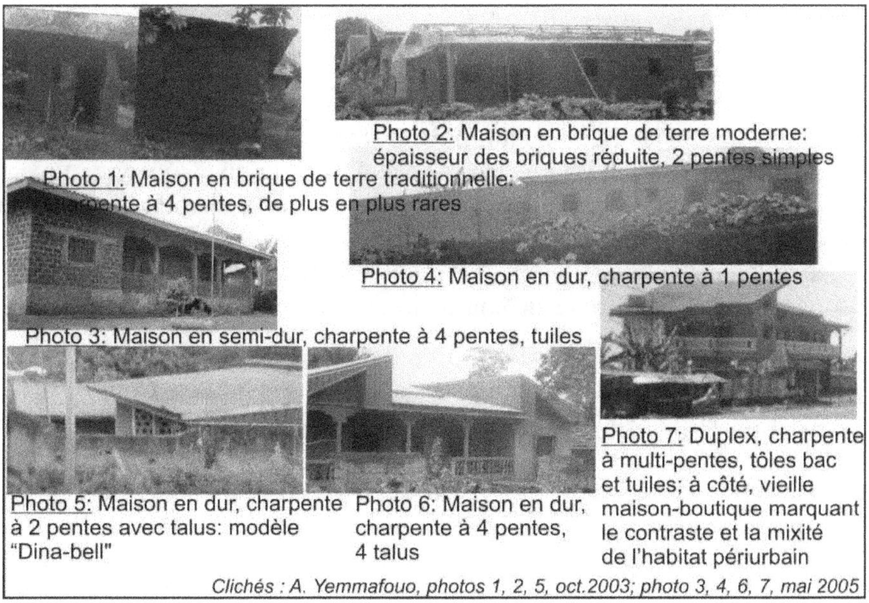

Photo 1: Maison en brique de terre traditionnelle: charpente à 4 pentes, de plus en plus rares
Photo 2: Maison en brique de terre moderne: épaisseur des briques réduite, 2 pentes simples
Photo 3: Maison en semi-dur, charpente à 4 pentes, tuiles
Photo 4: Maison en dur, charpente à 1 pentes
Photo 5: Maison en dur, charpente à 2 pentes avec talus: modèle "Dina-bell"
Photo 6: Maison en dur, charpente à 4 pentes, 4 talus
Photo 7: Duplex, charpente à multi-pentes, tôles bac et tuiles; à côté, vieille maison-boutique marquant le contraste et la mixité de l'habitat périurbain
Clichés : A. Yemmafouo, photos 1, 2, 5, oct.2003; photo 3, 4, 6, 7, mai 2005

Cliché : Yemmafouo (oct. 2003, mai 2005)

Formes, dimensions et structures internes des maisons

Les détails morphologiques des maisons périurbaines permettent de mieux comprendre les pratiques d'utilisation du sol et les paysages. Ces maisons ont des formes et des dimensions standardisées comme le montre le tableau ci-après présentant les dimensions, la forme des façades principales et les styles de charpentes.

***Tableau 18** : Caractéristiques des maisons dans l'espace périurbain*

	Dimensions standard	Forme standard	Nombre de pièces	Forme de façade principale	Style de charpente
Type 1 : petite maison	Inf. à 10 * 6 m	Rectangle	2 chambres 1 saloon	Pas de véranda, 1 porte centrale, 2 fenêtres	1 pente, 2 pentes simples, tôle ondulée simple
Type 2 : maison moyenne	12 * 7 m	Rectangle	3 à 4 chambres 1 saloon	Véranda simple, 1 porte centrale, 2 fenêtres, 1 chambre externe	2 pentes à 1 escalier, tôle ondulée simple et de qualité supérieure
Type 3 : grande maison	14 * 10 et plus	Rectangle	Plus de 4 chambres et plus de 1 saloon	Véranda en équerre, 4 fenêtres, 2 portes, garage	2, 3, 4 pentes à escaliers emboîtés, tôles de qualité supérieure
Château et maison à étages	20 * 15 et plus	Rectangle, hexagonal, ronde	Plusieurs appartements	Vérandas, garage, étage à balcon	Coniques, modèles asiatiques et européens, tuiles

Source : enquête de terrain 2003

À partir des dimensions de la maison, on peut connaître le nombre approximatif de chambres que l'on peut avoir d'après le tableau ci-dessus. La dimension de la maison permet aussi de mesurer le niveau de revenu et le statut du ménage qui l'occupe. Il faut être par exemple d'un niveau de vie moyen pour engager la construction d'une maison de plus de quatre chambres. Cela suppose en outre que l'on ait des gens qui vont l'habiter. Dans ce cas, le chef de ménage est généralement polygame ou héberge les membres de sa famille.[99] Ces maisons ont aussi des formes de charpentes particulières.

- *La charpente à 1 seule pente :* Elle témoigne du souci d'un propriétaire à exploiter son terrain directement à partir d'une de ses limites. Comme le montre la photo 4 de la planche 3, on élève directement le mur mitoyen sur la limite choisie. Localement, on parle de *« tourner le dos au voisin »*. Le sens de la pente est donc tourné vers la cour pour que l'eau d'écoulement de la toiture ne nuise pas au voisin.

[99] Précisons que ces derniers ne sont pas des logés gratuits au sens que nous avons vu précédemment. Le logé gratuit forme un ménage, alors qu'ici, tel n'est pas le cas.

- *Les charpentes à plusieurs pentes*

Les charpentes à 2 pentes simples : Elles sont les modèles les plus répandus et elles s'identifient à la classe moyenne ou pauvre. Les propriétaires jugent les charpentes à escaliers plus esthétiques, bien qu'ils ne disposent pas de moyens pour les réaliser.

Les charpentes à 2 pentes avec 1 escalier : Ce style de charpente en vogue actuellement est plus connu sous le nom de *« modèle Dina-Bell »,* en souvenir de la célèbre casquette du chanteur camerounais Dina Bell. Au contact des deux versants de la charpente, s'élève un abrupt d'environ 50 cm et dont la tôle se différencie de celle des versants par sa qualité supérieure.

Les charpentes à plus de 2 pentes : On peut décider de multiplier les talus pour avoir 3 ou 4 versants en fonction de l'esthétique ou de l'exception que l'on veut donner à sa maison. Pour l'instant, ces styles sont encore réservés à une classe moyenne ou aisée. Pour preuve, toutes les maisons qui les portent sont grandes, en dur et semi-dur (cf. planche 3.)

- *Les charpentes des châteaux, duplex et maisons à étages.*

Elles constituent des classes exceptionnelles qui donnent plus de vivacité au paysage bâti. Les châteaux en particulier ont des formes rarement rectangulaires et ces styles de charpentes alignent modèles asiatiques, européens et chapiteaux bamiléké. La façade principale de ces maisons à étages porte souvent des carreaux et plusieurs portes qui laissent entrevoir le nombre d'appartements.

Il n'est plus à démontrer que les types de charpentes permettent de différencier les ménages périurbains en fonction de leurs revenus. Seulement, cette sociologie spatiale ne se manifeste pas de manière continue dans l'espace périurbain de façon à ce qu'on puisse faire une cartographie juste. Néanmoins, en regard général, les rapports type de maison/revenu/statut du ménage, sont plus logiques à l'échelle des quartiers au moins à 60%. Mais est-ce à dire que ces quartiers sont les mieux structurés ? Nous verrons bien que la réponse est affirmative – au moins en majorité – dans l'étude des paysages en rapport avec les normes minimales d'urbanisme que l'on peut exiger aux processus *« d'urbanisation par le bas ».*

II- La complexité de l'agriculture périurbaine

L'agriculture périurbaine est un concept polymorphe. Si l'on s'en tient à la dépendance urbaine et à l'émergence de nouvelles spéculations, on remarque plutôt une agriculture peu active aux alentours immédiats des villes de l'Ouest. Nous devons donc circonscrire notre type d'agriculture périurbaine en partant des précisions conceptuelles avant d'analyser le contenu des pratiques qui la caractérisent. Il sera question de l'agriculture, de l'élevage et de leurs relations avec les paysages périurbains.

Le concept d'agriculture périurbaine appliqué aux villes de l'Ouest

L'agriculture périurbaine est devenue à elle seule un objet de recherche ces dernières décennies. Son importance grandissante n'est plus à démontrer aussi bien pour les ménages ruraux qu'urbains. Dans le cas de l'Ouest-Cameroun, son développement actuel est à la fois un produit de la croissance urbaine et des stratégies de reconversion post-crise du café.

Malgré la pertinence de la problématique de l'agriculture périurbaine, on hésite encore sur sa définition et plus particulièrement la différence entre cette agriculture et les autres (urbaine et rurale). L'agriculture est une activité par essence rurale, mais pour des raisons connues, elle s'est transposée dans les centres urbains pour prendre le nom d'agriculture intra-urbaine. L'agriculture périurbaine se déroule à la périphérie des villes ou à l'intérieur de celles-ci quand le périurbain est intégré à la ville. Cela suppose au moins deux acceptions : la ville entoure ou envahit un espace rural et son agriculture devient périurbaine sans que les techniques et les types de production changent ou bien l'avancée de la ville transforme les pratiques agricoles pour les rendre plus compétitives et plus compatibles avec les exigences de la ville.

Les définitions fonctionnelles soutiennent la deuxième acception en plaçant au premier plan l'influence urbaine dans la production agricole. Ainsi, on pose que des couronnes agricoles s'alignent autour des villes et qu'on peut lire dans un transect à partir de la ville, la diminution de la rente vers la campagne (Von Thünen). On oublie – et la périphérie des villes de l'Ouest en est la preuve – que l'accès et l'aptitude des sols, les difficultés de transport, ne permettent pas d'admettre cette continuité de l'agriculture périurbaine.

Quand on introduit le rôle des acteurs et la destination de la production agricole périurbaine, on peut encore décliner deux acceptions : l'une soutient le rôle dominant des citadins dans la production agricole destinée surtout à l'autoconsommation, tandis que l'autre soutient la capacité des acteurs ruraux à ravitailler la ville.

En introduisant le type d'activité, l'agriculture périurbaine peut être la production autour des villes des cultures maraîchères, du *« vivrier marchand »,* des arbres et de l'élevage pour la ville. On constate alors que dans la définition de l'agriculture périurbaine, le discriminant principal est la destination de la production et les acteurs. La limite spatiale de l'agriculture périurbaine n'existe donc pas a priori. Elle s'étend jusqu'où les gens ne produisent plus pour la ville. Mais ces milieux existent-ils encore ? Pour travailler sur l'agriculture périurbaine, chacun doit donc définir un espace de travail qui convient à ses objectifs.

Par rapport aux relations urbain/périurbain/rural, l'agriculture périurbaine pose un certain nombre de questions soulevées par Duvernoy et Bacconnier

(2005). Est-ce un front de colonisation préfigurant la ville, un espace de coupure, une barrière environnementale visant à protéger le milieu rural de la ville envahissante ou un espace d'interface servant de communication entre l'urbain et le rural ?

L'agriculture périurbaine qui nous intéresse est celle qui se développe dans l'espace périurbain que nous avons défini, qu'elle soit pratiquée par le citadin ou par le rural. Notre préoccupation principale est la pratique de l'activité et son incidence sur les autres pratiques foncières et les paysages : élevage, agroforesterie et jardinage.

Pratiques de l'agriculture périurbaine

- Le jardinage périurbain s'accommode plus à la rareté de la terre qu'à l'influence urbaine

Le jardinage périurbain pour nous signifie plusieurs réalités dont les discriminants principaux sont : l'intensification agricole et la taille des surfaces engagées. Nous distinguons donc la pratique du jardin de case, du *« vivrier marchand »* et du maraîchage. L'intensification agricole dans le cadre du périurbain est un ensemble constitué de l'augmentation de la quantité de travail dans les parcelles, la densification des cultures et dans une moindre mesure l'augmentation du capital investi.

- La pratique du jardin de case : Nous entendons par jardin de case, tout espace vert en dehors des ligneux, contigu à la maison dans un lot de moins 5000 m². Au-delà et en l'absence de maisons, ce sont les champs. Le jardin de case est caractérisé par l'imbrication de tous les types de cultures participant à l'alimentation du ménage. Les cultures de base sont : le bananier et surtout le bananier plantain, le papayer, les *« condiments verts »,* le taro, l'igname, le maïs et le haricot. Point n'est besoin de chercher à spatialiser cette forme d'utilisation du sol puisqu'elle existe partout où il y a de maisons. Cherchons plutôt à comprendre les fondements de sa pratique qui gène tant les paysagistes fondés sur les modèles occidentaux.

Le jardin de case s'apparente au gazon tondu piqueté de fleurs chez le périurbain des pays développés. Il est un élément essentiel de la vie du ménage et du paysage périurbain. Sa valeur est à la fois économique, culturelle et ornementale. Il exprime les préférences alimentaires de celui qui l'a mis en place et bénéficie alors de tous les soins nécessaires pour que sa luxuriance reste toujours admirable. À partir de l'état du jardin de case, on peut alors apprécier l'état de l'intérieur de la maison et la personnalité du ménage occupant le lot. On dira par exemple qu'un ménage est *« propre »* quand en dehors de l'état des murs et du système d'écoulement des eaux, son jardin de case, confondu à la cour est bien nettoyé. On dira alors que c'est un ménage *« moderne »* et les honneurs iront non pas à l'endroit du chef de ménage, mais à son épouse.[100] À travers l'état du jardin de case, on juge le comportement de l'épouse du chef de ménage et par conséquent le regard sur ses filles ou l'ensemble de la famille. En achetant et en construisant sur son lot, le périurbain se représente un espace vert qu'il entretiendra toute sa vie. Peu importe qu'il change les cultures en fonction du temps. Il crée ainsi un paysage à travers lequel l'étranger peut l'identifier.

- Pratique du « vivrier marchand » : *Le* vivrier marchand est un concept à la mode dans les espaces en mutation comme ceux de l'Ouest-Cameroun (Téné, Tsafack, 2000). Face à la crise caféière, les cultures vivrières locales ont acquis un statut commercial qui permettrait de compenser les effets de la crise, du moins de les atténuer. Ceci passerait par la modernisation visible des systèmes de production et l'éclosion des marchés de distributions plus élargis et mieux structurés (Uwizeyimana, 2009 ; Hatcheu, 2003). On pense d'ailleurs que des filières agricoles se sont formées sur la base de ces cultures, filières dont la durabilité n'est pas encore établie. Dans un paysage agricole périurbain, comment savoir que le maïs ou le haricot produits seront livrés sur le marché ? Si on pose que la crise oblige tout le monde à vendre au moins une partie de sa récolte, on sous-estime les liens sociaux citadins-citadins et citadins-ruraux. En effet, ces liens servent de soupapes de sécurité dans le groupe social si bien qu'en période de crise, un membre du groupe peut être durablement assisté au point de ne pas avoir besoin de vendre ses produits agricoles pour subsister.

Notre espace de *« vivrier marchand »* est celui des champs situés hors des jardins de case. Il peut être mis en valeur par les citadins ou les ruraux vivant dans l'espace périurbain. Il est constitué essentiellement de maïs, de haricot et d'ignames, mais les récoltes ne sont pas forcément destinées au marché. À Mbouda, seulement 8% des ménages pratiquant une agriculture commerciale livrent toute leur production au marché, alors que plus de 80% consomment d'abord une partie avant de vendre le reste. On comprend donc que cette activité réduit énormément le poids de la ration alimentaire, ce qu'affectionnent particulièrement les ménages pauvres. Les espaces de *« vivrier marchand »* se retrouvent dans les vastes quartiers. À Bameboro et à Batang, ils s'intercalent entre les taches urbaines. Le contact entre Nzintia et Batang s'interrompait jusqu'en 1994 d'espaces agricoles. Aujourd'hui, il ne reste plus que le noyau des quatre ménages polygames qui protégeaient cet espace de l'urbanisation. Le chef Bameboro réserve encore le versant sur lequel est implantée sa chefferie comme espace de culture pour ses épouses, mais pour combien de temps, quand on voit l'urbanisation attaquer le versant opposé que sépare la route de Balatchi ? Le chef Bamessingué, lui, n'a pas résisté à cette avancée de la ville. Ses épouses n'ont plus que des jardins de case. Il a néanmoins pu réserver des parcelles complémentaires à l'intérieur du village. Plus loin de sa chefferie

[100] D'après l'organisation des tâches ménagères, on sait que la propreté de la maison revient à l'épouse ou aux filles.

urbanisée, des bandes continues de *« vivrier marchand »* s'étendent à Bamessingué-village. Les bâtiments du Lycée de Mbouda-rural sont par exemple entourés d'un imposant espace de *« vivrier marchand »* cultivé par les proches des enseignants. En prolongement sur la route de Galim, l'observateur est surpris par les *« labours à blanc »*[101] de janvier-février à partir du site de *« l'enfance joyeuse »* jusqu'à la vallée de la *Kouvava*. À Dschang, les espaces de *« vivrier marchand »* se localisent dans les quartiers Litieu, Kemtsop, Mingou, Tchoualé le long du cours d'eau *Menoua* où ils sont souvent interrompus par des parcelles maraîchères (Lémouogué, 2007). Au-delà, on les localise sporadiquement dans les gorges de vallées et les plateaux escarpés de Ngoua ou de Tsinbimg. Cultiver autour de la ville est bien l'objectif de beaucoup de citadines, qu'elles résident dans l'espace périurbain ou urbain. C'est une agriculture qui utilise autant les déchets ménagers biodégradables que les engrais chimiques. La modernisation des techniques n'est pas évidente. On observe après la germination, soit une densification étouffante des cultures, soit des champs non entretenus accusant un déficit de substances nutritives (attesté par la chlorotisation des feuilles) ou carrément un manque de temps (attesté par les parcelles non sarclées). En réalité, il n'y a pas de différence entre les parcelles de *« vivrier marchand »* de l'espace périurbain et les parcelles des ruraux environnants, sauf véritablement l'agriculture spéculative qui se pratique le long des cours d'eau.

Cette similitude s'explique par le fait que de part et d'autre, c'est une agriculture de subsistance qui a gardé les mêmes techniques. Le fait que l'agriculture périurbaine ne soit pas très active s'explique d'abord par le morcellement intense, puis l'épuisement des sols et enfin la concurrence des grands bassins agricoles qui se trouvent dans les Monts Bamboutos, à Galim, sur les rives du Noun et à Foumbot. Les *« citadins-agriculteurs »* de la périphérie immédiate ne peuvent donc pas concurrencer ces bassins de production. C'est pourquoi on est en présence d'espaces qui donnent l'impression d'être insensibles aux enjeux qu'ils portent. La tendance se confirme quand on pense au maraîchage qui fait théoriquement la dynamique agricole des espaces périurbains.

- Pratique du maraîchage et des cultures de contre-saison : La question du maraîchage périurbain, tout comme celle du *vivrier marchand* est d'actualité dans les villes du tiers-monde. Il faut nourrir la population urbaine qui croît de façon exponentielle. Les habitudes alimentaires des citadins favorisent à cet effet l'éclosion d'un maraîchage en compétition permanente avec les autres formes d'utilisation agricole du sol. Autour des villes de l'Ouest, nous définissons le maraîchage comme la culture intensive des légumes au sens large : tomates, condiments verts, choux, carottes, pommes de terre, etc. Nous y

[101] Expression utilisée par Morin (1993) pour désigner les labours avec abattage d'arbres et s'étendant sur des ha. en donnant l'image de paysages d'openfield au milieu des espaces arborés.

associons les cultures de contre-saison. Pour qu'il y ait maraîchage et cultures de contre-saison, il faut donc la présence de l'eau et des centres de consommation. On estime aujourd'hui que parce qu'il y a crise de l'emploi et forte demande en nourriture, les périphéries des villes se sont massivement reconverties dans le maraîchage.

Quand on parcourt les abords des cours d'eau traversant Mbouda, le paysage de maraîchage est limité, pour ne pas dire introuvable. En dehors de Bamessingué-village où l'activité marque la vallée de la *Tamétap*, on ne le retrouve plus que sporadiquement le long des vallées des autres cours d'eau : vallée de la *Mélamboué*, de la *Montchio* et de la *Mangwa*. La dynamique des six GIC qui se sont constitués à cet effet depuis 2002 impressionne encore les agents du Programme national de vulgarisation agricole (PNVRA) qui l'attendaient depuis longtemps. Pourtant, depuis la crise économique, la dynamique des GIC autour des villes n'est plus un phénomène nouveau. À Dschang, en dehors de la vallée de la Menoua où l'on note une spéculation active de surcroît en discontinue – même avec le passage de la route Dschang-Melong – le maraîchage ne devient plus que sporadique dans les gorges humides, ce qui est déjà une évolution qui mérite réflexion.

Les grands bassins de production ci-dessus cités avaient jusqu'alors découragé les dynamiques agricoles aux alentours immédiats des villes. Pour comprendre l'éclosion actuelle du maraîchage autour des villes, nous formulons l'hypothèse selon laquelle le blocage imminent ou apparent des structures foncières dans les bassins agricoles est à l'origine de la redécouverte des fonctions des bas-fonds périurbains. Nul n'ignore en effet les nombreux conflits fonciers qui sont survenus dans ces territoires cette dernière décennie et les stratégies qui ont été adoptées par les *« autochtones »* (Fotsing, 1995 ; Yemmafouo, 2002 ; 2010). En conséquence, les nouveaux acteurs du maraîchage sont contraints de chercher les espaces propices autour de la ville. Ils arrivent ainsi à briser les réticences des propriétaires des bas-fonds et à créer un paysage et une activité appelés à s'étendre au cours des prochaines décennies.

- Une agroforesterie périurbaine marquante et inscrite dans la logique traditionnelle de marquage foncier et d'activité de subsistance

L'agroforesterie est la plantation des espèces ligneuses dans les parcelles cultivées. Dans l'espace périurbain, le trio, avocatier-safoutier-goyavier domine le paysage. Il a progressivement remplacé les arbres d'ombrage introduits par la caféiculture (Gautier, 1994 ; Kuété, 1998). La plantation des ligneux est une pratique qui s'intensifie avec l'occupation de l'espace périurbain. Dongmo (1981) remarque déjà qu'en milieu rural bamiléké, *« la présence de l'arbre s'intensifie avec l'augmentation de la pression démographique »*. Cette réalité est souvent difficile à admettre pour ceux qui ignorent le rôle de l'arbre chez le

Bamiléké. Cependant, cette situation ne dure que le temps d'une occupation lâche.

Les significations de la plantation d'arbres sont nombreuses au point que nous allons nous limiter aux principales qui intéressent l'espace périurbain. Le périurbain, à défaut d'une barrière, entoure toujours son terrain d'arbustes ou d'arbres, même s'il l'a immatriculé. Le rôle de marquage foncier pour l'arbre date de l'établissement des Bamiléké dans leur territoire. Mais dans l'espace périurbain, les espèces de marquage changent. Le tableau ci-après nous montre les types de marquages fonciers autour de Mbouda.

Tableau 19 *: Type de marquage foncier dans l'espace périurbain de Mbouda*

Type de marquage	Périurbain	%
Barrière en dur	60	12.20
Fichus	41	8.33
Arbre de paix	21	4.27
Cyprès	121	24.59
Goyaviers	27	5.49
Eucalyptus	9	1.83
autres grands arbres	8	1.63
Air libre	94	19.11
Mixte	34	6.91
Matériel de récupération	71	14.43
Bois « mort »	6	1.22
Total	492	100.00

Source : Enquête de terrain 2003

D'après ce tableau, cyprès, ficus, goyaviers, arbres de paix sont les végétaux les plus prisés dans la délimitation des terrains périurbains. Parmi tous les types de marqueurs fonciers, le végétal périurbain participe au moins pour 46%. Ceci prouve la place centrale des espèces ligneuses dans les paysages périurbains. Il est vrai que certains diront qu'il ne s'agit que d'une expression de la pauvreté et mieux encore de la ruralisation des villes africaines d'autant plus que les autres modes de délimitation coûtent plus chers, mais la place des ligneux reste centrale, que ce soit à la limite ou à l'intérieur du lot. C'est donc un fait de culture[102] que l'on a souvent tendance à occulter sous le sceau de la pauvreté.

[102] Lire à cet effet un article récent d'Étongué Mayer R. et Soumahoro M. (2010), l'analyse faite par Mambo Paterne Y. (2009), tous montrent que c'est une condamnation hâtive de la ville africaine ou une méconnaissance du Négro-africain. D'ailleurs, ce débat est aussi d'actualité en Europe (Bonerandi E., Landel P.-A., Roux E., 2003).

À l'intérieur des lots, les arbres sont dispersés. Eucalyptus, avocatiers, safoutiers, manguiers, goyaviers font partie des espèces que l'on garde jalousement, d'autant plus qu'elles ont acquis un rôle économique, sans pour autant constituer de véritables activités à temps plein. Le cas de l'eucalyptus est très nuancé : tantôt il disparaît, tantôt il réapparaît mais pas forcément au même endroit. Alors qu'on a rasé tous les eucalyptus du centre urbain et ceux du sommet de la colline de l'Unité, à Lafi 3, une plantation d'eucalyptus qui s'étend sur près de 3 ha retient forcément l'attention : il s'agit d'une plantation commerciale qui rappelle les boisements privés et densifiés du Bamiléké méridional (Tchawa et Demaze, 2002). À Métio et à Montchio 3, nous avons retrouvé des boisements denses allant à trois arbres pour 100 m^2. Dans tous les cas, le morcellement intense confirmé par les clôtures végétales hautes ou basses et les arbres dispersés dans les lots donnent l'allure d'un paysage urbanisé sous ombrage qui renforce la position de ceux qui redoutent leur caractère urbain par comparaison aux ensembles compacts en continus.

Le type d'arbre comme dans le cas des jardins de case donne une idée de la personnalité du chef de ménage et surtout de ses rapports avec la terre. Dans l'opinion populaire, le cyprès, lorsqu'il est régulièrement taillé est le marquage préféré de ceux qui apprécient une certaine esthétique du paysage. L'arbre de paix et le ficus sont les choix préférés de ceux qui affichent leurs soucis de paix. Les arbres fruitiers et surtout l'avocatier et le *Canarium schweinfurthii* (*« fruits noirs »*) sont des arbres-symboles par lesquels s'identifient certains ressortissants de Mbouda, en l'occurrence les Bamougong, les Batcham et les Bangang.

En somme, le paysage global issu des pratiques d'utilisation agricole du sol est stratifié comme le montre la planche ci-après. Les agronomes s'accordent à distinguer trois strates (Gautier 1989, 1993, 1994, Kamga 2002) : la strate arborée se situe autour de 10 m, la strate moyenne (3-10 m) porte les vergers, les caféiers, mais aussi des arbustes à valeur esthétique comme le cyprès, ou nutritive comme le *ndolè*. Dans cette strate s'intègre aussi et surtout les bananiers et les papayers qui ne sont pas des arbustes. En dessous de 3 m, c'est le domaine des cultures vivrières plus ou moins ombrophiles en fonction de la densité de la couverture arborée. Des strates peuvent aussi être établies à ce niveau, en commençant par le maïs pour arriver à la patate douce et les arachides en passant par le taro, le haricot, les légumes et les pommes de terre. Ce mélange diversifié et dense traduit la nécessité pour chacun de disposer de toutes les denrées composant le régime alimentaire autour de son habitation (Dongmo, 1981). L'élevage périurbain est aussi une pratique agricole qui marque le paysage périurbain et renforce l'idée de la ruralité importée en villes.

***Planche 4** :Agro-paysage périurbain : vue de près*

Photo 1: Agropaysagedans la 2è couronne périurbaine. Au ler plan, lot non bâti colonisé par la broussaille après enlèvement du maïs (première strate). Au milieu, la strate 2 composée de cyprès et musa, au 2è plan, les pins constituant la 3è strate (strate arborée).

Photo 2: un jardin de case vu de près. Remarquez les types de cultures, la maison et le puit, le mode de délimitation du lot: draceana manii (arbre de paix) et bois mort entrelacé de bambou

Photo 3: Elevage de porc à l'étable à l'angle de maison: une pratique omniprésente à la périphérie de Mbouda et qui s'arime bien avec l'activité des membres du ménage. Les déjections du porc servent à fertiliser le jardin de case. C'est un élevage à la fois sentimental et commercial. Très peu de personnes vivent sans élever quelque chose, L'élevage est une sorte d'épargne-investissement.

Cliché : Yemmafouo nov. 2003

L'élevage périurbain actif obéit à la demande urbaine

Les périphéries des villes camerounaises d'après nos investigations sont le domaine d'activités d'élevage intensif. De gros aviculteurs comme Élevages promotion Afrique, Complexe avicole Mvog-Betsi, etc. aux actifs de retour des villes, la périphérie est idoine pour la filière avicole et porcine. Les acteurs sont bien organisés et on se souvient de leur mobilisation décisive contre le poulet importé et de leur niveau de satisfaction du marché local. Les ménages modestes ou pauvres s'y adonnent souvent plus qu'au *« vivrier marchand »* ou au maraîchage qui nécessitent des terrains plus vastes. C'est une activité qui, à l'échelle du ménage, s'arrime bien avec celle du jardin de case.

La pratique de l'élevage périurbain est amplifiée par l'idée d'un espace ouvert par rapport à l'espace fermé de la ville. Le périurbain sait par exemple qu'il peut laisser sa volaille picorer dans le jardin et profiter de la réduction des coûts de nutrition. Ses porcs et ses caprins sont élevés à l'étable, mais il sait qu'il peut les lâcher dans son jardin ou le champ du voisin lorsqu'il a la possibilité de contrôler leur mouvement pour éviter les dégâts et les pillages. On se pose des questions sur le sort de l'environnement au regard de l'intensité de la pratique de l'élevage périurbain. Justement, cette activité n'est admise que lorsque les nuisances conséquentes (bruits, mauvaises odeurs) n'atteignent pas un seuil insupportable pour les voisins. La question de la santé des ménages-éleveurs se pose, bien que ces ménages voient rarement un rapport entre leurs maladies et leur activité. Ils prennent des dispositions pour réduire les risques quand on se rend compte que les déjections d'animaux sont par exemple très précieuses pour être négligées par le ménage. La porcherie est nettoyée au moins deux fois par semaine et les déjections stockées sont utilisées dans les champs ou vendues aux agriculteurs à raison de 2 000 FCFA le sac de 60l.

L'intensité de l'élevage dans l'espace périurbain de l'Ouest peut, en définitive, être interprétée comme une compensation à l'agriculture périurbaine non rentable – en considérant qu'elle devrait être destinée uniquement au marché – et en même temps comme une complémentarité à la fois pour le ménage qui a en abondance de la nourriture et pour le marché où l'on a fortement besoin des porcs pour les grandes villes et les funérailles. Cette mise en évidence des caractéristiques de l'agriculture périurbaine permet de conclure sur une activité d'abord d'interface entre le rural et l'urbain mais qui, par la force de la pression foncière, mute en réserve foncière pour la ville. Les parcelles agricoles s'interposent comme des espaces de communication entre le rural et l'urbain (Donadieu, 2004). Leur maintien ou la qualité des produits qu'elles portent traduisent la nature des liens sociaux entre les deux milieux. Le fait que cette agriculture soit peu ambitieuse montre que les agriculteurs périurbains résidents ou *« citadins-agriculteurs »* ne sont pas mécaniquement soumis à la proximité de la ville.

Les activités commerciales que nous avons déjà présentées comme des pôles de la périurbanisation sont très souvent contemporaines à l'occupation de l'espace et dirigent par conséquent les choix des nouveaux arrivants. L'autre activité qui marque le périurbain est celle des carrières. Que ce soit pour le sable ou le gravier, on note autour des villes de l'Ouest un regain de l'activité polluante des carrières et les tensions socio-économiques liées à leur gestion. Nous n'en faisons pas écho dans cet ouvrage.

Chapitre 6

Organisation de l'espace et paysages périurbains

Quels types de paysages produit la périurbanisation des villes de l'Ouest ? Quels sont les référents à partir desquels on doit les lire ? Il n'y a pas de doute sur le fait que c'est l'aspect urbain du paysage qui est notre clé de lecture. Cependant, par rapport aux normes d'urbanisme, cet urbain est-il planifié, spontané ou anarchique ? Dans tous les cas, on verra comme le précisent Étongué Mayer R. et Soumahoro M. (2010), que l'espace urbain africain au sud du Sahara obéit à deux logiques spatiales – formelle et informelle – au bout desquelles s'affrontent et surtout se complètent deux visions du monde. L'analyse commence par décliner les échelles d'organisation de l'espace et d'observation des paysages tout en débattant des a priori du planifié, du spontané et de l'anarchique. Il est clair que pour lire les paysages périurbains actuels, il faut d'abord s'entendre sur les responsabilités des différents acteurs au risque de déboucher une fois de plus sur les apories des études urbaines tropicalistes où la primauté est donnée aux visions alarmistes. Dans cet état d'esprit, on peut mieux interpréter la structure des paysages et esquisser un modèle de périurbanisation pour les villes de l'Ouest-Cameroun.

I- L'échelle du lot : un indicateur du niveau d'implication de l'acteur dans les pratiques foncières

Le lot urbain est l'équivalent d'une parcelle en milieu rural. C'est une *« étendue élémentaire, délimitée et définie par sa double appropriation : propriétaire ou exploitant, affectation du sol »* (Brunet, 1993). À l'ouest, la notion de lot se réfère à un morceau de terrain que l'on affecte à l'usage des citadins : construction de logements, magasins, maraîchage et cultures vivrières, etc. Les documents d'urbanisme précisent la superficie des lots en fonction de leur usage. Dans les zones résidentielles, la superficie des lots est habituellement de 400 m² et à la limite pas moins de 250 m². Nous avons fixé la superficie maximale d'un lot à moins 5000 m² pour tous usages confondus. Au-delà, soit c'est de l'habitat rural dispersé ou groupé, soit ce sont les champs. L'échelle du lot nous permet de montrer les détails élémentaires des paysages périurbains. Pour cela, nous focalisons notre attention sur le COS,[103] la disposition de la maison,[104] du jardin de case et de l'entrée des lots comme le montre la figure ci-dessous.

[103] Coefficient d'occupation du sol.

[104] Ici, la maison englobe toutes les constructions dans le lot, donc l'habitat, y compris celui des animaux domestiques. Nous nous limitons à l'aspect externe des maisons.

Figure 37 : *Occupation de l'espace et paysage à l'échelle du lot*

- ***La maison occupe tout le lot :*** Dans cette organisation de l'espace, la maison occupe tout le lot de façon à ne plus permettre d'autres constructions. La véranda fait office de cour et on peut tout au plus voir 2 billons de 1.5 m chacun portant souvent un bosquet de bananiers. Les trois murs externes servent en même temps de limites du lot et l'entrée de la maison est coiffée d'une barrière de fortune qui sert en même temps de sèche-linge. 25 % des lots sont totalement bâtis. La périphérie intégrée est celle qui présente les pourcentages les plus élevés. On estime que les conditions d'occupation de ces quartiers seraient à l'origine de cette occupation totale de l'espace par l'habitat. Mais on se rend compte que les écarts avec la périphérie moyenne sont faibles. C'est donc l'idée de la vocation des espaces périurbains en temps qu'espace de construction qui se renforce. On cherche avant tout où se loger en fonction des moyens, comme l'indique la notion de *« chez soi »*. Les petits lots, tout comme les grands, sont aussi totalement construits en désaccord avec les normes d'urbanisme.

Figure 38 *: Rapport spatial entre la maison et le lot dans l'espace périurbain de Mbouda*

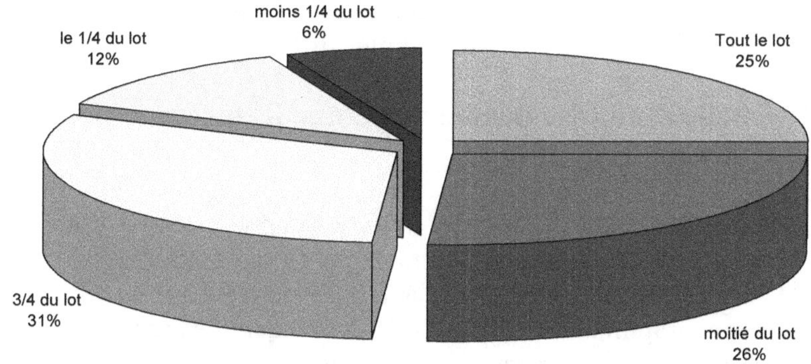

- La maison occupe les ¾ du lot : C'est l'organisation spatiale la plus répandue à la périphérie de Mbouda (31%). Le ¼ de la surface restante forme soit la cour, soit le jardin et le plus souvent les deux. Cette organisation spatiale apparaît comme le modèle standard de la périphérie de l'Ouest. Or, selon les normes d'urbanisme au Cameroun, le COS se situe habituellement en 40-60% en fonction des quartiers. Elle montre le souci insuffisant du périurbain à vouloir conserver un jardin de case nécessaire à son épanouissement. Ce jardin, qu'il porte un pied de maïs ou des fleurs, a un intérêt qui va au-delà du visible pour englober des secteurs plus vastes comme la médecine naturelle ou les pratiques magico-religieuses. Ce standard est accepté par les normes d'urbanisme.

- La maison occupe la moitié du lot : 26% de périurbains préfèrent cette organisation de l'espace. Les lots de taille moyenne (40 * 30 m) ont leur moitié totalement consacrée au jardinage. Il s'agit d'une réserve qui pourra être revendue ou sur laquelle on projette de construire une maison à titre locatif quand *« la ville sera bien installée »*. Cette organisation est la mieux représentée dans les quartiers périurbains vastes.

- La maison occupe le ¼ ou moins du ¼ du lot : C'est une organisation économique de l'espace fondée sur la préservation du lot. 18% de ménages périurbains sont dans cette situation. Trois cas se posent : dans le premier, on construit dans un souci de préservation du lot, donc dans l'attente de moyens nécessaires à la construction d'une grande maison : la maison construite est souvent à une pente. Elle ne sera pas détruite au moment de la construction de la plus grande ; c'est pourquoi elle est toujours élevée sur une des limites du lot. C'est en fait, soit le futur magasin, la future cuisine ou la future dépendance locative à l'approche de la retraite. Le second cas représente celui des périurbains qui ont eu la chance d'acheter des lots plus vastes (supérieur à 1200 m²). Ils savent qu'ils devront procéder à de nouveaux morcellements le moment venu. Le dernier cas et le plus significatif, est celui des périurbains autochtones. Les lots dont ils disposent sont des héritages familiaux. Ils y planifient leur existence, d'où l'absence de morcellement. Mais, on ne peut s'empêcher de poser la question de savoir s'ils pourront résister longtemps à la pression de la ville, amplifiée par des conditions de vie plus difficiles.

II- L'échelle d'un bloc de quartier : une lecture spatio-temporelle de la périurbanisation

À l'échelle d'un bloc de quartier (figure ci-après), la rue principale et la topographie sont des éléments structurants de l'organisation de l'espace. Très souvent, la rue principale se superpose à la ligne de crête qui sépare la colline en deux unités topographiques. À partir de là descendent des servitudes qui relient les maisons de bas de versant. Tout naturellement, ces maisons sont plus récentes et leur occurrence dépend du rythme d'occupation de l'espace. L'occupation d'un bloc de quartier sur un versant commence par le 1/3 supérieur. Il est souvent réservé aux propriétaires autochtones ou aux premiers occupants. Le passage de la route principale transforme les terrains alentours en terrains commerciaux, et donc augmentent leur valeur. Les occupants de deuxième génération occupent les 2/3 inférieurs du versant. On y retrouve à la fois les héritiers qui n'ont pas eu la chance d'être situés en bordure de la route principale et les premiers acheteurs allochtones. Ces derniers sont installés généralement dans les années 1980-1990. Ils ont alors eu l'occasion d'acheter les lots assez vastes allant jusqu'aux abords des raphiales. Les troisièmes occupants parachèvent l'occupation en s'installant au 1/3 inférieur du versant : c'est la *« génération 1990-2000 »*. Tel est le cas de l'organisation spatiale sur les blocs périurbains des axes routiers nationaux qui traversent et structurent les entrées des villes, par exemple, l'axe Bamenda-Mbouda-Bafoussam, Bafoussam-Dschang-Melong-Bafang.

Figure 39 : *Occupation de l'espace et élément de paysage à l'échelle d'un bloc de quartier*

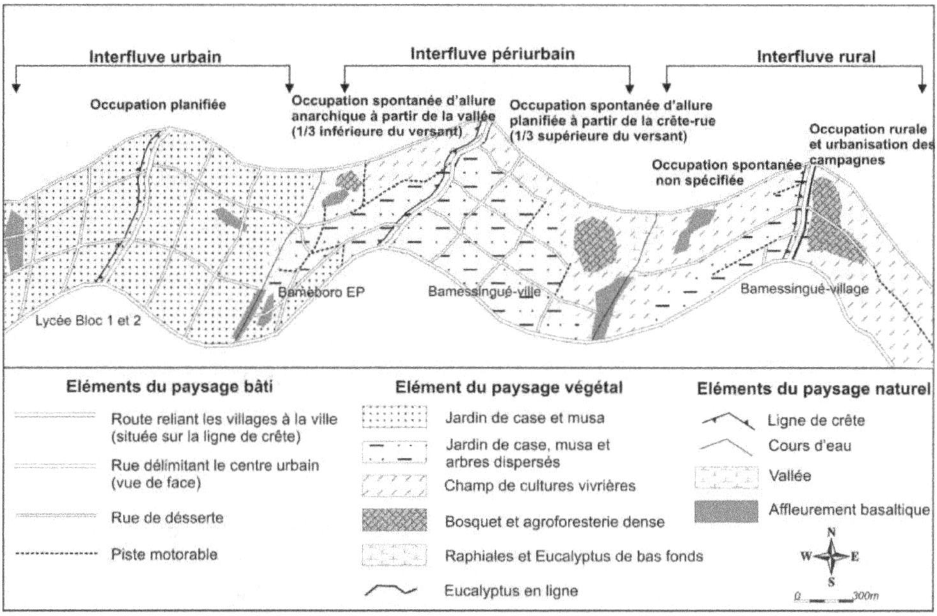

Cette organisation n'est pas uniforme partout. Les blocs appartenant aux quartiers ruraux en cours d'urbanisation offrent deux situations : dans la première, les 2/3 inférieurs du versant sont dominés par l'agriculture périurbaine que rompent quelquefois des hameaux de cases rurales ou de maisons modernes isolées. Ces maisons sont des résidences secondaires des fils du lignage du propriétaire. Elles témoignent à ce moment d'un morcellement par héritage. Dans le cas contraire, c'est un morcellement par vente. Tel est le cas sur le bloc qui porte l'école publique de Batang. Dans le second cas, la position du bloc par rapport au front d'urbanisation justifie une occupation progressant du bas vers le haut du versant, de la vallée vers le sommet des collines. C'est généralement lorsque le versant urbanisable est achevé que l'urbanisation traverse la vallée pour s'attaquer au versant rural. C'est le cas du bloc de l'école publique de Bameboro-village.

III- L'échelle du quartier

C'est à cette échelle que l'on identifie clairement les disparités[105] sociales de la périurbanisation. *Le quartier est une entité ethno-démographique, économique et sociale, de création tantôt volontaire et tantôt spontanée, projetée sur un espace physique qui en détermine en partie l'aspect et les*

[105] Nous disions précédemment que ces disparités étaient plus mitigées à une échelle plus grande.

limites. C'est dire que les activités et la vie du quartier se traduisent par un paysage particulier, un type d'urbanisme et d'habitat aisément identifiable. Le quartier est une fraction de la ville vécue par ses habitants ».[106] Il devient le fruit d'une perception de l'espace où l'habitant se sent le plus en sécurité, chez soi, chez les siens. C'est donc le deuxième niveau d'expression du « chez soi » après la maison. L'espace vécu est socialisé et chaque membre du groupe s'y retrouve et s'y identifie. On représente mentalement son quartier au-delà des limites administratives et physiques ; on connaît son quartier, on le maîtrise, sait ce qui s'y passe, y compris la vie des hommes, les pratiques foncières et les paysages. Nous avons retenu le fait urbain et principalement le niveau d'équipement comme élément structurant de l'organisation spatiale à l'échelle des quartiers : standing de l'habitat et les infrastructures collectives (eau, électricité, point commercial, écoles). Cette organisation dépend de la proximité du quartier de la ville, mais aussi et surtout de son accessibilité et de l'offre foncière. Les quartiers périurbains mitoyens de la ville légiférée sont alors plus urbanisés que les plus éloignés.

Cette évidence n'est guère surprenante a priori. On se rend compte a posteriori que les quartiers qui bordent la ville sur de longues distances ne sont pas tous urbanisés sur leurs limites avec la ville légiférée. Par contre, à l'intérieur de ces quartiers, on relève des taches urbaines autonomes et bien équipées qui contrastent avec le paysage rural en contact abrupt avec la ville. C'est le cas du contact entre le quartier urbain Lycée bloc 2 et Bameboro-village. La tendance générale est à la concentration des citadins à revenus élevés et à revenus moyens dans les quartiers les mieux pourvus en infrastructures : ainsi se présentent les quartiers Banock 2 et Lafi 3.

IV- L'échelle du périurbain : les ambiguïtés sur l'occupation spontanée et anarchique

Dans le domaine de la géographie urbaine, les notions *« d'anarchique »* et de *« spontanée »* sont souvent utilisées sans que l'on ne précise exactement leurs sens, ou simplement elles sont confondues avec d'autres choses. Plus particulièrement, les urbanistes tropicaux les utilisent pour désigner l'absence de planification dans les processus d'extension urbaine. Ils parlent très souvent d'habitat *« spontané »* et *« anarchique »* pour désigner la ville indigène par opposition au modèle de ville occidentale. Ils l'utilisent aussi pour désigner l'entassement des maisons de standings inférieurs à des modèles standardisés sur la base de la maison en dur, de la voirie et des réseaux divers. C'est la planète des *« slums »* comme le dit si bien Mike Davis (2006). On a tendance à montrer que tout ce qui est spontané est anarchique et vice versa.

---

[106] Bruneau cité par Assongmo (2002), *ibid.*, p.106.

Le spontané désigne une action qui se produit de soi-même, sans intervention extérieure, sans calcul, sans détour (Larousse). Plus qu'une action, c'est une réaction du moi face à une pression socio-économique ou politique. Cela ne permet pas de réduire le spontané à l'involontaire ou au lentement élaboré (Brunet 1993). Le spontané exprime une volonté, un esprit de liberté, de faire sans contrainte extérieure. Et c'est là le problème : la réalité que l'urbanisation ou la ville doit être réglementée et organisée rationnellement fait l'unanimité. Pour autant, rien ne condamne les transcriptions spatiales des volontés individuelles ou collectives à l'irrationalité. La spontanéité ici répond à un besoin social non comblé. Nous ne voyons le spontané que par rapport aux plans prédéfinis, parfois supposés. On pense alors que le spontané est synonyme de désordre que l'on doit combattre. Ce désordre, nous l'assimilons à l'anarchique. Tout cela ne participe-t-il pas du *« monde des idées reçues »*, pour paraphraser le titre de l'ouvrage de Courade (2006) intitulé *« L'Afrique des idées reçues »* ? Nous insistons encore sur le fait qu'après un demi-siècle d'indépendance et donc d'urbanisation, on devrait reconsidérer certains paradigmes de la géographie africaniste quelles que soient les situations des pays, car des progrès existent, même s'ils sont encore épars.

L'adjectif anarchique qualifie un désordre par rapport à un ordre idéal. Il nous semble que l'on confond occupation à risque et occupation anarchique. L'occupation anarchique des villes africaines n'est qu'une stratégie pour pallier un déficit de l'action urbanistique. Si ce terme est aujourd'hui un peu désuet, c'est peut-être parce qu'à l'extrême, il exprime un jugement de valeur. L'occupation anarchique des espaces est sans doute un fardeau qui pèse et pèsera encore dans le processus d'urbanisation des cités africaines, mais elle n'est pas obligatoirement le produit final de l'occupation spontanée. C'est vrai que quand on lit *« Planet of slums »* de Mike Davis (2006), c'est l'horreur et la pitié que l'on éprouve face aux logements inacceptables, voire inhumains dans les villes du tiers-monde. Ce sont là des cas de pauvreté extrême qui ne doivent pas pour autant faire croire que tout est pareil quand les individus s'installent d'eux-mêmes.

On a bien raison de craindre l'occupation anarchique, mais on n'a pas suffisamment réfléchi sur le fait que les individus dans leurs agissements singuliers pouvaient en fin de compte créer des espaces structurés et viables. On gagnerait mieux à combattre essentiellement l'occupation à risque, puisque les formes d'occupation spontanée et anarchique obéissent tout simplement à des logiques qui échappent à l'ordre rationnel. Pourquoi vouloir absolument des maisons en dur ou des rues, voire des boulevards dans un espace urbain où les occupants au regard de leurs priorités de vie n'en ont pas besoin ? Certes qu'on nous parlera de prévisions, mais pour quelles finalités ? Pourquoi voir dans la mixité du paysage urbain des quartiers des villes africaines une tare de l'urbanisation africaine sans en analyser les conditions d'occupation et les types de relations sociales entre riches et pauvres ? À la limite, on tend à refuser le statut de citadin à ces habitants et à marginaliser leurs quartiers par rapport aux quartiers modèles qui du reste ne le sont que pour un temps.[107] En continuant dans la même logique et en les rapprochant aux modèles métropolitains, on risque de ne voir que des bourgades à la place des petites villes parce qu'elles ne disposent que de petites infrastructures. Cet angle de regard tronque l'analyse de l'urbanisation actuelle.

Nous pensons avec Piermay (1993, 2002, 2003, 2007) qu'en reprenant l'urbanisation africaine actuelle suivant une approche frontière distinguant la *« ville européenne »* ou *« légiférée »* de la ville créée par le *« bas »,* on identifierait mieux les innovations, voire des inventions urbaines qui ont cours dans le périurbain africain. Il ne s'agit pas de continuer à justifier la dichotomie ville légiférée/ville illégale, ni de quitter brutalement de l'urbano-pessimisme colonialiste à un urbano-optismisme béat ou soudain, mais de lire et de caractériser objectivement les évolutions actuelles sans parti pris et dans leur cohérence avec les sociétés qui l'habitent pour enfin mettre un terme à la division. L'approche frontière préconisée nous semble une entrée avantageuse pour mieux caractériser la périurbanisation africaine (encadré ci-après). Elle nous introduit dans les espaces de compromis où l'on ne cherche plus la cohérence des systèmes formalisés, mais les combinaisons durables qui permettent de recomposer un territoire dans lequel les acteurs se reconnaissent comme tels.

---

[107] Le statut de quartier planifié ou structuré est temporel dans la mesure où l'on constate parfois une dégradation sensible des infrastructures qui justifie cette dénomination. L'exemple des quartiers SIC à Yaoundé ou à Douala en est un exemple, même si on se ressaisit parfois en corrigeant le tir, cela prouve au moins que l'indice de valeur n'est pas stable.

Encadré 7 : *Regard sur la frontière et l'invention comme deux nouvelles approches pertinentes dans l'étude des milieux d'interface en géographie*

L'invention est *« l'art de produire par ses propres moyens un élément, un objet ou un processus original ou l'art de produire ou de créer en utilisant son imagination »* (A. Moles 1996). Elle est en même temps *« une opération intellectuelle tendant à rendre compte de façon novatrice d'une réalité pour agir dessus, et développée, soit pour organiser le futur, soit pour légitimer le passé »* (Kammerer et Vitoux, 2002). Une invention suppose d'après le sociologue Y. Barel que l'acteur-inventeur soit confronté à deux logiques inconciliables qu'il doit faire cohabiter. C'est donc dans des situations bloquées, sans issue que la contrainte d'innovation ou d'invention surgit. Ces situations sont les catalyseurs du changement urbain. Cependant, affirme J.L. Piermay (2002), *« ces inventions sous l'emprise de la nécessité et de l'urgence ne doivent pas être prises comme de grandes découvertes, mais plutôt comme des assemblages souvent baroques d'éléments venus d'ici et d'ailleurs, alliages d'anciens et du neuf... »*. Il poursuit (2003) : *« Il n'est possible de parler d'invention que s'il y a dépassement du stade basique de la débrouille, souvent prédatrice de son environnement. [...] L'invention de la ville semble être en bonne part une question d'expérience »*. Elle se ferait donc aux frontières, autorisant alors des interactions et des résistances d'après M. Marié (1998). En 2007, Piermay insiste et dit : *« Travailler sur l'invention, c'est donc travailler sur le changement, un changement qui se fait rarement de manière radicale, qui se mène de manière complexe à ce qui préexistait en constituant des hybrides, des entre-deux, ... L'invention de la ville est donc celle de la manière de vivre en ville, de vivre la ville, de gérer la ville, une invention qui en définitive fait et refait la ville en permanence »*.

R. Pourtier (2001) dans son ouvrage *« Les Afriques noires »*, remarque qu'il n'est pas rare que l'urbanisation périphérique épouse les principes élémentaires de géométrie ; il attire l'attention sur les conclusions hâtives sur les concepts de spontanéité et d'anarchique que l'on a souvent tendance à juxtaposer pour qualifier les processus d'urbanisation. *« Ville légale »* et *« Ville illégale »* doivent être nuancées dans le contexte d'urbanisation actuelle.

La notion de frontière et l'approche qui en découle, sont des axes de recherche en géographie à l'heure actuelle où les frontières des États s'estompent dans les regroupements régionaux ou encore plus dans la mondialisation. À l'université de Strabourg, Piermay anime depuis 1997 une équipe de recherche sur les rapports à la frontière des espaces de l'entre-deux. La frontière est appréhendée comme le lieu de l'innovation territoriale au regard du brassage socio-spatial qu'elle suppose. Au-delà de l'objet spatial, la frontière est donc une construction sociale qui évolue dans le temps. En tout lieu, la frontière signifie une rupture sociale et politique, c'est-à-dire des modes de gestion et de représentation de l'espace. La cohabitation aux confins des frontières conduit alors à la formation d'un territoire de compromis servant de communication entre les groupes distincts. C'est donc les blocages à la frontière qui obligent à l'invention, à l'innovation par les acteurs, donc à des compromis sur les valeurs et les rôles.

Près de ¾ de la population urbaine africaine est d'ailleurs concentrée dans des espaces d'occupation spontanée et/ou anarchique. D'après les chiffres de l'ONU-Habitat (2004), 78% de la population urbaine des Pays Moins Avancés (PMA) vivent en situation d'irrégularité foncière et immobilière. Au même moment, l'ONU-Habitat remarque que le pourcentage des citadins dans cette situation a connu une augmentation de 36% dans les années 1990. Cela prouve évidemment qu'il existe un système de fonctionnement de ces espaces dont on sous-estime les logiques. Pourquoi ne pas alors prendre l'occupation spontanée et anarchique comme un ordre dont on ne maîtrise pas encore les fondements ? (Assako, 2000). À partir de l'intérieur de ce qu'on qualifie de *« spontané »* et/ou *« d'anarchique »,* on pourrait mieux chercher à en comprendre les fondements et se doter des moyens de le combattre. L'occupation spontanée et anarchique serait alors prise comme une occupation de l'espace par les citadins sans plan prédéfini. Cela nous prive des préjugés sur la spontanéité d'abord, puis sur l'anarchique et nous oblige à concentrer nos efforts sur l'occupation à risque. Nous soutenons que les principaux indicateurs de l'organisation des espaces urbains sont leur fonctionnalité vue de l'intérieur, la qualité de l'environnement et le cadre de vie. Comparativement à ce qui est planifié, l'organisation de l'espace périurbain de l'Ouest et les paysages qui en découlent tendent à montrer comment l'expression spatiale du spontané et de l'anarchique font souvent l'objet de généralisation abusive. Il vaut mieux d'ailleurs opposer plutôt le *« planifié »* au *« non planifié »* comme le préconise Brunet (1993). Dans les processus d'aménagement de l'espace urbain des villes africaines, nous devons aussi reconnaître un niveau optimal que les acteurs de base qui font la ville en lieu et place de l'État ne peuvent dépasser. C'est à ce moment que les paysages urbains qu'ils produisent peuvent être mieux appréciés.

Dans l'espace périurbain de l'Ouest, il existe aussi bien des espaces d'occupation planifiée par l'État comme par les promoteurs privés, que ceux d'occupation spontanée et semi-planifiée, des espaces d'occupation spontanée et anarchique et ceux d'occupation non spécifiée. Les cas relevés à Mbouda s'illustrent davantage.

- Les espaces d'occupation planifiée : Ce sont les espaces faisant l'objet d'un plan d'aménagement réalisé par les structures techniques compétentes en matière d'urbanisme : plan en damier (le plus prisé), rues, réseau d'assainissement, espaces verts, espaces pour infrastructures socio-urbaines, etc. Il s'agit des quartiers faisant partie du périmètre urbain envahis par les populations pendant les troubles de l'indépendance et qui ont été restructurés de force par les autorités. C'est le cas de la zone Mission catholique à Dschang. Hors du périmètre urbain initial, les lotissements privés comme celui de Vanlier à Tsui, le lotissement communal du quartier Lafi 3 à Mbouda. Les services départementaux de cadastre confirment une augmentation des lotissements privés formels et informels. O6 dans le périurbain de Mbouda, 04 dans celui de Dschang, 03 respectivement à Bafang et Bangangté. Les promoteurs privés soucieux de tirer le meilleur profit de l'extension urbaine sollicitent un plan d'aménagement de leur terrain avant de procéder aux ventes. D'autres, en l'occurrence les périurbains *« autochtones »,* y sont contraints à l'occasion des partages successoraux litigieux, comme nous le verrons dans les analyses détaillées.

- Les espaces d'occupation semi-planifiée : Certains acteurs fonciers périurbains ont su par imitation prolonger le système d'organisation de l'espace urbain planifié dans leur territoire sans solliciter une intervention des services techniques. Plus précisément, certains chefs locaux ont mis leur pouvoir à contribution pour imposer le traçage des rues dans leurs quartiers *« envahis »* par la ville. C'est le cas du quartier Bamessingué-ville et du quartier Banock 2. C'est aussi le cas du quartier *« Bafang »* sur la rive droite de la *Montchio* au niveau de Tsoumontchio. À l'échelle de l'îlot, les riverains des propriétaires fonciers ayant décidé de planifier l'urbanisation de leurs secteurs ont été contraints de prolonger les rues créées pour desservir leurs lots. En parcourant ces quartiers semi-planifiés, on est impressionné par l'organisation de l'espace et les paysages. Certes, il ne s'agit pas d'une organisation parfaite selon les normes d'occupation planifiée, mais d'une occupation qui montre des signes de rationalité rarement reconnus aux formes d'occupation spontanée : rues limitant des îlots bien accessibles, réseaux de drainage, accès aux infrastructures socio-urbaines, cadre de vie décent.[108] Tout cela est le plus souvent l'œuvre du comité de développement du quartier ou des particuliers dotés d'un certain pouvoir.

- Les espaces d'occupation spontanée et anarchique : Les périphéries des villes de l'Ouest bien que jeunes et modestes n'échappent pas aux formes d'occupation anarchique reconnues aux villes du tiers-monde. La première couronne périurbaine est le premier gîte de l'occupation anarchique comparable aux Matanda de Douala (Mainet, 1985) ou aux Elobi de Yaoundé (Assongmo, 2002). Le flux des migrants fuyant les troubles de l'indépendance ou encore à la recherche du travail dans les villes nouvellement créées justifie cette première génération d'occupation anarchique que la restructuration n'a pas pu transformer entièrement : c'est le cas de Lépi 1 et 2, Montchio 3 et Lafi 1. C'est le cas de Foto-Newtown ou du Quartier de la CAPLAME à Dschang.

L'occupation spontanée et anarchique actuelle procède d'une logique de redéploiement des villes entre l'essor du café et la réussite du commerce post-crise du café. En effet, le succès de ces deux moteurs du développement de la ville a contribué au cumul d'une masse de migrants que les structures foncières et d'aménagement de l'espace n'ont pu loger. Du coup, les propriétaires fonciers périurbains sous la pression des besoins urgents et du gain facile ont cédé des espaces au rythme de la récurrence desdits besoins, sans tenir compte de la structuration des espaces pour les besoins à venir. Aujourd'hui, on observe

[108] Ici, nous évitons de parler de standing de l'habitat, car même dans la pauvreté, un habitat décent suffit à caractériser les normes urbaines. Précisons en plus qu'une occupation planifiée dans le cadre de nos villes ne l'est que dans le temps, car elle peut facilement passer à une occupation anarchique si la vigilance des autorités chargées du contrôle baisse.

la marche vers le blocage au fur et à mesure que les maisons se construisent. La résultante est le nombre de conflits qui se multiplient dans les quartiers au sujet des rues, sur les versants, au sujet des limites de lots et dans les lots, au sujet de l'opacité des droits et devoirs des vendeurs et des acheteurs.

- Les espaces d'occupation spontanée non spécifiée : Il serait simpliste de croire que l'occupation de l'espace périurbain s'arrête au planifié et à l'anarchique. Il existe des espaces d'occupation spontanée simple, sans ordre ou sans désordre précis. En effet, on ne dispose pas d'indicateurs suffisants pour qualifier cette forme d'occupation. Sur un versant en cours d'urbanisation par exemple, peut-on qualifier de planifié ou d'anarchique le fait que les cinq premiers ménages s'installent dans leurs lots sur une portion quelconque du versant ? Il faudrait interroger le vendeur de terrain ou attendre que les autres occupants s'installent, que les densités d'occupation posent les problèmes d'accessibilité et d'équipements divers pour enfin qualifier le type d'occupation. Ces espaces sont localisés le plus souvent au contact de l'espace rural. Ce sont aussi les enclaves de ruralité qui résistent et s'intègrent mal au phénomène urbain.

En somme, l'occupation de l'espace périurbain montre un espace dynamique qui intègre à la fois les notions d'ordre et de désordre, la première notion étant a priori très peu reconnue aux villes africaines, ainsi que leurs périphéries. Les paysages qui en découlent suivent la même logique et on peut les classer en paysages urbanisés sous plan d'aménagement formel, paysages urbanisés sous plan d'aménagement informel et paysages urbanisés sans plan.

V- Étude détaillée de la diversité des paysages périurbains

Les cas illustratifs de cette partie sont essentiellement tirés de Mbouda. Nous avons voulu rester dans notre démarche explicative à partir des cas les plus illustratifs. Il s'avère qu'ils s'enchaînent de façon systémique pour permettre de mieux comprendre les rapports périurbanisation-foncier-paysages. Ils sont les plus caractéristiques d'après nos enquêtes et nos entretiens avec les responsables des services déconcentrés de l'administration. Nous faisons toutefois appel aux autres cas dans d'autres villes, afin de maintenir la cohérence d'ensemble de notre analyse à l'échelle de l'Ouest.

Paysages de quelques quartiers formellement planifiés

Les paysages urbanisés sous plan d'aménagement formel (PPAF) comme nous les nommons sont le résultat d'une occupation planifiée de l'espace par les pouvoirs publics ou les promoteurs privés. Quatre exemples nous permettent de les comprendre : le paysage restructuré du quartier Tsoumontchio, le paysage du quartier Lafi-Haoussa et deux paysages de lotissements privés.

- Les quartiers restructurés : le cas de Tsoumontchio

Tsoumontchio est un quartier à la limite du périmètre urbain initial. Il fait donc partie de la ville légiférée, sauf qu'il a été anarchiquement occupé pendant et après les troubles. Nous avons pris son exemple pour illustrer la situation de l'ensemble de ces quartiers que l'on retrouve dans toutes les villes de l'Ouest ayant subi les conséquences de la guerre d'indépendance. Au début des années 1980, les autorités ont décidé de restructurer l'ensemble de ces quartiers pour une meilleure intégration dans la ville selon les plans d'urbanisme élaborés vers le milieu des années 1970. La restructuration n'est pas propre aux villes de l'Ouest. Les marques de cet urbanisme de « rattrapage » sont omniprésentes dans les villes d'Afrique subsaharienne. Chabi (2010) a montré le douloureux processus de restructuration post-périurbanisation dans l'agglomération de Cotonou. À Abidjan, on réalise les blocages de la planification urbaine face aux pratiques résidentielles des citadins. L'appropriation de l'espace public, les morcellements villageois anarchiques et les lotissements semi-clandestins ne sont que les conséquences d'une coexistence de droits fonciers coutumiers et modernes, et des procédures inefficaces dans l'attribution des parcelles et des logements (Aloko-Nguessan et Ndahoule-Yao, 2010). Le lotissement que nous avons choisi pour illustrer notre propos a une superficie de 5729 m^2 comme l'indique la figure ci-après. Le bilan de restructuration est plutôt satisfaisant : aucune maison détruite, 22 lots créés et deux nouvelles servitudes qui complètent l'accès à tous les lots. L'absence de maisons détruites témoigne du fait que malgré tout, les occupants ont gardé une logique d'occupation que les services techniques ont pu sauvegarder. C'est dire que l'occupation anarchique n'a pas atteint à ce niveau des seuils irréversibles comme dans les grandes métropoles où les tentatives de restructuration supposent le délogement des centaines de familles. Par contre, la restructuration des quartiers Haoussa, Lépi 1 et 2 n'a été que partielle, en raison des très fortes densités d'occupation et du manque d'espaces de recasement. Le lotissement de Lafi-Haoussa que nous allons voir a été insuffisant pour recaser tous les ménages à déguerpir.

***Figure 40** : Paysage urbanisé sous plan d'aménagement formel : cas d'un îlot restructuré à Tsoumontchio*

L'irrégularité des formes de lots et la position anarchique des maisons par rapport au lot sont les traces d'irrationalité que l'on peut déceler dans ce paysage. L'objectif de la restructuration n'étant pas la réfection des maisons, ce paysage restructuré est à mettre à l'actif des services techniques de l'urbanisme qui ont bravé l'opposition des occupants qui au départ ne voyaient qu'une opération de déguerpissement. La situation foncière était bien tendue dans ces espaces occupés à la hâte. Certains notables ont pu extorquer une sorte de *« taxe »* à l'installation aux nouveaux venus en leur faisant croire que ces terrains leur appartenaient. Ainsi, au moment de lotir, les autorités locales ont dû affronter le mécontentement de ces occupants. En considérant l'attribution des lots acquis à leur profit, les autorités locales les invitaient à régulariser leur situation foncière. Outre une opération technique, c'était aussi une opération fiscale visant à obliger ces occupants à acheter les terrains qu'ils occupaient. Mais jusqu'à nos jours, certains ne se sont pas toujours acquittés de ce devoir.

- Le lotissement municipal de Lafi-Haoussa

Lafi-Haoussa est un morceau du quartier Lafi 3 loti en 1984 pour recaser les membres de la communauté haoussa déguerpis lors de la restructuration[109] du quartier Haoussa 1 et d'autres populations dans la même situation. Précisons que ce quartier n'est séparé du quartier Haoussa 1 que par la *Mangwa*. Ce qui est idéal pour les déguerpis musulmans soucieux de ne pas s'éloigner de leur mosquée. Quelques-uns occupent d'ailleurs le quartier avant l'opération de lotissement. En accord avec le chef de quartier Lafi 3, le sous-préfet et le maire y ont procédé avec l'aide des services techniques au lotissement et à l'installation des populations avant que la procédure d'incorporation du terrain dans le domaine de la mairie ne soit achevée. Au total, 67 lots géométriques, des servitudes adéquates, une borne fontaine, l'électricité et plus tard une source aménagée sur les affleurements rocheux encombrant le cours de la *Mangwa* (figure ci-après). L'école publique de Lafi 3 est venue au milieu des années 1990 achever le processus d'urbanisation de l'ensemble des quartiers Carrière-Lafi 3-Haoussa 2. Malgré la diversité de l'habitat et des modes de connexion au réseau électrique, ce paysage, tel qu'il se présente actuellement, est conforme au minimum que l'on puisse exiger.

Le véritable problème aujourd'hui est celui du statut juridique des terrains occupés dans ce lotissement qui, en réalité, n'en est pas un, d'autant plus que la mairie n'a pas poursuivi la procédure de lotissement jusqu'à son terme. Pour l'instant, toute procédure d'immatriculation est suspendue en raison de la procédure de lotissement toujours en instance. Mais il est bien curieux que certains enquêtés disposent des titres fonciers.[110] L'autre problème dans ce lotissement c'est que la majorité des occupants actuels ne sont que des acheteurs de seconde main. En effet, après avoir acquis les lots, près de la moitié des Haoussa les ont revendus illicitement au moins pour deux raisons : la première est liée à la constante mobilité qui caractérise cette communauté qu'on voulait stabiliser à tout prix. La deuxième c'est le prétexte de l'éloignement par rapport à la mosquée, qui était pourtant à moins d'un kilomètre et demi. En réalité, il se posait au début un problème d'infrastructures et peu d'Haoussa souhaitaient vivre dans un milieu enclavé. C'est pourquoi les terrains reçus ont été revendus à vil prix et beaucoup le regrettent aujourd'hui.

Du côté des autorités municipales, il apparaît clairement qu'après avoir réalisé les opérations de recasements et surtout de ventes des autres lots, il n'y

---

[109] Nous n'avons pas retrouvé les plans de restructuration pour savoir le nombre de terrains touchés et le nombre exact de personnes déguerpies.

[110] Il serait bien possible qu'avant que les autorités en charge de la gestion foncière ne prennent cette décision, des procédures d'immatriculation soient passées inaperçues.

avait plus d'intérêt à poursuivre la procédure de lotissement. L'hypothèse de vente est d'autant plus plausible que certains affirment avoir acheté leurs lots à la mairie ou au chef de quartier Lafi 3. Le recasement aurait été plus un prétexte pour vendre les lots qu'une simple opération urbanistique. Dans ces conditions, on comprend pourquoi les autres maires n'ont jamais cru nécessaire de poursuivre la procédure jusqu'à nos jours. Pourtant, ces terrains n'ont jamais été officiellement achetés. Une remise à jour du dossier de ce lotissement laisse entrevoir des revendications socio-foncières qu'aucun maire ne voudrait endosser au risque de perdre son électorat. Quoi qu'il en soit, le paysage produit est bien structuré ; seule la situation foncière des occupants actuels reste incertaine.

Figure 41 : *Paysage urbanisé sous plan d'aménagement formel : cas du lotissement de Lafi-Haoussa*

- *Le paysage des lotissements privés*

La problématique des paysages dans les lotissements privés est peu différente des cas précédents. Ici, seuls les mécanismes d'accès aux lots changent. La matérialisation des rues sur le terrain se fait suivant le rythme de l'occupation. En général, elle ne pose de problème, qu'au cas où des occupants de mauvaise foi empiètent sur la rue. Heureusement, le plan de lotissement est toujours disponible pour ramener les dissidents à l'ordre. Nous avons choisi deux cas de lotissements privés pour illustrer notre propos.

- *Le paysage du lotissement de Pierre*

Pierre est un ancien maire de la ville de Mbouda. Il est donc non seulement une personne-ressource, mais aussi un acteur de la périurbanisation. Vers la fin des années 1970, il achète un lot de 1,9 ha au quartier Bamessingué-Carrière. Ses fonctions de maire lui donnent la facilité de procéder au lotissement de ce terrain. Il s'en tire avec 30 lots de dimensions variées qu'il vend progressivement pour assurer sa retraite. Aujourd'hui, il lui reste une dizaine de lots dans lesquels il compte installer ses fils et petits-fils, tout en vendant d'autres si nécessaire. Précisons que Pierre réside au centre urbain et qu'il a procédé à son lotissement au milieu des années 1980. Dans la cartographie de son lotissement, on découvre en dehors de la géométrie des lots et des servitudes, la position des lots vendus et déjà bâtis, les lots vendus non bâtis, les lots attribués à des membres de sa famille et le reste (figure ci-après).

L'expérience de Pierre a motivé son action. Mais on se rend compte que l'attribution des lots dans les lotissements privés pose problème. Les ventes, dans ce cas précis, sont régulières suivant les dispositions du décret 79/017 du 13 janvier 1979 relatif aux transactions immobilières privées. Mais elles ne se font qu'à la volonté du lotisseur et non à la logique de la croissance urbaine. Ce qui pose problème quant à la finalité des lotissements périurbains. Quand on jette un regard comparatif sur la densité d'occupation de certains lotissements et les densités avoisinantes, on craint qu'après un certain temps, il y ait un retard d'urbanisation dans les lotissements privés. Ce qui les détournerait de leur rôle premier et attesterait les fondements spéculatifs des lotissements. D'ailleurs, la nécessité d'une urbanisation rationnelle n'est pas toujours le premier motif de lotissement.

***Figure 42** : Paysage d'un lotissement privé à Bamessingué-Carrière*

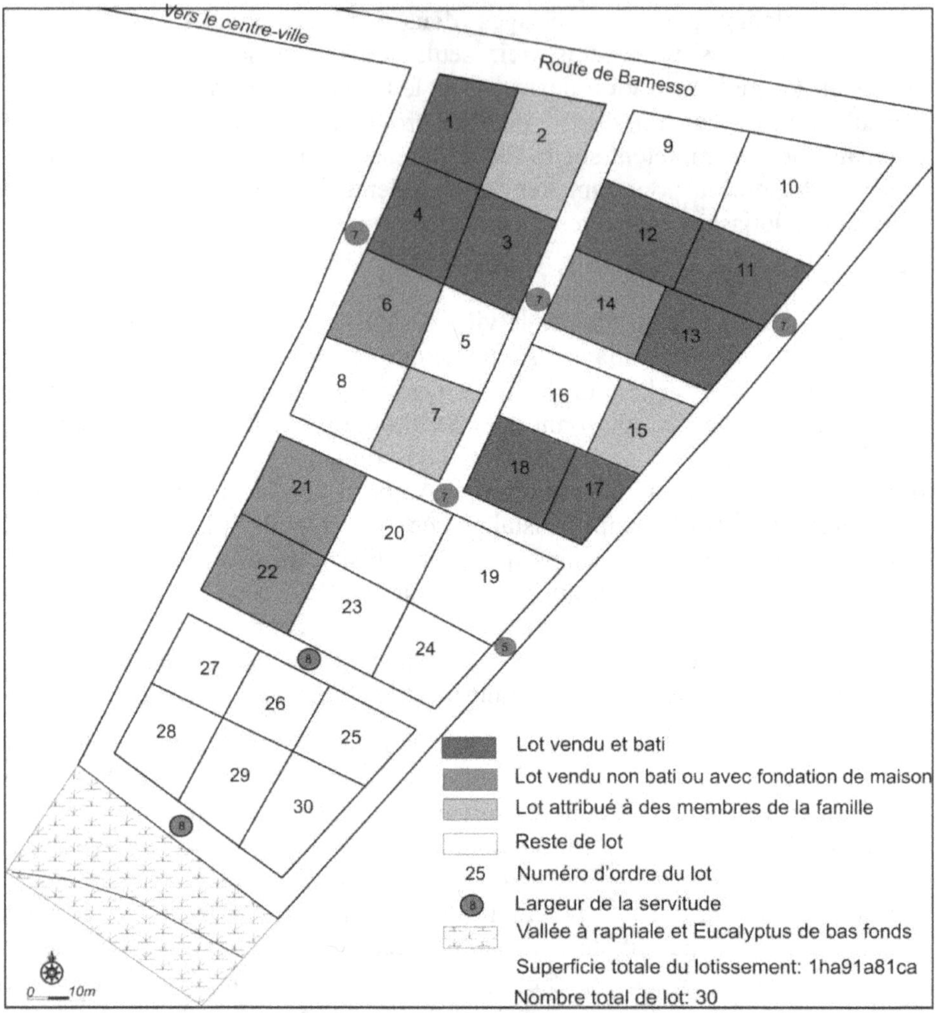

- Le paysage d'un lotissement privé forcé à Latet 2

Latet 2 est un quartier de l'espace périurbain situé dans le village Babété. Le titre foncier N°3346 appartient en indivision à la famille de Jean. Heureux successeur après le décès de son père, il s'est arrogé les droits sur le domaine familial et s'est mis à vendre les lots sans le consentement des autres ayants droit de la famille. Les discussions au sein de la famille n'ont pas permis de ramener Jean à la raison. Les autres membres de la famille ont donc décidé de conduire le successeur avare au tribunal de grande instance de Mbouda qui a aussitôt ordonné le lotissement total du domaine, afin de procéder au partage des lots à tous les ayants droit.

Au nom de la jurisprudence et du souci de préserver l'ordre et la paix sociale, le procureur a prescrit que les intérêts des acheteurs précédents soient protégés dans les travaux de lotissement dont le paysage de circonstance laisse ressortir la concession familiale, domaine du successeur, les concessions des membres de la famille déjà installés, la position des lots vendus et bâtis. Les autres lots (vendus non bâtis et non vendus) ne sont que des champs de cultures vivrières. Au total, 78 lots de superficies variées à partager entre une dizaine de membres de la famille[111] comme le montre la figure ci-dessous.

L'organisation de l'espace et les paysages qui en découlent montrent bien la fonctionnalité des quartiers périurbains formellement planifiés. La collectivité territoriale et les promoteurs privés sont motivés par le souci de mettre à la disposition du citadin un espace de vie confortable pour son épanouissement, mais aussi de se faire de l'argent. Les logiques ne sont cependant pas les mêmes. Si pour la collectivité, il s'agit avant tout d'un devoir difficile, pour les promoteurs privés, il s'agit de réaliser de bonnes affaires ou de répondre à une pression de la famille. Quoi qu'il en soit, c'est la pensée urbanistique par le *« bas »* qui prédomine à la périphérie. Les citadins recherchent des espaces à occuper et il leur faut seulement un ou des leaders éclairés pour que les indicateurs de normes urbaines apparaissent dans le paysage créé.

[111] Lors de notre enquête en 2004 le partage n'avait pas encore eu lieu.

Figure 43 : *Paysage d'un lotissement privé effectué à l'occasion d'un litige foncier sur un titre foncier commun à une famille*

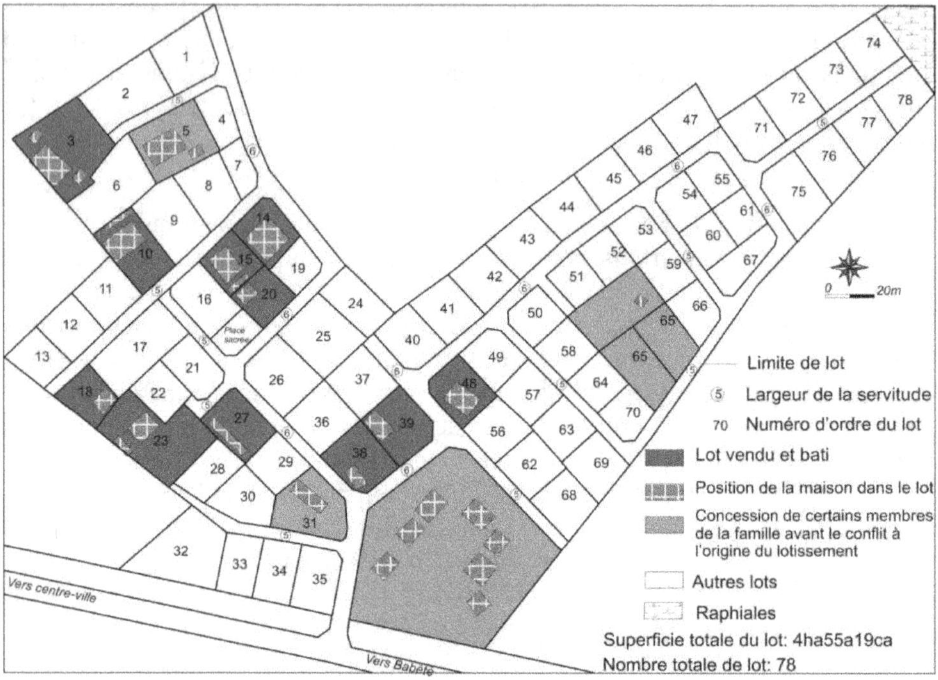

Les quartiers semi-planifiés

Les paysages urbanisés sous plan d'aménagement informel (PPAI) sont ceux qui découlent d'une occupation guidée par le Comité de développement ou par des individus, mieux des leaders soucieux d'une organisation de l'espace au profit d'un groupe ou d'une communauté. Sans toutefois procéder à la manière des techniciens, ces leaders interviennent pour canaliser les efforts du groupe vers la promotion d'un environnement viable dans lequel les indicateurs de normes urbaines apparaissent aisément. Pour illustrer notre propos, nous allons à l'échelle d'un bloc de quartier, prendre un exemple tiré de Bameboro ; à l'échelle du quartier, nous prendrons deux exemples, le premier à Bamessingué-ville, le second à Banock 2.

- Un exemple tiré du quartier Bameboro

Les unités élémentaires de PPAI se retrouvent dans les modes d'occupation et d'organisation du lot ou du bloc de quartier comme nous l'avons vu précédemment. On lit une occupation rationnelle qui ressort la géométrie des lots et des servitudes. On voit comment les eaux de ménages circulent sans entraves. Le cas que nous avons relevé à Bameboro n'est qu'un exemple parmi tant d'autres. Nous sommes sur un terrain immatriculé, loti informellement et vendu aux trois quarts. Aux moyens de la cartographie participative, nous avons pu reconstituer le paysage créé comme le montre la figure ci-après.

Une tache urbaine s'est créée au milieu des espaces résistant à l'urbanisation. Malgré les indicateurs de morcellement du titre foncier initial (borne visible à la limite des lots), le marquage foncier reste dominé par des couvertures arbustives. La diversité du bâti et la variété de *musa* témoignent d'une occupation hétérogène, ce qui n'est pas le cas à Banock 2 où l'occupation actuelle du tiers inférieur du versant offre une homogénéité assez rare.[112]

Figure 44 : *Paysage urbanisé sous plan d'aménagement informel à l'échelle d'un bloc de quartier : l'exemple d'une tache urbaine à Bameboro*

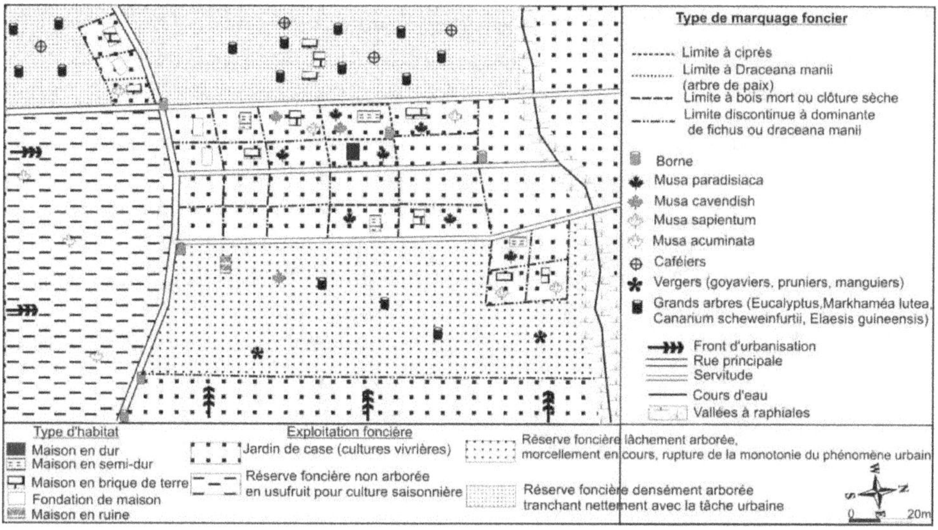

- Deux exemples tirés des quartiers Bamessingué-ville et Banock 2

- PPAI de Bamessingué-ville

Bamessingué-ville est en fait le quartier King-place 1, c'est-à-dire celui qui porte l'actuelle chefferie de Bamessingué. Grand foyer de regroupement lors des troubles de l'indépendance, le quartier doit son organisation au chef Bamessingué qui décida avec l'appui de la mairie et de la CAPLABAM d'y faire passer des rues pour desservir les populations entassées. En réalité, il s'agissait d'une extension informelle du périmètre urbain dans le territoire du village Bamessingué qui jusque-là s'y était opposé. L'opération est une réussite

[112] L'urbanisation semi-planifiée paraît bien être le modèle d'urbanisation du futur dans les villes africaines face aux limites de l'action des pouvoirs publics. L'étalement urbain dans le village Bonendalè à Bonabéri ou à la lisière du camp SIC Logpom (Douala), l'urbanisation le long des sorties de Yaoundé, l'urbanisation de la zone Kamkop à Bafoussam, l'extension urbaine derrière la mairie rurale de la même ville, sont autant de situations d'urbanisation semi-planifiée à suivre de près aux fins d'analyses comparées.

car les infrastructures comme l'école publique de Bamessingué, une des premières dans la ville, l'hôpital de district et plus tard le Lycée technique et la SAR-SM s'y installent et bousculent les habitudes des populations. Les cases de regroupement sont remplacées et les maisons en dur finissent par dominer le paysage.

Comme pendant les troubles les populations ne se regroupaient qu'autour de leur chefferie, – et celle de Bamessingué étant proche de la ville – l'opinion a longtemps pensé à tort que les propriétaires fonciers périurbains autochtones de Bamessingué pratiquaient la vente sélective en privilégiant les Bamessingué de l'intérieur du village et les Babadjou. Ces derniers au départ forment avec les Bamessingué un même village. Ce qui justifie le fait qu'en période de troubles, les différences se soient effacées. La même situation se vit à Dschang où l'on soupçonne parfois les groupements périphériques de procéder à des ventes sélectives (Foréké).

À partir des années 1980, commence une nouvelle ère d'urbanisation avec la cessation des vraies fausses ventes sélectives. Sur la figure ci-dessous, nous avons non pas le paysage du *« vieux »* Bamessingué-ville récemment évoqué et visible sur les photographies aériennes depuis 1964, mais un espace en fin d'urbanisation situé à droite de la route nationale n°6 en allant vers Bamenda. Ceci nous permet d'aller au-delà de la réalité des années 1960-1980 pour en embrasser la plus actuelle. Le paysage de restructuration informelle des années 1960 présente une urbanisation plus achevée, ne serait-ce que dans l'accessibilité ; car le cadre de vie parfois mal entretenu laisse à désirer.

***Figure 45** : Paysage urbanisé sous plan d'aménagement informel : l'exemple de Bamessingué-ville*

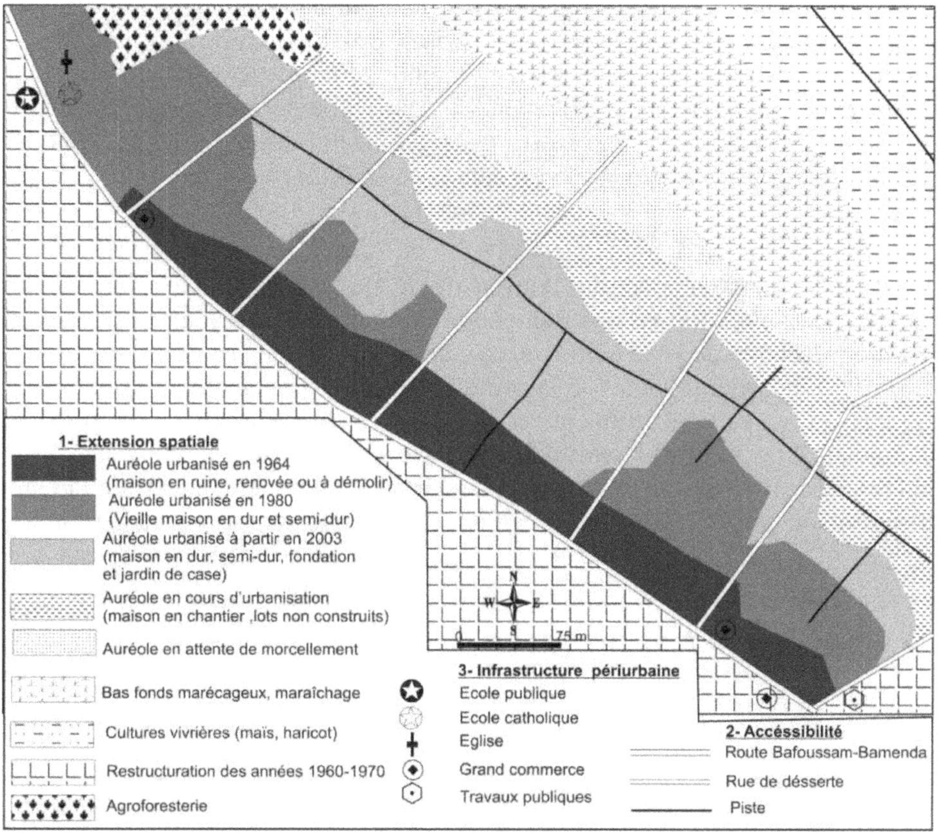

- *L'auréole urbanisée entre 1960-1964* et non intégrée dans la restructuration des années 1960. Au passage sur l'axe de Bamenda, un regard attentif permet de voir les anciennes maisons de camps portant l'étiquette *« à démolir »* ou leurs ruines qui non seulement témoignent de l'incapacité des propriétaires à reconstruire, mais surtout leur attachement à ces terrains prisés. L'extension officielle du périmètre urbain à Bamessingué-King place devrait les obliger à rebâtir ou à céder ces terrains.

- *L'auréole urbanisée entre 1964-1980* marque la continuité de l'occupation post-troubles avec ses vieilles maisons en dur. On peut remarquer la résistance de certains propriétaires à céder leur terrain à la ville par l'évolution en dents de scie des limites de l'extension en 1980.

- *L'auréole urbanisée de 1980 à 2003* marque la période d'extension sans contraintes historiques. L'occupation est régulière et les occupants s'attellent tout simplement à entretenir les servitudes. La mosaïque de maisons en dur/semi-dur est dominante. Les jardins de case apparaissent sur les fondations de maisons et les lots non bâtis. Par simple observation, on remarque qu'entre 1980 et 2003, la superficie urbanisée a presque doublé par rapport à 1960-1980. L'auréole en cours d'urbanisation se distingue par les maisons en chantier, notre enquête se déroulant d'ailleurs à une période propice (novembre-décembre). La moitié du tiers inférieur du versant en attente de morcellement est réservée aux cultures de contre-saison, ce d'autant plus qu'il s'ouvre sur le grand bas-fond de la *Tamétap*. Nous estimons que, dans un avenir proche, ce bas-fond sera conquis par les maisons. Ce qui est déjà le cas à Banock 2.

- PPAI de Banock 2

Banock 2 est un nouveau quartier né de l'extension urbaine dans Banock, quartier périurbain du village Bamendjinda. Banock 2 doit son paysage actuel à l'action décisive de Me. Tchio Jacob, ancien avocat au barreau du Cameroun, chef de ce quartier et maire de la commune de Mbouda de 1992-2002. Face aux ventes massives qu'opéraient ses frères et les multiples plaintes qu'il enregistrait au sujet des servitudes, il décida d'user de tout son pouvoir pour matérialiser les rues qui desservent ce quartier à l'aide du matériel de la mairie. Il se dit qu'à défaut de conduire lui-même le tracteur, il servait de guide au chauffeur qui détruisait tout à son passage.

Figure 46 : *Paysage urbanisé sous plan d'aménagement informel : l'exemple de Banock 2*

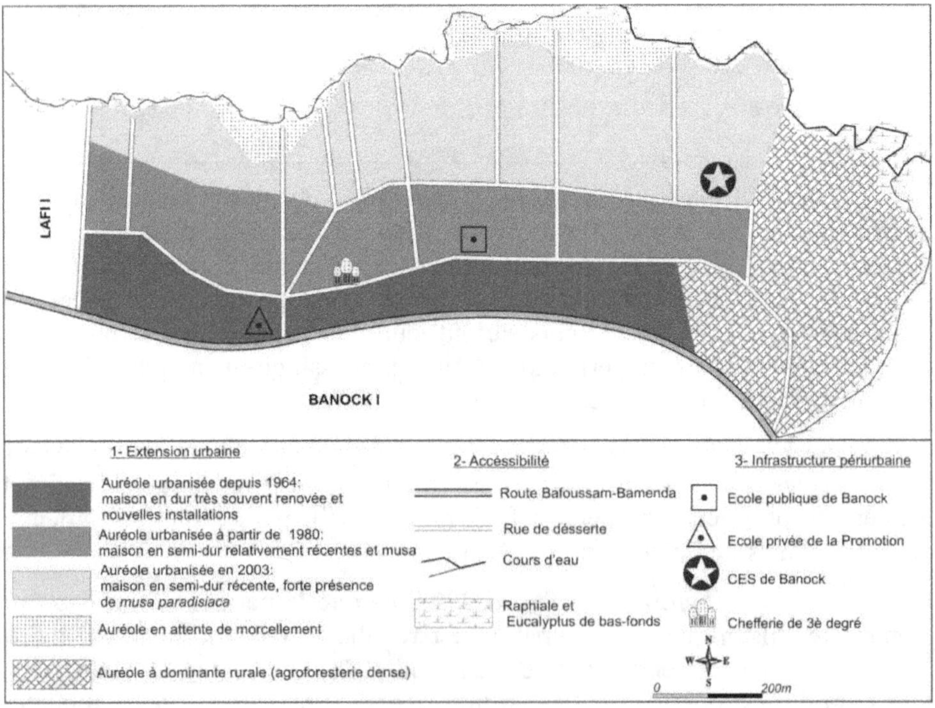

Au-delà de la douleur due aux maisons et aux terrains détruits, les habitants de ce quartier, au lendemain du décès de ce dernier, étaient tous unanimes pour reconnaître l'œuvre qu'il a réalisée dans le quartier en particulier et dans la ville en général.

On comprend à travers ces deux exemples que les PPAI se mettent en place sous l'influence d'un comité de développement ou d'un leader éclairé qui prend la charge de structurer l'installation des occupants. Il en est de même pour les propriétaires terriens qui après l'immatriculation procèdent à un lotissement informel en définissant servitudes et canalisations d'eau. Certaines opérations se font avec l'aide informelle d'un agent des services d'urbanisme, des domaines ou du cadastre. Les relations sont tissées dans les réseaux que nous avons analysés à la deuxième partie, mais aussi lors de l'immatriculation. La personne choisie est toujours l'agent qui s'est le plus impliqué dans le *« suivi »* du dossier d'immatriculation. Point n'est besoin de rappeler que l'opération n'engage en rien la responsabilité de l'agent technique. Il prodigue des conseils, établit des plans et mène des opérations de lotissement quand il le faut. Plusieurs cas ont été recensés à Bameboro et à Bamessingué.

Ces lotissements ne s'intègrent pas dans un plan d'aménagement global, c'est pourquoi certains PPAI sont fonctionnellement bloqués par l'occupation sans plan des terrains voisins. C'est le cas d'une tache urbaine en contrebas de l'église Saint-Pierre de Bamougong.[113] Les servitudes de 4 à 5 m débouchent mal sur l'axe principal de circulation. Ce qui n'est pas le cas dans les lotissements privés formels.

Les PPAI du point de vue fonctionnel sont donc des clichés de la ville planifiée dans l'espace périurbain. Ils ne sont pas des cas parfaits de modèle de plan structuré, mais ils s'y calquent. On peut leur reprocher au moins trois irrégularités : institutionnelle, foncière et urbanistique. La première peut être retournée à celui qui a le devoir de créer les espaces urbains, c'est-à-dire à la puissance publique ; la deuxième n'est que centrée autour du fait que les terrains sont mal acquis du point de vue de la loi foncière tandis que la dernière fait référence à l'affectation, à l'occupation du sol, notamment le permis de bâtir avec ses connexes et la régularité en termes de largeur des rues ou l'espace des activités de loisir. Nous constatons qu'en dehors de la zone restructurée en 1960 de Bamessingué où nous avons relevé de sérieux problèmes de cadre de vie (évacuation des eaux usées en saison de pluie, promiscuité[114]), on est globalement satisfait du respect des normes urbaines minimales.

---

[113] Voir planche 5, photo 2 pages suivantes.

[114] Nous posons que le climat de l'Ouest-Cameroun (climat d'altitude frais) justifie l'absence des formes de promiscuité reconnues à Douala ou à Yaoundé : toilettes à découvert, murs de maisons badigeonnés laissant entrevoir les scènes de ménage, etc.

On se souvient du fait que les autorités ont essayé en vain de faire ce que ces leaders ont réalisé pour l'ensemble de l'espace périurbain et plus particulièrement pour Bamessingué-ville. Ce qui signifie la réalité que devant la fragilité de l'autorité publique, les efforts de la base pour créer un environnement urbain viable peuvent tout simplement être canalisés par ceux avec qui elle partage les mêmes valeurs socioculturelles. Pour les deux cas, si les leaders n'appartenaient pas à la même ethnie que leur base et s'ils ne brillaient pas par leur audience auprès de celle-ci, l'action n'aurait jamais abouti. Nous pensons, à partir de cette disposition, que la solution à l'occupation anarchique peut être négociée avantageusement à partir des propriétaires fonciers autochtones. Reste alors le problème du cadre de vie qui se négocierait avec les nouveaux occupants. Penser à un tel scénario serait peut-être négliger les raisons majeures pour lesquelles les gens vendent ou achètent sans prévision, c'est-à-dire la pression des besoins et de la demande. C'est dans cette situation de double pression que se situe l'occupation sans plan dans laquelle on isole l'occupation anarchique.

Les quartiers non planifiés

Les paysages urbanisés sans plans (PUP) sont le produit d'une occupation anarchique de l'espace. À la périphérie de Mbouda, comme dans toutes les autres villes de l'Ouest, on doit distinguer au moins à l'échelle temporelle deux paysages spontanés et anarchiques : ceux des troubles de l'indépendance et ceux des décennies 1980-2000. Les premiers ont un caractère anarchique plus marqué (les quartiers de la première couronne périurbaine comme Rapide, Lépi 1 et 2), tandis que les seconds ont un caractère anarchique peu ou moyennement marqué comme Batang et Métio. À l'échelle des quartiers, nous présentons une planche photographique avec des photos prises dans les quartiers précités. À l'échelle de l'espace périurbain entier, nous montrons l'ensemble de la situation au Sud-ouest de Mbouda.

- Les visages de l'occupation spontanée et anarchique autour de Mbouda

Sur la planche 5 ci-dessous, nous avons trois photos qui montrent les aspects élémentaires des PUP. La première prise à Lépi 2 montre le processus de formation des paysages anarchiques. L'observation attentive de cette photo montre la fermeture progressive de la servitude par les occupants de mauvaise foi. L'alignement décalé des angles de maisons des deux côtés de la servitude en est une preuve. Sur la photo 2, nous sommes toujours dans une occupation sans plan. Mais là, au lieu d'une occupation anarchique avérée, on a plutôt un alignement ordonné des maisons sans concertation entre les propriétaires. Quand on va à l'intérieur de cette tache urbaine, le désordre commence dans les lots vendus par le voisin des vendeurs précédents : irrégularité des lots, manque d'accès et problèmes d'évacuation des eaux ménagères. Ici, l'urbanisation anarchique n'est pas continue, elle s'intercale de morceaux d'espaces structurés, mais qui n'arrivent pas à former un PPAI. À ce niveau, on peut encore intervenir pour régulariser la situation, pourvu que les occupants y mettent de la volonté. À Batang et à Bameboro, nous avons pu cartographier deux situations de vente anarchique qui ont abouti à des blocages et donc à des conflits que nous avons étudiés dans la deuxième partie. En dehors des problèmes internes aux familles, l'urbanisation sans plan est la première source de conflits fonciers périurbains.

La photo 3 montre de plus près le caractère tortueux des servitudes dans le quartier Métio. Dans un bocage bien entretenu, chacun protège les limites de son terrain en ne laissant que le minimum d'espace pour la rue. On est en présence d'un quartier totalement urbanisé, mais qui continue de conserver jalousement son bocage et son agroforesterie malgré la spontanéité de l'occupation. L'origine du quartier et son occupation tardive expliquent cette situation. En effet, les Bamougong ont au départ rejeté le quartier en raison des rites de purification que l'on y pratiquait. C'est à la faveur de la ville que les populations y affluent avec leur cortège d'arbres qui vient s'ajouter à ceux existants. Puisque c'est un *« No man's land »* et le seul espace de contact entre ce village et la ville, la précipitation des premiers occupants justifie l'occupation anarchique.

Planche 5 : *Élément de paysage urbanisé sans plan dans l'espace périurbain de Mbouda (vu de près)*

Photo 1: Paysage anarchique du quartier Lépi 2. Remarquer le décalage dans l'alignement des maisons le long de la servitude

Photo 2: Essai d'organisation du paysage spontané dans une tâche urbaine à Métio. Maheureusement l'anarchisme se trouve derrière, à l'intérieur de la tâche créée par le second vendeur et ses acheteurs

Photo 3: Le caractère tortueux des rues à Métio, les virages à angle droit respectent les limites de lots, difficile d'y circuler à voiture. Chacun protège son lot par des fortications de haies.

- Le cas des quartiers Rapide-Métio-Bameboro

Le quartier Rapide est un morceau du périmètre urbain non aménagé et occupé spontanément entre 1980-1990. Comme son nom l'indique, c'est le quartier qui s'est le plus rapidement formé à Mbouda. On y construisait la nuit ou le week-end pour échapper au contrôle des agents de la mairie comme nous disions précédemment. Le chef du quartier Ntouotia ou Batang-Ouest qui percevait les *« droits d'installation »* ne pouvait que se satisfaire de cette situation. Les agents de contrôle, devenus complices, ont toléré une occupation qui est devenue l'un des grands problèmes d'urbanisme (cf. 2e partie). Le quartier Métio est un îlot d'agroforesterie périurbaine plutôt rare.

L'homogénéité de la population du quartier (ressortissant du village Bamougong) n'arrive pas à créer un consensus sur la restructuration du quartier dont on connaît l'origine de l'occupation anarchique comme nous l'avons vu précédemment.

La spontanéité et le désordre ne s'y expriment pas au même degré. C'est pourquoi nous avons tenu à distinguer les paysages urbanisés à spontanéité et désordre très marqués, ceux à spontanéité et désordre moyens et ceux à spontanéité et désordre faiblement marqués. Il va de soi que l'environnement et plus précisément le cadre de vie dans ces quartiers soient des plus précaires : poubelles sur la chaussée comme au carrefour Rapide, conflits liés à l'évacuation des eaux usées comme celui qu'a vécu personnellement le chef du quartier Métio, etc. À côté de cette typologie s'ajoutent les quartiers d'aspects urbains qu'on ne peut facilement qualifier en raison de la faiblesse de leurs indicateurs de fonctions urbaines.

Figure 47 : *Paysage urbanisé sans plan autour de Mbouda : l'exemple de Rapide-Métio-Bameboro*

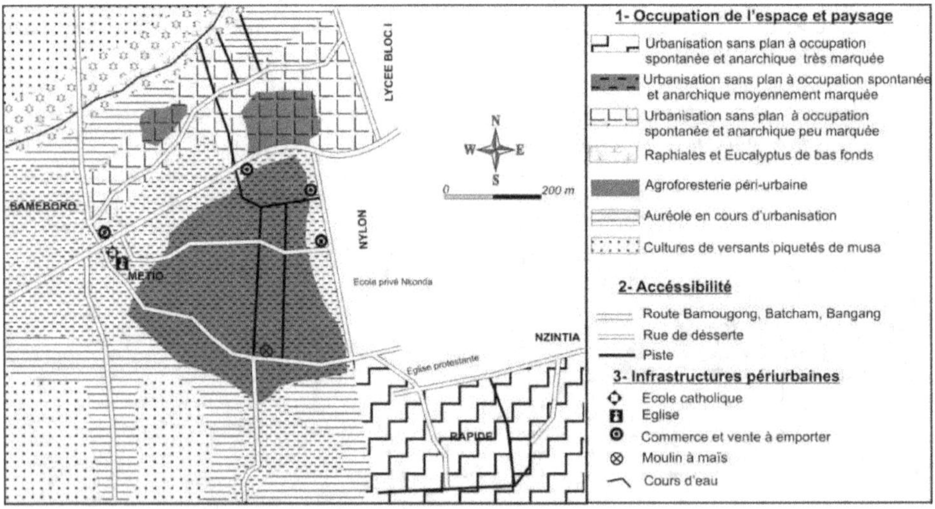

Les paysages faiblement urbanisés

La problématique de ces paysages a déjà été discutée dans l'étude de l'organisation de l'espace périurbain. Nous disions alors qu'il y avait certes une urbanisation visible, mais des indicateurs insuffisants pour qualifier le type d'occupation d'anarchique ou de planifiée. Les paysages faiblement urbanisés sont localisés dans la troisième couronne périurbaine et se prolongent dans le milieu rural sous forme *« d'urbanisation des campagnes »*. La figure ci-après montre un espace périurbain faiblement urbanisé en contact avec un espace rural dans le contexte *« d'urbanisation des campagnes »*. On est alors en présence de *« vraies-fausses »* taches urbaines qui nous obligent à voir les formes de contact urbain-périurbain-rural.

Figure 48 : *Exemple d'un paysage périurbain faiblement urbanisé en contact avec un milieu rural en situation « d'urbanisation des campagnes »*

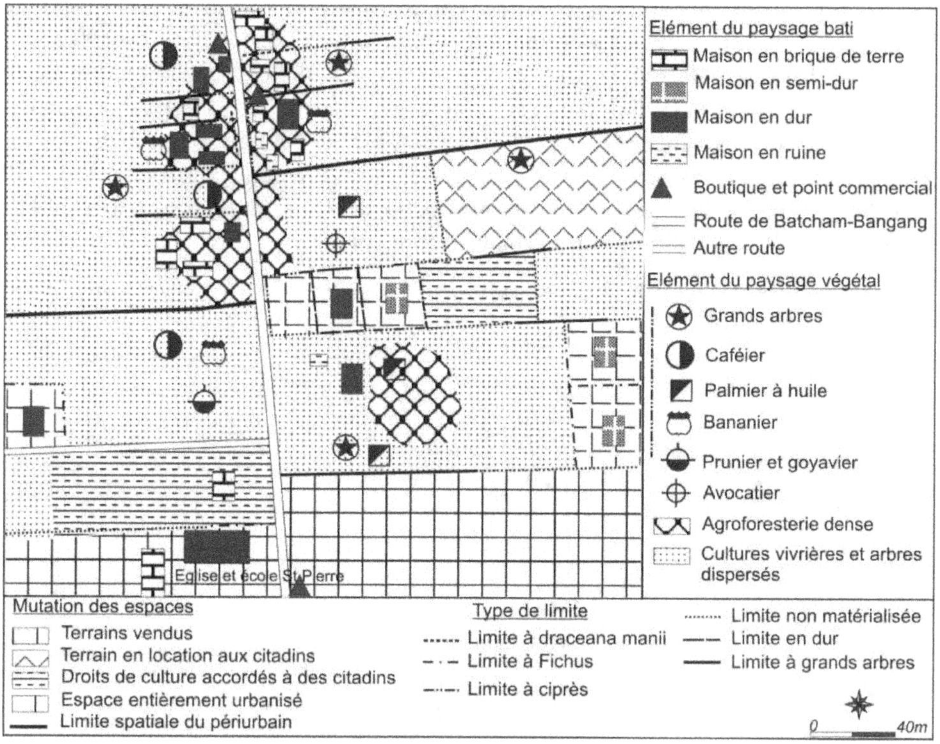

Les formes de contact-urbain-périurbain-rural

Lorsqu'un voyageur quitte Dschang pour Bafou ou Mbouda pour Babadjou ou pour Batcham-ville par exemple, il se surprend souvent du temps relativement court mis en route. Cela parce que le paysage lui semble peu variant ou totalement périurbain, mélangeant urbanisation des campagnes. Un exercice de différenciation est par avance périlleux, mais on doit se risquer pour avancer. Le périurbain peut entrer en contact avec la ville ou le village de façon brutale ou de façon plus discrète. Le contact brutal signifie qu'il y a une démarcation nette entre les deux paysages en contact, donc une brutalité dans le changement de paysage. Le contact doux souligne un gradient qui marque la difficulté à différencier des paysages en mutation continue.

- Les contacts abrupts et semi-abrupts entre ville, périphérie et rural

En contact abrupt ou semi-abrupt, la ville tranche très nettement avec sa périphérie. Un véritable front de contact se dessine. Ce type de contact peut être dû à un obstacle naturel comme un cours d'eau, un escarpement, ou un obstacle socioculturel comme la présence d'une chefferie ou la réticence des propriétaires fonciers à vendre les terrains. Le paysage de contact abrupt le plus expressif que nous avons rencontré est celui du contact entre le quartier Lycée bloc 3 et Bameboro-village comme le montre la figure ci-dessous.

En plus d'un obstacle naturel qui est la *Mangwa*, on se rend compte que depuis l'installation des missionnaires protestants (église et école protestante), de nouvelles installations n'ont plus eu lieu. En dehors des maisons de fils émigrés en ville, l'habitat a gardé son aspect rural, les caféiers sont même entretenus et sous ombrage. Lorsqu'on remonte le versant jusqu'à la chefferie Bameboro, le petit espace de cultures vivrières révèle peu l'approche de la ville. C'est à droite de la chefferie que l'approche de la ville se soupçonne avec la nouvelle église catholique et les constructions alentours.

Figure 49 : *Transect sur un paysage périurbain en contact abrupt avec l'urbain et le rural*

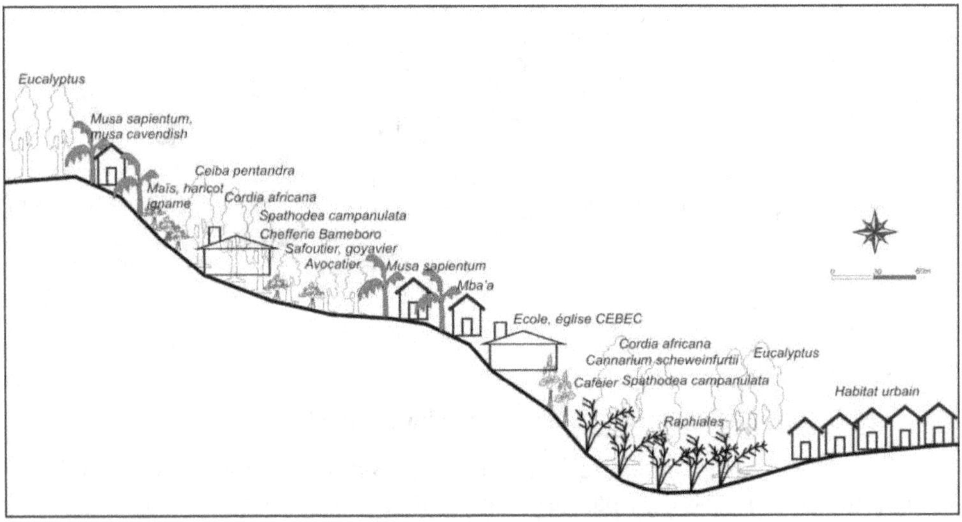

En longeant le même cours d'eau, on aboutit plus loin à un contact plutôt semi-abrupt entre la ville et le village Bameboro. Quand on va à Balatchi en empruntant la route du stade municipal, on se rend compte que la ville finit progressivement lorsqu'on traverse le cours d'eau. En situation d'altitude, on constate que derrière la route, il y a cinq taches urbaines qui devraient entrer en contact d'ici peu. À partir de l'école publique de Bameboro-village, et ce malgré les vieilles maisons à côté de la route, on sait que l'on est proche de la ville (figure ci-dessous).

Figure 50 : Paysage de contact semi-abrupt ville-périurbain-rural

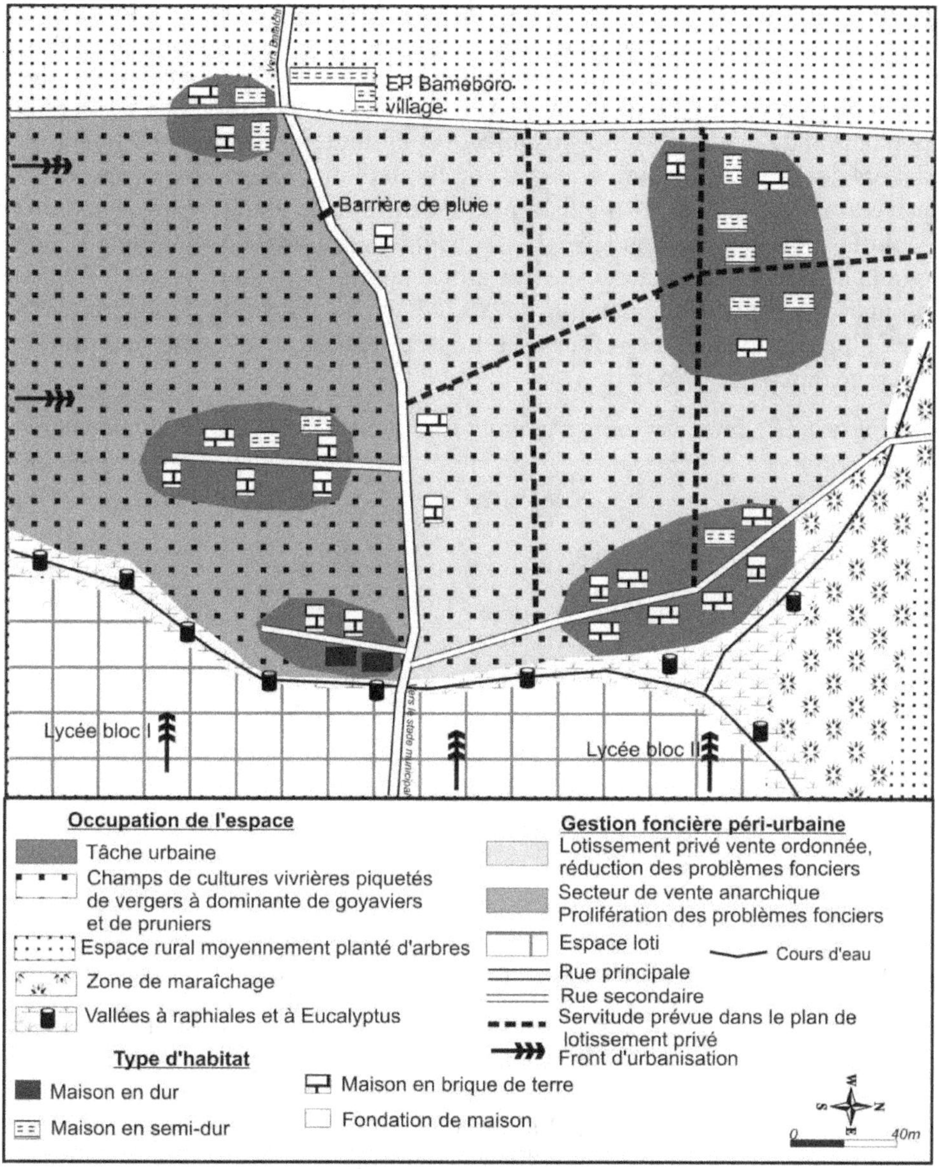

- *Les contacts graduels ou en douceur*

En situation de contact graduel, l'œil de l'observateur n'est pas très choqué par le passage à la ville. L'arrivée ou la sortie de la ville se fait graduellement. Par exemple, l'étranger réalise souvent que l'on est très vite arrivé à Mbouda quand on vient de Batcham-ville, cela parce que les paysages sont très peu différenciés sur son parcours. Il se rend aussi compte qu'en très peu de temps il a traversé les milieux rural, périurbain et qu'il est en ville. La figure ci-après montre un paysage de contact graduel entre Métio et la bordure Sud-ouest du quartier Tsuégwé. La limite de la ville qui est en même temps la limite de l'arrondissement de Mbouda avec celui de Batcham a souvent été une limite psychologique pour l'extension de la ville. Depuis la fin des années 1990, la population du quartier Métio s'est mixée et la limite psychologique franchie. En dehors des structures comme le stade de football du collège de l'Unité et l'école privée laïque Nkonda, il n'existe plus de différence entre Métio et la bordure Sud-ouest du quartier Tsuégwé. C'est quand on progresse à l'intérieur de Métio que la différence dans la densité des arbres suscite des interrogations. Les types de maisons sont les mêmes des deux côtés et les points de commerce se sont développés à tous les carrefours. Le transect réalisé atteste cette uniformité du paysage, notamment le bâti.

Figure 51 : *Transect sur un contact graduel entre la ville et sa périphérie*

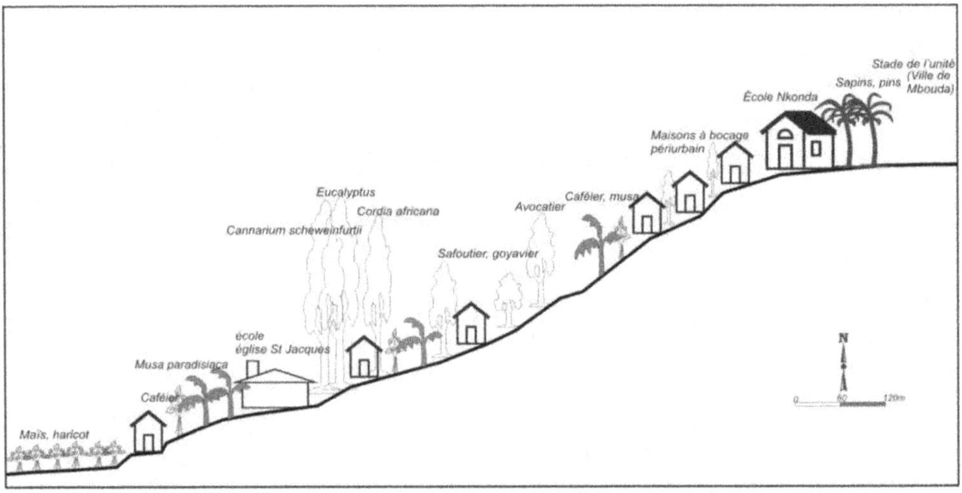

Interprétation de la structure finale des paysages

Dans la typologie des paysages périurbains, nous nous sommes efforcé à faire une description graduelle allant du lot à l'ensemble de la périphérie. Nous avons choisi des exemples qui couvraient toutes les problématiques foncières que nous avons observées. La structure finale des paysages décrits est hiérarchisée comme le montre la figure ci-après.

Figure 52 : *Structuration des paysages périurbains*

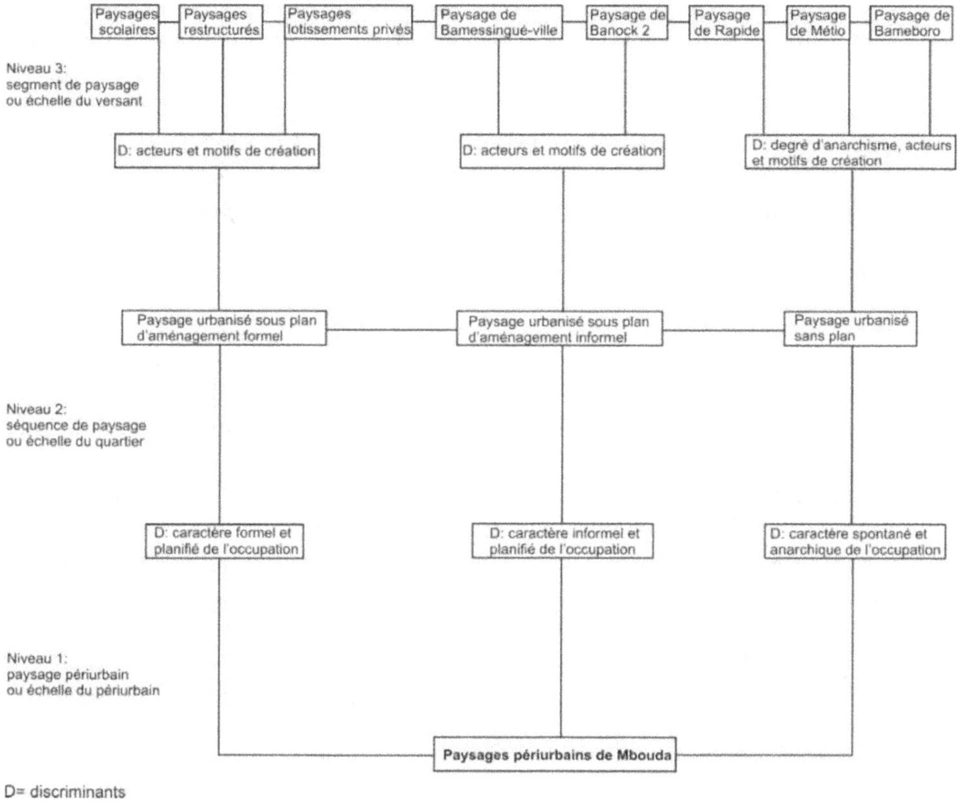

Les principaux discriminants restent les caractères urbanisés, planifié, spontané et anarchique. On est bien en présence des modèles d'urbanisation par le *« bas »* où la domination de l'occupation spontanée et anarchique est relative. Ceci est lié à l'histoire et aux pratiques foncières. Mais on peut aussi postuler pour un étalement plutôt régulé par rapport aux grandes villes. En effet, si le développement de la ville était plus accéléré, il est probable que l'organisation actuelle ne serait pas possible. Par exemple, un boom industriel aurait pour conséquence un appel massif d'ouvriers qui s'installeraient plus anarchiquement sans une planification préalable de l'occupation. Ainsi, le niveau de la ville serait un atout pour sa planification. Cette hypothèse est certes vraie, mais nos observations tant à Douala qu'à Yaoundé nous montrent que les propriétaires fonciers périurbains actuels ont plus conscience des enjeux de la planification qu'il y a deux décennies. Ils savent qu'un lot s'inscrivant dans un plan de lotissement rapporte plus que celui vendu sans plan. Leur expérience de la ville et leur niveau d'étude interviennent dans leur volonté de rationalité. C'est une dynamique à suivre et à promouvoir. Pour cela, il faut d'abord dépasser le stade de *« l'urbanophobie »* dans laquelle on a toujours plongé les études urbaines en Afrique.

Les populations périurbaines et les promoteurs privés ont su prolonger le paysage urbain à la périphérie. Le contexte de rareté de la terre et de spéculation a plutôt obligé les propriétaires fonciers avertis à des calculs plus rationnels en termes d'occupation et de gestion des espaces. C'est certainement l'une des spécificités de l'étalement des villes de l'Ouest-Cameroun coincées entre exiguïté du territoire et fortes perceptions de la terre. Arlaud (2005), en soulignant l'imbrication des influences urbain-rural dans le périurbain européen, va dans le même sens et soutient que *« la concurrence vive pour le sol engendre certes des conflits mais oblige surtout chaque acteur du territoire à mieux réfléchir sur ses pratiques spatiales et à prendre en compte celles des autres ».*[115]

Cette structuration des paysages autour de Mbouda nous permet de tirer quelques conclusions sur les modèles urbains prédéfinis et leur fonctionnalité. On pose d'habitude que les espaces structurés doivent garantir la circulation des personnes et des biens, une certaine esthétique et un environnement sain et agréable. Du point de vue de la circulation, certains quartiers ne sont accessibles qu'à moto, à cause du relief ou tout simplement parce que leurs habitants n'ont que des motos et ne trouvent pas d'intérêt à entretenir des rues à la dimension des voitures. Cependant, la construction des maisons respecte l'éventualité d'une possible rue. Du point de vue esthétique, nous remettons en cause l'option qui consiste à imposer partout la maison en dur comme maison de référence urbaine au point où les services techniques s'activent à mettre *« à crépir »* ou *« à peindre »* sur toutes les maisons en briques de terre de l'espace périurbain.

Le tableau ci-après est une synthèse des caractéristiques des paysages étudiés. Chacun affiche ses éléments, des plus grands aux plus petits dans l'ordre que nous nous sommes donné. À partir de là et se fondant sur la prééminence du fait urbain, une dernière colonne donne un aperçu du rythme d'évolution de ces paysages.

Tableau 20 : *Synthèse des paysages périurbains*

Paysage	**Séquences**	**Segments**	**Unités et caractéristiques élémentaires**	**Qualité**	**Type d'évolution**
paysages périurbains	Les paysages urbanisés sous plan d'aménagement formel (PPAF)	Paysage des établissements scolaires	Bâtiments scolaires	Très bonne	rapide et positive
			Jardins scolaires	Bonne	lente et régressive
			Bloc administratif	Très bonne	stable
			Terrains de jeux	Passable	lente et régressive

[115] S. Arlaud et al. (2005) (dir.), *Rural-urbain, nouveaux liens, nouvelles frontières,* p.174.

		Paysage des quartiers restructurés	Servitudes	Bonne	lente et régressive
			Formes et dimensions du lot	Médiocre	stable
			Type de maisons	Bonne	stable
			Jardin de case	Très bonne	rapide et régressive
			Type d'enclos	Bonne	stable
			Système d'assainissement	Médiocre	lente et régressive
			Eau et électricité	Bonne	lente et positive
		Paysage des lotissements privés	Servitudes	Bonne	rapide et positive
			Formes et dimensions du lot	Bonne	stable
			Type de maisons	Bonne	rapide et positive
			Jardin de case	Très bonne	rapide et régressive
			Type d'enclos	Médiocre	lente et positive
			Système d'assainissement	Bonne	lente et positive
			Eau et électricité	Passable	lente et positive
	Les paysages urbanisés sous plan d'aménagement informel (PPAI)	Paysage de Bamessingué-ville	Servitudes	Bonne	stable
			Formes et dimensions du lot	Passable	lente et positive
			Type de maisons	Bonne	rapide et positive
			Jardin de case	Très bonne	rapide et régressive
			Type d'enclos	Passable	lente et positive
			Système d'assainissement	Bonne	stable
			Eau et électricité	Bonne	rapide et positive
			Élevage domestique	Médiocre	lente et positive
		Paysage de Banock 2	Servitudes	Bonne	stable
			Formes et dimensions du lot	Passable	rapide et positive
			Type de maisons	Bonne	rapide et positive

			Jardin de case	Très bonne	lente et régressive
			Type d'enclos	Médiocre	stable
			Système d'assainissement	Bonne	lente et positive
			Eau et électricité	Bonne	rapide et positive
			Élevage domestique	Bonne	lente et positive
Les paysages urbanisés sans plans (PUP)	Paysage du quartier Rapide	Servitudes	Mauvaise	stable
		Formes et dimensions du lot	Médiocre	stable
		Type de maisons	Passable	lente et positive
		jardin de case	Passable	stable
		type d'enclos	Médiocre	lente et positive
		Système d'assainissement	Mauvaise	lente et positive
		Eau et électricité	Bonne	lente et positive
		Élevage domestique	Très bonne	lente et positive
	Paysage du quartier Métio	Servitudes	Mauvaise	lente et positive
		Formes et dimensions du lot	Bonne	stable
		Type de maisons	Bonne	rapide et positive
		Jardin de case	Très bonne	stable
		Type d'enclos	Bonne	lente et positive
		Système d'assainissement	Médiocre	lente et positive
		Eau et électricité	Très bonne	rapide et positive
		Élevage domestique	Très bonne	rapide et positive
	Paysage de Bameboro	Servitudes	Médiocre	lente et positive
		Formes et dimensions du lot	Bonne	Stable
		Type de maisons	Passable	rapide et positive
		Jardin de case	Bonne	Stable
		Type d'enclos	Médiocre	lente et positive

			Système d'assainissement	Passable	stable
			Eau et électricité	Bonne	rapide et positive
			Élevage domestique	Très bonne	rapide et positive
	Les paysages faiblement urbanisés	Paysage de contact périurbain-rural : cas Métio-Bamougong	Jardin de case	Bonne	lente et positive
			Type de maisons	Médiocre	lente et positive
			Eau et électricité	Médiocre	lente et positive
			Servitudes	Médiocre	lente et positive
		Paysage de contact périurbain-rural : cas Batang-carrière-Batang-village	Jardin de case	Bonne	rapide et positive
			Type de maisons	Médiocre	lente et positive
			Eau et électricité	Médiocre	lente et positive
			Servitudes	Passable	lente et positive

VI- Vers un modèle de périurbanisation et de paysage

Les processus de périurbanisation ont été analysés et schématisés dans les chapitres précédents. On remarque finalement que les paysages périurbains évoluent en cercles concentriques autour de la ville *« légiférée »*. Les taches urbaines de formes multigéométriques quelconques se forment à partir d'un point central appelé *« point de départ de l'offre foncière »* (figure ci-après) : ce sont les premiers terrains vendus par un ou des groupes *« d'autochtones »* périurbains. La périurbanisation se diffuse à partir de ce point en fonction des besoins des autres propriétaires et de la pression des citadins. La notion de *« tache urbaine »* utilisée tout au long de ce travail confirme alors cette urbanisation en discontinue, finalement plus vaste que dense, caractéristique du modèle de ville éclatée ou étalée. Contrairement à ce que l'on peut croire, la proximité de la ville ne justifie pas la continuité de l'étalement urbain comme en témoignent les formes de contact. Il y a ceux qui préservent leurs terres, soit en vue d'accroître la rente, soit au profit de leurs fils qui tardent à bâtir. La ville contourne ces enclaves de ruralité qui du reste sont en situation *« d'urbanisation des campagnes »* donc, de *« vrais faux paysages urbains »*. Les taches urbaines devenant matures en occasionnent la formation de nouvelles et en priorité derrière les axes routiers.

Aux calculs fonciers propres à chaque acteur, se recoupe une volonté de créer un paysage structuré et la majorité des vendeurs en est consciente. Mais cette volonté est limitée au niveau du lot ou du bloc de quartier à cause d'un morcellement intense et de l'absence d'un pouvoir consensuel devant transcrire dans l'espace ce que les acteurs désemparés souhaitent à travers leur perception de l'organisation de l'espace urbain. Les conflits constituent alors la forme de communication qui permet de restructurer cet espace quand le besoin d'arbitrage dépasse les limites du supportable.

Figure 53 : *Modélisation de la périurbanisation autour des villes de l'Ouest-Cameroun*

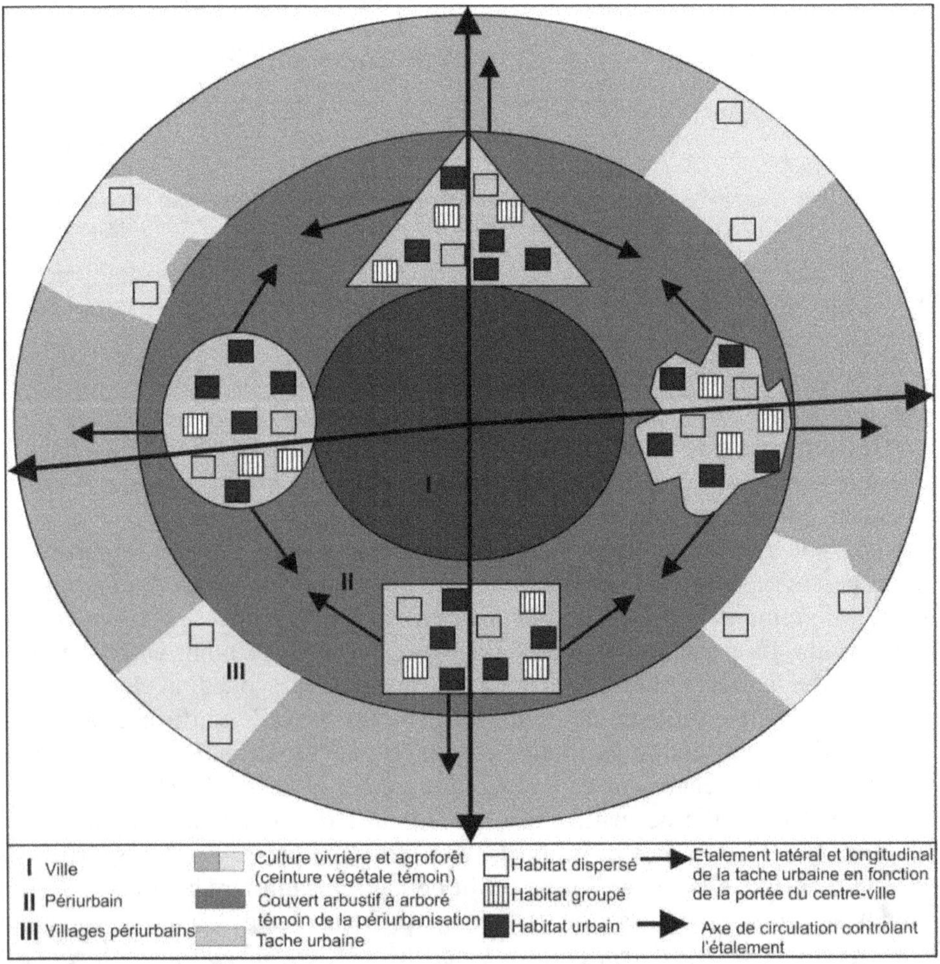

Ce modèle s'appuyant sur les détails de Mbouda s'étend aux autres villes de l'Ouest, car leurs destins sont semblables, de leur mise en place aux facteurs socio-économiques de leur étalement actuel. Nous l'avons vérifié à Dschang, Foumban, Bafang et Bangangté. En fin de compte, l'espace périurbain est circonscrit dans un système de relation en rapport avec la ville et son espace rural. Ces rapports se structurent autour du foncier périurbain. Chaque acteur est conscient de son rôle, même s'il ne participe pas toujours activement au fonctionnement du système : le citadin sait que l'espace périurbain le met à l'abri des contraintes immobilo-foncières urbaines. Le propriétaire *« autochtone »* a conscience des enjeux de son espace et s'arrange à en tirer la meilleure rente tout en se libérant des contraintes de la vie sociale du village. Comme on peut le constater, ce sentiment d'appartenance à un espace de l'entre-deux ne signifie pas que les uns et les autres sont unis par une même identité ou confondent celle-ci. Les spécificités de chaque groupe d'acteurs sont cristallisées autour d'un esprit périurbain fondé sur l'attrait et le retrait de la ville. Il y a donc construction d'un territoire périurbain différent des territoires urbains et ruraux. Certes, on discutera toujours sur les limites de ce territoire où se bousculent innovations et conservatisme, et sur sa plus ou moins grande dépendance à l'égard de la ville, mais les chercheurs travaillant sur cette question au Nord. Vanier (2001, 2003), Prost et al. (2001), Arlaud et al. (2005), Debarbieux (2005), etc., sont au moins d'accord sur le fait qu'un véritable territoire se construit, aussi imprécis soit-il. Les villes africaines s'inscrivent dans cette perspective, quitte avec des scénarios différents. Le problème aujourd'hui semble plus celui de la gestion de ce territoire dans le triple contexte d'absence apparent de la puissance publique, de la décentralisation et de la mondialisation.

Pour conclure, c'est un modèle d'urbanisation mi-urbain-mi-rural recherché et construit par des acteurs qui ne s'identifient pas ou plus aux modèles qui les entourent en raison des difficultés d'intégration ou d'adaptation. Ce modèle est fonction de la pression urbaine (P) mesurée suivant les paramètres relatifs à la pression démographique, à la superficie (S) dont dispose chaque propriétaire foncier qui s'engage à créer un espace urbain, et enfin à la volonté (V) des acteurs de base à créer un espace urbain structuré avec des fonctions pro-rurales. Cette volonté dépend du niveau d'instruction (i) et de l'expérience urbaine de chacun (eu). Bien entendu, ce produit est rapporté à l'indice du milieu physique (iPh). Il indique les conditions physiques du milieu. On peut alors établir la relation de notre modèle de périurbanisation et de paysage (M) : $\mathbf{M = (P.S.V^{i.eu})/iPh}$. Si S et V sont faibles, il y a une forte probabilité que l'on obtienne un paysage sans plan à l'issue du processus de périurbanisation. Dans le cas contraire, la probabilité d'un paysage structuré mi-urbain-mi-rural est grande.

À partir de ce modèle, on peut mieux réfléchir sur le phénomène urbain en Afrique et constater une fois de plus qu'il est importé, imposé ou superposé aux réalités africaines. L'imbrication du rural et de l'urbain dans les villes africaines ne devrait pas être une pathologie à combattre. Dans tous les cas, les Africains arrivent à « *réinterpréter et refaçonner* – ce phénomène urbain importé – *en fonctions des ancrages culturels, socio-économiques et territoriaux anciens »* (Simeu Kamdem, 2004). C'est leur façon de garder *« un pied dedans, un pied dehors »,* selon une expression de Chaléard et Dubresson (1989). La seule différence entre les villes réside au niveau du pied dedans ou dehors.

Conclusion

Le passage du couple ville-campagne au couple urbain-rural ouvre la voie à l'émergence d'un troisième espace géographique. Le périurbain dont il est question et la croissance accélérée des villes régionales sont des phénomènes récents en Afrique. Au-delà des débats sur les concepts ou sur l'effectivité du périurbain dans ces villes dites régionales, se pose la question fondamentale des processus et des formes qui se mettent en place, ainsi que leurs interprétations dans le sens d'une maîtrise du développement urbain en Afrique.

Les périphéries des villes de l'Ouest-Cameroun subissent de profondes mutations. Au cours de ce travail, nous nous sommes employé à montrer les relations entre la périurbanisation, les mutations foncières et la dynamique des paysages autour de ces villes. En position émergente, elles ne sont plus de simples relais migratoires, mais des centres capables d'organiser et de structurer leur développement ainsi que celui de leur région en relation avec les grandes métropoles qui leur donnent de l'impulsion. Le phénomène urbain camerounais est profondément ancré dans l'histoire, notamment la colonisation et l'aménagement du territoire après l'indépendance. L'aventure personnelle de chaque citadin justifie son engagement dans le périurbain. En l'absence d'intervention directe des pouvoirs publics, les acteurs urbains de la base prennent le contrôle de la périurbanisation et de l'étalement urbain.

On constate que le périurbain est une mise à l'épreuve de la législation foncière et du code d'urbanisme. Les dérogations à la procédure d'incorporation et d'expropriation pour cause d'utilité publique, la reconnaissance tacite d'une double gestion des terres occupées du domaine national, sont autant d'éléments essentiels qui inhibent le fonctionnement des dispositions de cette législation et favorisent l'émergence des pratiques actuelles face aux acteurs désemparés ou avides de profits sur l'étalement urbain. Loin d'être nouvelles, ces pratiques existaient bien avant le phénomène urbain dans l'espace périurbain. Seul leur contenu a changé au rythme de l'évolution du rapport entre l'offre et la demande foncières. L'héritage se négocie de façon voilée entre pères et fils, et les réseaux de pression se mettent en place. Les pratiques de ventes/achats de terrains s'inscrivent dans un marché foncier imparfait, mais fonctionnel, ancré dans les réseaux sociaux dont les plus rassurants sont tribaux. Les pratiques des modes d'accès temporaires relèvent le statut des espaces périurbains sinon comme espace de liberté et d'épanouissement recherché par le citadin, du moins comme espace transitoire vers la propriété foncière urbaine.

Si l'utilisation du sol périurbain montre sans surprise la primauté de la construction des logements, les méthodes de constructions réaffirment elles, le caractère des espaces périurbains comme espace où l'on passe invariablement de la débrouille à des plans de constructions structurés. L'agriculture et les paysages périurbains produits déroutent les approches théoriques qui se vérifient à des degrés diversement réduits par rapport à ce qu'on attendrait. Quoi qu'il en soit, on est obligé de constater que les paysages non planifiés sont certes dominants, mais alternent avec des îlots planifiés et qu'on peut aisément y établir des échelles de planification. L'occupation spontanée et anarchique n'atteint pas encore le stade de *« l'irréversible social »,* comme dans les métropoles, c'est-à-dire le stade où les raisons sociales dépassent la capacité d'agir des organismes de gestion. Nous nous rapprochons ainsi des observations de Pourtier et de Giraut (2001) en Afrique de l'Ouest et des cas étudiés en Afrique centrale par Piermay (1993). On se dirige ainsi vers un modèle de ville diluée, éparpillée, contrôlée par les acteurs de base et dans lequel le rôle des pouvoirs publics est à redéfinir. Les situations périurbaines actuelles peuvent donc être facilement maîtrisées.

Le dernier constat est celui de l'incapacité des pouvoirs publics à contrôler l'urbanisation au niveau où l'on devrait s'attendre, ce d'autant plus qu'il est évident qu'ils ne peuvent pas le faire tout seuls. À partir de tous ces constats, on peut mener de nouvelles réflexions sur les modèles de villes en Afrique subsaharienne, réflexions toujours occultées par les références au Nord. Les logiques des acteurs urbains de niveau de base ne sont plus des logiques irrationnelles par définition. Bien au contraire, elles sont un savant mélange d'ici et d'ailleurs, plus proches de leurs préoccupations. À partir du mouvement canalisé par ces acteurs dans le périurbain, se posent les questions de la légitimité et la légalité de l'action périurbaine. Comment peut-on mieux organiser la gouvernance périurbaine sans l'affrontement récurrent entre légitimité et légalité ?

Bibliographie

Aloko-N'guessan J. et R. N'dahoule-Yao, (2010), « La planification urbaine à l'épreuve des pratiques résidentielles dans la métropole ivoirienne », pp.57-74, in Aloko-N'guessan J., A. Diallo, H. Kokou Motcho (sous dir.), *Villes et organisation de l'espace en Afrique*, Karthala, 226p.

Aloko-N'guessan J., A. Diallo, H. Kokou Motcho (sous dir.), (2010), *Villes et organisation de l'espace en Afrique*, Karthala, 226p.

Alonso W. (1970), *Location and Land Use*, Harvard University Press.

Alvergne C. (2005), « Le regard de l'aménagement du territoire sur les nouvelles frontières entre l'urbain et le rural », in S. Arlaud et al. (2005) (dir.), *Rural-urbain, nouveaux liens, nouvelles frontières*, pp.19-24.

Antheaume B. et F. Giraut (2002), « Recompositions territoriales, confronter et innover », *Actes des rencontres scientifiques franco-sud-africaines de l'innovation territoriale*http ://iga.ujfgrenoble.fr/teo/Innovation/PDF/25%20Paper%20cities%20and%20hinter.pdf

Antoni J.P. (2002), "Urban sprawl modelling : a methodological approach". *Cybergeo*, n° 207, 11 p.

Antoni J.P. (2003), *Modélisation de la dynamique de l'étalement urbain, aspects conceptuels et gestionnaires. Application à Belfort*, thèse de Doctorat, Université Louis Pasteur, Strabourg1, 399p.

Arlaud S., Y. Jean et D. Royoux (2005) (dir.), *Rural-urbain, nouveaux liens, nouvelles frontières*, Presses Universitaires de Rennes, 506p.

Assako R. J. (1999-a), « Critique de la politique urbaine du Cameroun : instruments, résultats et évaluation », R*evue de géographie du Cameroun*, vol. IXV N°1, pp. 53-67.

Assako R. J. (1999-b), « Eléments de réflexion pour une révision de l'aménagement des villes en Afrique », *Afrika Spectrum* N°3, pp. 349-373.

Assako R. J. (2001-b), « Réflexions sur le processus de création et de développement des villes au Cameroun », *col. H&A-Afriques* N°1 L'Harmattan, pp. 25-47.

Assako R. J. (2003), « La future décentralisation camerounaise. Et si la gouvernance partagée était un moteur de développement durable pour les collectivités territoriales ? » in *Gouvernance partagée : lutte contre la pauvreté et les exclusions*, CUP, pp.289-297.

Assako R. J. et E. Tonye (2000-c), « Évaluation comparative des méthodes pour la délimitation d'un périmètre urbain par télédétection », *Revue Télédétection*, Vol. 1, N°4, pp.305-325.

Assongmo Th. (2001), « Le phénomène urbain au Cameroun de 1930 à 1997 : Évolution et perspectives », in *Héritages des Tropiques,* vol.3, N°1, pp. 121-139.

Assongmo Th. (2002), *Les quartiers marginaux de l'agglomération de Yaoundé : logique de constitution et problèmes d'aménagement*, thèse de Doctorat, université de Toulouse-le-Mirail, 263p.

Assongmo Th. et M. Kuété (2003), « La maison rurale des Hautes Terres de l'Ouest-Cameroun : architecture et formes d'évolution », in *Patrimoines et développement dans les pays tropicaux*, Espaces Tropicaux N°18, pp. 441-451.

Bailly A. (sous dir.) (2004), *Les concepts de la géographie humaine*, 5e éd. A. Colin, 333p.

Bailly A. et H. Beguin (1996), *Introduction à la géographie humaine*, 5e éd. A. Colin, 203p.

Bailly A. R. Ferras, D. Pumain (sous dir.) (1995), *Encyclopédie de géographie*, Economica, 1163p.

Barbier J.C. et B. Klein (1997), « Cartographie et maîtrise de l'espace urbain. L'exemple de Sokodé au Togo », in Bertrand M. et Dubresson A. (1997), *Petites et moyennes villes d'Afrique noire*, Paris, Karthala, pp.147-162.

Barbier J.C. et J.L. Piermay (1995), « Les petites villes en Afrique de l'Ouest sont-elles un objet scientifique ? », *Chroniques du sud*, Paris ORSTOM, N°14, pp.62-69.

Bauer G. et J.M. Roux (1976), *La rurbanisation ou la ville éparpillée*, Paris, Le Seuil, 189p.

Bavoux J. J. (2002), *La géographie : objets, méthodes, débats*, Paris, A. Colin, 239p.

Beauchemin C. (2005), « Exclusion urbaine et insertion rurale : les logiques de l'émigration urbaine », in S. Arlaud et al. (sous dir.), *« Rural-urbain, nouveaux liens, nouvelles frontières »*, pp.439-454.

Beaujeu Garnier (1980), *Géographie urbaine*, Paris, A. Colin, 360p.

Beauvilain A., J.L. Dongmo M. Paba Sale, J., Pahaï, M. Rouspard, C. Seignobos (1983), *Atlas aérien du Cameroun*, Université de Yaoundé, département de géographie, 138 p.

Berque A. (1994), *Cinq propositions pour une théorie du paysage*, Seyssel, Éditions Champ Vallon, 128 p.

Berstein Janis D. (1993), *Land use considerations in urban environment management*, World Bank, 99p.

Bertrand M. (1993), « Plaidoyers pour les centres urbains secondaires en Afrique au sud du Sahara », *Revue Tiers-monde,* N°133, pp.117-138.

Bertrand M. (1995), « Petites et moyennes villes d'Afrique noire. Autonomie des problématiques ? »*Villes en parallèle (villes secondaires d'Afrique)* N°22, pp.106-127.

Bertrand M. (1998), *Villes secondaires d'Afrique noire, 1970-1997 : bibliographie analytique commentée*, CEAN

Bertrand M. (2002), *Dynamiques résidentielles dans les villes du sud*, Col. Autrepart, N°23, IRD-L'Aube, 185p.

Bertrand M. et A. Dubresson (1997), *Petites et moyennes villes d'Afrique noire*, Paris, Karthala, 326p.

Bessy Pietri P. (2000), « Recensement de la population 1999, les formes de la croissance urbaine », *INSEE Première*, n°701.

Biau D. (2010), *Les enjeux de l'urbanisation en Afrique : remarques introductives, 3e conférence ministérielle africaine sur le logement et le développement durable*, ONU-Habitat, Bamako, Mali, 22-24 novembre 2010.

Blanc-Pamard C. et L. Cambrézy, (sous dir.), (1995), *Terre, terroir, territoire : les tensions foncières*, Paris, Orstom, 472 p.

Bonerandi E., Landel P.-A., Roux E., (2003), « Les espaces intermédiaires, forme hybride : ville en campagne, campagne en ville ? » In *Revue de géographie alpine*, Tome 91 N°4. pp. 65-77 [en ligne] http ://www.persee.fr/web/revues/home/prescript/article/rga_0035-1121_2003_num_91_4_2263.

Bopda A. (1985), *La dynamique de l'espace urbain à Yaoundé : reconstruction et expansion postcoloniales du bâti*, thèse de 3e cycle, université de Yaoundé, 326 p.

Bopda A. (1997), *Yaoundé dans la construction nationale au Cameroun : territoire urbain et intégration*, thèse de Doctorat, Université Paris I-Panthéon Sorbonne, 511 p.

Bordere F. (2001), *Étalement urbain : du concept à l'observation*, CETE Lyon, www.orhlrhonealpes.org/docs_transfert/etudesettravaux/theme14/journees/actes_journee_12-octobre-2001.pdf.

Brueckner K. et D.A. Fansler (1983), « The economics of urban sprawl : theory and evidence on the spatial sizes of cities », in *The review of economics*,www.depeco.econo.unlp.edu.ar/catedras/espacial/files/programa_2006.pdf.

Bruneau J. C. (2003), « Vivre la ville à la campagne : crise des sociétés et exurbanisation en Afrique tropicale », in *Regards sur l'Afrique*, Comité national français de géographie, 336 p.

Brunet R. R. Ferras, H. Théry, (1997), *Les mots de la géographie*, Reclus, 518p.

Bussi M. (2005), « Le vote comme expression des inégalités et des nouvelles frontières rurales-urbaines en France », in S. Arlaud et al. (sous dir.), *Rural-urbain, nouveaux liens, nouvelles frontières*, pp.395-413.

CERAMAC (2003), *Crises et mutations des agricultures de montagne*, Clermond-Ferrand, PUBP, 703 p.

Cernea M. (1993), *The urban environment and population relocation*, World Bank, 47p.

CERTU (2000), *La forme des villes. Caractériser l'étalement urbain et réfléchir à de nouvelles modalités d'actions*, CERTU Lyon collection débats, n°30.

CERTU (2007), *Le périurbain, quelle connaissance, quelles approches ?* Production N°13011.

Chabi M., (2010), « Périurbanisation et nouvelle structuration spatiale de l'agglomération de Cotonou. Le cas d'Abomey-Calavi », pp.105-123, in Aloko-N'guessan J., A. Diallo, H. Kokou Motcho(sous dir.), *Villes et organisation de l'espace en Afrique,* Paris, Karthala, 226p.

Chaléard J. L., A. Dubresson (éds.), (1999), *Villes et campagnes dans les pays du Sud. Géographie des relations*, Paris, Karthala, 260 p.

Chaléard J. L., A. Dubresson, (1989), « Un pied dedans, un pied dehors : à propos du rural et de l'urbain en Côte d'Ivoire », *in Tropiques : liens et lieux*, Paris, ORSTOM (coll. « Didactiques »), pp. 277-290.

Chaléard J.L. (1996), *Temps des villes, temps des vivres. L'essor du vivrier en Côte d'Ivoire*, Paris, Karthala, 664p.

Chaléard J.L., A. Dubresson (1990), « Un pied dedans, un pied dehors : à propos du rural et de l'urbain en Côte d'Ivoire », in *Tropiques : lieux et liens*, pp. 277-290.

Champaud J. (1969), *Coopérative et développement : l'UCCAO*, Les Cahiers d'Outre-mer, Tome XXII, N°85, pp.95-100.

Champaud J. (1983), *Villes et campagnes de l'Ouest Cameroun*, ORSTOM, 508p.

Champaud J. (1990), « À la recherche des villes moyennes », in *Tropiques : lieux et liens*, pp.362-374.

Chapuis R., C. Enault, V. Mannone, J.L. Maigrot, P. Mille, E. Renaud (2001), « Les modalités de la périurbanisation dijonnaise », *Géocarrefour*, n°4, volume 76.

Chauveau J.P. (1998), « Quelle place donner aux pratiques des acteurs ? » in Lavigne Delville Ph. et al., (sous dir.), *Quelles politiques foncières pour l'Afrique rurale ?* Paris, Karthala, pp.29-36.

Chauveau J.P. et P. Mathieu (1998), « Dynamiques et enjeux des conflits fonciers », in Lavigne Delville Ph. et al., (sous dir.), in *Quelles politiques foncières pour l'Afrique rurale ?*Paris, Karthala, pp.216-243.

Chevalier J. (1984), « Franges internes et banlieues urbaines dans la dynamique socio-spatiale des agglomérations », in *Géographie sociale, acte de colloque d'Angers les périphéries urbaines* 6, 7 décembre 1984.

Clark C. (1951), « Urban population densities », *Journal of the royal Statistical Society, serie A*, n°114, pp. 490-496.

Cornier M.C. (1999), *L'espace périurbain, une nouvelle forme de l'expansion urbaine*, thèse de doctorat en géographie, Université de Bourgogne.

CouradeJ. I. Eloundou-Enyeg, O. Grangeret, (1991), « L'Union Centrale des Coopératives Agricoles de l'Ouest du Cameroun (UCCAO) : de l'entreprise commerciale à l'organisation paysanne », *Revue Tiers-monde*, tome XXXII, N°128, pp.887-899.

Courade G. (1994), *Le village camerounais à l'heure de l'ajustement*, Paris, Karthala, 410p.

Courade G. (2000), *Le désarroi camerounais*, Paris, Karthala, 279p.

Courade G. (2006), *L'Afrique des idées reçues*, Ed. Belin, 399p.

Crousse B. E. Le Bris, E. Le Roy (sous dir.), (1986), *Espaces disputés en Afrique noire,* Paris, Karthala, 426p.

David J. (1985), « Les périphéries urbaines : nouvel espace ou discours ? », *Les périphéries urbaines*, Acte de colloque Angers, géographie sociale, pp. 259-262.

Davis Mike (2006), *Planet of slums*, Verso Book, 228p.

Davodeau H. (2005), « Les paysages, une nouvelle préoccupation dans la gestion des espaces périurbains », in *Cahiers d'économie et sociologie rurales*, n° 77, pp66-84.

Debarbieux B. (2002), *Ces territorialités qui se dessinent*, Ed. Aube Datar, 267p.

Debarbieux B. (2005), « Obsolescence ou actualité des objets géographiques modernes ? À propos de la ville, de la campagne, du périurbain et de quelques autres objets conventionnels », in S. Arlaud et al. (sous dir.), *Rural-urbain, nouveaux liens, nouvelles frontières*, pp.33-43

Derycke P.H. (1999), « Les densités urbaines, une revue de littérature », communication présentée à *la table ronde Variations théoriques sur l'espace urbain et l'espace rural*, programme ARTHUR.

Deviller & Monrand J. (1996), *Droit de l'urbanisme*, Estem, 251p.

Di Méo G. (1998), *Géographie sociale et territoires*, Paris, Nathan Université, collection Fac Géographie, 317 p.

Donadieu P. (1998), *Campagnes urbaines*, Arles, Actes Sud, 219p.

Donadieu P. (2004), « Construction de la ville-campagne, vers la production d'un bien commun agriurbain », *Acte colloque de Grenoble*, 12p.

Dongmo J.L. (1981), *Le dynamisme bamiléké. Maîtrise de l'espace rural*, Yaoundé, CEPER, 425p.

Dongmo J.L. (1981), *Le dynamisme bamiléké. Maîtrise de l'espace urbain*, Yaoundé, CEPER, 293p.

Donzelot J. *Quand la ville se défait*, Paris, le Seuil, 2006.

Donzelot J., (2004), « La ville à trois vitesses : relégation, périurbanisation, gentrification » revue *Esprit*, mars 2004. Article disponible à :http ://www.esprit.presse.fr/review/article.php ?code=7903.

Doungtio D. N. (2000), *Les femmes et la commercialisation des vivres frais : diversification des sources de revenus et mutations sociales*, mémoire de maîtrise de géographie, université de Dschang, Cameroun, 96p.

Dubresson A. (1996), « Crise économique et peuplement des villes en Afrique au sud du Sahara », in Coussy J. et Vallin J., *Crise et population en Afrique*, Paris, CEPED, pp.375-406.

Dubresson A. et J. P. Raison (1998), *L'Afrique subsaharienne, une géographie du changement*, Paris, Armand Colin, 248 p.

Dumolard P. (1999), « Accessibilité et diffusion spatiale », *L'espace géographique*, n°3, pp. 205-214.

Dumont M et A. Bossé (2006), "L'au-delà des villes contre l'entre-deux des villes.", *EspacesTemps.net,* Mensuelles, http ://espacestemps.net/document2003.html.

Dureau F, V. Dupont, E. Lelièvre, J.-P. Lévy, Th. Lullé (2000), *Métropoles en mouvement : Une comparaison internationale*, Anthropos-IRD, coll. Villes, 656p.

Duvernoy I. et S. Bacconnier (2005), « Les espaces agricoles périurbains : des espaces-frontières entre ville et campagne ? » in S. Arlaud et al. (sous dir.), *Rural-urbain, nouveaux liens, nouvelles frontières*, pp.203-211

Elouga M., V. Nga Ndongo, L. Mebenga Tamba (sous dir.), (2009), *Dynamiques urbaines en Afrique noire*, Paris, L'Harmattan, 384p.

Enault C. (2003), *Vitesse, accessibilité et étalement urbain analyse et application à l'aire urbaine dijonnaise*, thèse de Doctorat de géographie, Université de Bourgogne, 456p.

Essayas Deribe Welde Tsadik (2003), *La gestion foncière et le développement urbain dans les villes des pays en voie de développement : le cas de la ville d'Addis Abeba*, thèse de Doctorat en Urbanisme et Aménagement, Université de Lyon, 264p.

Étongué Mayer R. et Soumahoro M. (2010), « Espaces urbains tropicaux africains et leur appropriation dans la construction de la ville tropicale : enjeux de deux systèmes d'organisation, le formel et l'informel dans l'utilisation de l'espace », in *Revue Canadienne des Sciences Régionales*, Vol.33, N°1, pp.145-156.

Facon M.F. (2001), Étalement urbain, les objectifs de la loi SRU, Direction Générale de l'Urbanisme, de l'Habitat et de la Construction : DGUHC, www.orhlrhonealpes.org/docs_transfert/etudesettravaux/theme14/journees/actes_journee_12-octobre-2001.pdf.

Farvacque-Vit Rovic C. (1997), *L'avenir des villes africaines : enjeux et priorités du développement urbain*, Banque Mondiale, 178p.

Fleury A. et Donadieu P. (1997), « De l'agriculture périurbaine à l'agriculture urbaine », http ://www.inra.fr/dpenv/fleurc31.htm.

Fotsing J.M. (1984), *Genèse et évolution des structures foncières en pays Bamiléké : exemples des chefferies Bamendjou, Bahouang, Batié et Baleng*, thèse de Doctorat 3e cycle, université de Yaoundé, Cameroun, 366p.

Fotsing J.M. (1995), « Compétition foncière et stratégie d'occupation des terres en pays Bamiléké », pp. 131-148, In *terre, terroir, territoire, les tensions foncières,* ORSTOM, 472p.

Fotsing J.M. (1998), *Paysages de l'Ouest-Cameroun. Approche géographique des dynamiques de l'espace rural par télédétection, HDR de géographie*, Université de Montpellier, France, 750p.

Franqueville A. (1984), *Yaoundé : construire une capitale*, Paris, ORSTOM, 1984, 192p.

Franqueville A. (1987), *Une Afrique entre le village et la ville : les migrations dans le Sud du Cameroun*, Paris, ORSTOM, 1987, 646p.

Garreau J. (1991), *Edge cities, life on the new frontier*, New York, Anchor Book's.

Gautier D. (1989), *Connaissances et pratiques agroforestières d'une communauté rurale. Exemple de la chefferie Bafou (Ouest-Cameroun)*, mémoire ESAT 1 CNEARC Montpellier, France, 71 p.

Gautier D. (1994), « La diversité des systèmes agroforestiers bamiléké et ses évolutions contemporaines », in *Diversité culturelle, diversité biologique*, Journal d'Agriculture Traditionnelle et de Botanique Appliquée, vol 36 (2), pp.159-178.

George P. (1964), *Précis de géographie urbaine*, Paris, PUF, 283p.

Gérard Larcher G (1998), « La gestion des espaces périurbains », *Rapport d'information de la commission des affaires économiques et du plan,* http ://www.senat.fr/rap/r97-415/r97-415.html.

Ghorra-Gobin C. (1989), « Le périurbain : une nouvelle forme d'urbanité en France et aux Etats-Unis », *Acta géographica*, n°80, p. 13-25.

Ghorra-Gobin C. (1994), « Les mutations du périurbain aux États-Unis », in *Cahiers de géographie du Québec*, n°38, pp. 433-441.

Ginet P., D. Giband, R. Matlovic, I. Bernasovsky, (2003), *L'avenir des petites villes*, Actes du colloque international de Clermont Ferrand, PU Blaise Pascal, 325p.

Giraut F. (1993), « Les petites villes entre émancipation et éclatement des pouvoirs (Ghana, Togo, Niger) », in Jaglin S. et Dubresson A (dir.), *Pouvoirs et cités d'Afrique noire. Décentralisations en questions,* Paris, Karthala, pp.177-204.

Giraut F. (1994), *La petite ville, un milieu adapté aux paradoxes de l'Afrique de l'Ouest*, thèse de Doctorat de géographie, Université de Paris 1, 443p.

Giraut F. (1997), « Quel bilan des relations entre la petite ville et son environnement ? » In, Bertrand M. et Dubresson A. (1997), *Petites et moyennes villes d'Afrique noire,* Paris, Karthala, pp.17-38.

Giraut F., (2009), « Les ambiguïtés de la nouvelle doctrine spatiale de la Banque mondiale », *Cybergeo : European Journal of Geography* [En ligne], Débats, La Banque Mondiale et la géographie, mis en ligne le 02 octobre 2009. URL :http ://cybergeo.revues.org/index22695.html, consulté le 10 mars 2010.

Goislard C. (1997), « Esquisse d'une gestion foncière plurale : Banfora (Burkina Faso) », in Bertrand M. et Dubresson A. (1997), *Petites et moyennes villes d'Afrique noire*, Paris Karthala, pp.163-178.

Gourgand M., D. Louembe, G. Mottet, (1991), « Morphodynamique et urbanisation à Brazzaville (Congo) », *Espaces Tropicaux,* N°4 pp. 69-80.

Gubry P. (sous dir.) (1996), *Le retour au village, une solution à la crise économique au Cameroun*, Paris, L'Harmattan, 206 p.

Guerois M. (2003), *Les formes des villes européennes vues du ciel. Une contribution de l'image CORINE à la comparaison morphologique des grandes villes d'Europe occidentale*, thèse de Doctorat, Université de Paris I Panthéon-Sorbonne, 310p.

Guiffo J.Ph. (2000), *Le titre foncier au Cameroun*, Yaoundé, Essoah, 158 p.

Haeringer*P.* (1973), *Propriété foncière et politiques urbaines à Douala*, Cahiers Etudes Africaines, N° 51, XIII, 3, 469-496.

HaeringerP. (1993), *Diversité des situations périurbaines dans le monde*, Cahiers du CREPIF, métropolisation et périurbanisation, pp.89-103.

Hiernaux D. et Lindon A. (2002), « Pratiques et stratégies résidentielles dans la vallée de Chalco, périphérie de Mexico », in *Dynamiques résidentielles dans les villes du sud*, Col. Autrepart N°23, IRD-L'Aube, pp.123-136.

INSEE Aquitaine (2005), « Trente ans de développement urbain », in *Journal,* n°147, 4p.

Jaillet M.C. et G. Jalabert, (1982), « Politique urbaine et logement : la production d'espace pavillonnaire », in *L'Espace géographique*, n° 4, pp. 293-306.

Jaillet M-.C. L. Brévard, L. Rougé, (2004), « Le périurbain, terrain d'aventure politique pour les classes moyennes », *Revue Esprit,* n°303, pp. 40-62.

Jaillet M.C., (2004), « L'espace périurbain : un univers pour les classes moyennes », *Esprit,* n° 303, pp. 40-60.

Jaillet M.C., G. Jalabert, (1982), « La production de l'espace urbain périphérique », in *Revue géographique des Pyrénées et du Sud-ouest*, tome 53, fascicule 1, pp. 7-26.

Jalabert G. (1984), « Espace et populations dans les périphéries urbaines », in *Géographie sociale, acte de colloque d'Angers, les périphéries urbaines* 6, 7 décembre 1984.

Jalabert G., B. Kayser, J.P. Laborie, (1984), « Espace périurbain : modélisation », in *Etudes foncières*, n°25, pp. 20-23.

Janin P. (1998), *L'avenir des planteurs camerounais : résister ou se soumettre au marché*, Karthala, 229p.

Joëlle Salomon Cavin J., (2009), « Éloge de la concentration urbaine. Plaidoyer de la Banque mondiale en faveur de la grande ville. », *Cybergeo : European Journal of Geography* [En ligne], Débats, La Banque Mondiale et la géographie, mis en ligne le 02 octobre 2009. URL :http ://cybergeo.revues.org/index22685.html consulté le 10 mars 2010.

Kamga A. (2002), *Crise économique, retour des migrants, et évolution du système agraire sur les versants oriental et méridional des monts Bamboutos (Ouest-Cameroun)*, Thèse de Doctorat de géographie, Université de Toulouse-le-Mirail, 311p.

Kamga S. A. (1977), *Bafoussam, étude géographique*, thèse de Doctorat 3e cycle, université de Bordeaux, France, 154 p.

Kanguelieu Tchouake M. (2003), *La rébellion armée à l'Ouest-Cameroun (1955-1971)*, édition St Siro, Yaoundé, Cameroun, 213p.

Karen Scoonmaker F. (1995), *Droits fonciers et propriété de l'arbre et de la terre, outils de diagnostic rapide*, FAO, 90p.

Kayser B. et G. Schektman Labry (1982), « La troisième couronne périurbaine : une tentative d'identification », in *Revue géographique des Pyrénées et du Sud-ouest,* Tome 53, fasc. 1, pp. 27-34.

Kenfack E. (1976), *Répartition du patrimoine familial et les successions en droit coutumier bamiléké*, mémoire de licence en droit privé-option judiciaire, université de Yaoundé, Cameroun, 61 p.

Kengne Fodouop (2003), *Citadins et développement des campagnes au Cameroun*, Yaoundé, PUY, 2003, 230 p.

Kengne Fodouop et A. Bopda (2000), *Un demi-siècle de recherche urbaine au Cameroun*, Yaoundé, PUY, 170p.

Kengne Fodouop et B. Mougoué (2001), « Acteurs locaux et gestion politique de l'environnement à Yaoundé (Cameroun) », *Espaces Tropicaux,* n°15, pp. 529-535.

Kenné F.M. (2007), *Les grands chefs de l'insurrection armée en pays bamiléké et leurs activités de 1955 à 1971*, thèse de Doctorat /Ph.D., Université de Yaoundé I, 461p.

Khouma M., (2007), « Anticipation de la ville et production de l'espace dans la couronne périurbaine de Dakar », pp. 57-74, in Piermay J.-L et Sarr Cheikh (éds.), *La ville sénégalaise : une invention aux frontières du monde,* Paris, Karthala, 246 p.

Kouassigan Adjete G. (1966), *L'homme et la terre : droits fonciers coutumiers et droits de propriété en Afrique occidentale*, Berger-Levrault, 284p.

Kuété M. (1996), *Les enjeux des cultures de rente au Cameroun : l'exemple de la caféiculture*, Dschang University Press, 50p.

Kuété M. (1998), « L'apport de la colonisation française dans la compréhension du paysage végétal des Hautes Terres de l'Ouest », *Revue Nkà*, FLSH, Dschang University Press, pp.108-121.

Kuété M. (2000), *Espaces, pouvoir et conflits dans les Hautes Terres*. PUY Yaoundé, 149p.

Kuété M. (2001), « La ville paie ses dettes envers la campagne des Hautes Terres de l'Ouest-Cameroun : transformation des paysages », *Espaces Tropicaux*, n°16, pp. 369-381.

Kuété M., C. Dzalla, A. Yemmafouo, (2003), « Les montagnes du Cameroun face aux nouveaux enjeux de développement de la sous-région Afrique centrale », in *Crises et mutations des agricultures de montagne*, Clermont-Ferrand, PUBP, pp 151-173.

Laganier J. et V. Dalila, (2009), *Recensement de la population de 2006. La croissance retrouvée des espaces ruraux et des grandes villes*, Bull. INSEE N°1218, janvier 2009.

Lasserve A. D (1985), *L'inclusion des pauvres dans les villes du tiers-monde*, Paris, L'harmattan, 198 p.

Lavigne Delville Ph. (1998b), *Foncier rural, ressources renouvelables et développement en Afrique. Rapport d'étude*, ministère des Affaires Etrangères-Coopération et Francophonie, 129p.

Lavigne Delville Ph. (sous dir.) (1998a), *Quelles politiques foncières pour l'Afrique rurale ?*, Paris, Karthala, 737p.

Le Bris E., (1993), « Ville irrégulière, ville non maîtrisée », in P. Hugon, et R. Pourtier, (eds), *Villes d'Afrique, Afrique contemporaine*, numéro spécial, *La Documentation Française*, pp. 218-230.

Le Bris, E. Le Roy et F. Leimdorfer, (sous dir.), (1982), *Enjeux fonciers en Afrique noire*, Paris, Karthala, 425p.

Le Bris, E. Le Roy, P. Mathieu, (sous dir.), (1991), *L'appropriation de la terre en Afrique noire*, Paris, Karthala, 359p.

Le Roy E. (1995), « La sécurisation foncière dans le contexte africain de marchandisation imparfaite de la terre », in Blanc-Pamard C. et Cambrézy L. (sous dir.), *Terre, terroir, territoire, les tensions foncières*, ORSTOM, Paris, pp.455-472.

Le Roy E. A. Karsenty, A. Bertrand, (sous dir.), (1996), *La sécurisation foncière en Afrique : pour une gestion viable des ressources renouvelables*, Paris, Karthala, 388p.

LecatG. (2006), *Analyse économique de la planification urbaine*, Thèse en sciences économiques, Université de Bourgogne, 437p.

Lefebvre H. (2009), *Le droit à la ville*, 3e éd., Paris, Anthropos, 136p.

Lemouogue J., (2007), *« Citadins-agriculteurs » et mutations des relations ville/campagne dans le périurbain d'une ville moyenne : cas de la ville de Dschang (Ouest-Cameroun)*, mémoire de Master de Géographie, Université de Dschang, 157p.

Lenah (1981), *La commune face à la politique foncière*, Berger-Levrault, Paris.

Leroy S.F. et J. Sonstelie (1983), "Paradise Lost and Regained : Transportation innovation Income and residential location", in *Journal of urban economics*, n°13, pp. 301-310.

Lévy J. (2003), « Modes de vie urbains et modèles d'urbanité », in *Futuribles / Etude rétrospective et prospective des évolutions de la société française (1950-2030)*,www.equipement.gouv.fr/.../Publications/France%2019502030/24.%20Modes%20de%20vi%20urbains.pdf.

Mabileau A. et Sorbets C., (sous dir.) (1989), *Gouverner les villes moyennes*, IEP Bordeaux-CNRS, 188p.

Madoré F. (2004), « Modes de vie périurbains en France », *Norois* [En ligne], 193, 2004/4, mis en ligne le 18 août 2008. URL :http ://norois.revues.org/index789.html.

Mainet G. (1983), « Maîtrise foncière et création urbaine à Douala », *Société languedocienne de géographie*, Montpellier, n° 1-2, pp. 163-167.

Mainet G. (1984), « Le zones d'extension récente de Douala, formation et évolution, variété des espace périurbains », *CESURB* N°24, Bordeaux-Talence, pp. 117-130.

Mainet G. (1986), *Douala : croissance et servitudes*, Paris, L'Harmattan, 611p.

Mainet G. (1993), « Le périurbain en Afrique : les exemples de Dakar et Douala », *CREPIF*, n°42, pp. 133-145.

Mainet G. (1997), « Création et volonté urbaine à la base. Le cas du Sénégal », in Bertrand M. et Dubresson A. (1997), *Petites et moyennes villes d'Afrique noire*, Paris, Karthala, pp.111-124.

Mambo Paterne Y., (2009), *Droit et ville en Afrique : étude de la décentralisation ivoirienne en matière d'urbanisme*, Paris, L'Harmattan, 546p.

Marguerat Y., (1983), *Des montagnards entrepreneurs : les Bamiléké du Cameroun*, Cahiers d'études africaines, Vol. 23, n°92, pp.495-504.

Maximy R. (1984), *Kinshasa, ville en suspens, dynamique de la croissance et problèmes d'urbanisme, approche sociopolitique*, ORSTOM, 476p.

Morin S. (1993), « Colonisation agraire, dégradation des milieux et refus d'innovation dans les Hautes Terres de l'Ouest Cameroun », *Espaces Tropicaux*, n°8, Talence CEGET-CNRS, pp.107-127.

Morin S. (1996), *Le haut et le bas : signatures sociales, paysages et évolution des milieux dans les montagnes d'Afrique centrale (Cameroun et Tchad)*, collection pays enclavés, n°8 CRET, 154p.

Morin S. (2001), « Progrès, paysages et identités dans les Hautes Terres camerounaises », *Espaces Tropicaux*, n°16, pp. 323-353.

Morin S., Bart F. (1993), « 1980-1990 : dix années de recherches françaises dans les Hautes Terres d'Afrique centrale », *Espaces Tropicaux*, n°12, pp. 173-213.

Mouafo D., (1994), « La périurbanisation : étude comparative Amérique du Nord – Europe occidentale – Afrique noire », *Cahiers de géographie du Québec*, vol. 38, n° 105, pp. 413-432.

Navez-Bouchanine F. (2005), *Intervenir dans les territoires à urbanisation diffuse*, La-Tour-d'Aigues, Éditions de l'Aube.

Ngouagnia Mogo H. (1998), *Les camps de regroupement dans la subdivision de Mbouda 1959-1970*, mémoire de DIPES II, université de Yaoundé, Cameroun, 83p.

Ngoufo Sogang T. (1991), *La caféiculture et le développement coopératif dans le Bamboutos 1930-1978, essai d'histoire économique et sociale*, mémoire de maîtrise, université de Yaoundé, Cameroun.

Nofiélé D. (1973), *Mbouda : étude géographique*, DES de géographie, université de Yaoundé, Cameroun, 140 p.

Orho J. (1982), « L'espace périurbain : un nouvel espace ? » in *Etudes foncières,* n°14, pp. 41-44.

Pages-El-Karoui (2005), « Une frontière tangible entre urbain et rural : les avatars des limites municipales de Tantâ (Egypte) », in S. Arlaud et al. (sous dir.), *Rural-urbain, nouveaux liens, nouvelles frontières*, pp.415-423.

Pain M. (1984), *Kinshasa : la ville et la cité*, ORSTOM-Etudes urbaines, Coll. Mémoires, n°105, 267p.

Paquette C (2002), « Hébergé : un statut d'occupation entre contraintes et arbitrages. Les *allegados* de Santiago du Chili », in *Dynamiques résidentielles dans les villes du sud*, Col. Autrepart, n°23, IRD-L'Aube, pp.37-52.

Patrick Sadiki1 & Maano Ramutsin (2002), "Peri-urban transformation in South Africa : Experiences from Limpopo", in *Province GeoJournal,* n°57, pp.75–81.

Pettang C. (1999), *Éléments d'optimisation de la production d'un habitat urbain décent au Cameroun*, Habitat et aménagement, Vol 2, PUY.

Piermay J.L (1997), « Armatures urbaines en Afrique centrale : mutations par le bas, mutations par le haut », in Bertrand M. et Dubresson A. (1997), *Petites et moyennes villes d'Afrique noire*, Paris, Karthala, pp.305-314.

Piermay J.-L et Sarr Cheikh (éds.), (2007), *La ville sénégalaise : une invention aux frontières du monde*, Paris, Karthala, 246 p.

Piermay J.L. (1993), *Citadins et quête du sol dans les villes d'Afrique centrale*, Paris, L'Harmattan, 579p.

Piermay J.L. (2002), « Des confins aux villes-frontières : l'innovation à la marge », communication lors des *Rencontres scientifiques franco-sud-africaines de l'innovation territoriale*, 8p.

Piermay J.L. (2003), « L'invention de la ville en Afrique sub-saharienne », in *Regards sur l'Afrique*, UGI-CNFG, Historiens et Géographes, n°379, pp.59-65.

Piermay J.L., (2003), « L'apprentissage de la ville en Afrique sub-saharienne », *Le Mouvement Social*, Vol.3, n°204, pp.35-46.

Pinchemel Ph. et G. (1992), *La face de la terre*, Paris, A. Colin, 2e éd. 519p.

Pourtier R. (1991), « Crise de l'État et crise urbaine en Afrique noire » in *Urbanisation et développement dans les pays tropicaux*, CEGET, Espaces tropicaux, n° IV, 198p.

Pourtier R. (1993), « Petites villes et villes moyennes : développement local et encadrement étatique », *Afrique contemporaine,* n°168, pp.82-97.

Pourtier R. (2001), *Les Afriques noires*, Paris, Hachette, 256 p.

Pouyanne G. (2004), *Forme urbaine et mobilité quotidienne*, thèse de Doctorat en science économique, Université Montesquieu-Bordeaux IV, 314p.

Prost B. (2001), *Quel périurbain aujourd'hui ?* Géocarrefour, Vol. 76, n°6, www.geocarrefour.or/index.htm.

Pumain D. (1992), « Les systèmes de villes » in Bailly et al. (dir.), *Encyclopédie de géographie*, Paris, Economica, pp.649-643.

Pumain D., Bretagnolle A., Degorge Lavagne M. (1999), « La ville et la croissance urbaine dans l'espace-temps », *Mappemonde*, volume 55, n°3, pp. 38-42.

République du Cameroun (1974), *Régime foncier et domanial*, Imprimerie nationale, version française, 94p.

Rochefort M. (1990), « Villes, réseaux urbains et régions dans les pays sous-développés. Du mythe à la réalité », in *Géographie entre espace et développement,* Toulouse, Presses Universitaires du Mirail, pp.225-236.

Roncayolo M. (1990), *La Ville et ses territoires,* Paris, Gallimard, 1990.

Roncayolo M. (2001), *La ville aujourd'hui. Mutations urbaines, décentralisation et crise du citadin*, Seuil, 504p.

Rougé L. (2005), *Accession à la propriété et modes de vie en maison individuelle des familles modestes installées en périurbain lointain toulousain. Les « captifs » du périurbain ?* Thèse de Doctorat, Université de Toulouse-Le-Mirail, 381p.

Santos M. (1971), *Les villes du tiers-monde*, Paris, Génin, 428p.

Sautter G. (1973), « Recherche en cours sur les villes d'Afrique noire : thèmes et problèmes. Point de vue d'un géographe », *Cahiers d'études africaines,* n°51, pp.405-416.

Sautter G. (1981), « Réflexions sur les petites villes dans les pays en voie de développement », *Travaux et documents de géographie tropicale (les problèmes de la croissance urbaine dans le monde tropical),* Talence, CEGET-CNRS, n°45, pp.393-420.

Senecal G. et al. (1994), « Les mécanismes de production de la forme urbaine et la conservation des espaces agricoles et naturels dans la région de Montréal : le cas de Laval », in *Cahiers de géographie du Québec*, Vol. 58, n°105, pp. 301-326.

Simeu Kamdem M. (2004), *Produire la ville dans l'Afrique des savanes*, Démos, 409 p.

Simon J.P (2004), « Mutations urbaines en cours : quel avenir pour l'urbanité ? », http ://www.cafe-geo.net/article.php3 ?id_article=485.

Tania Ford (1999), "Understanding Population Growth in the Peri-Urban Region", in *International Journal of Population Geography,* pp.297-311.

Tardits C. (1960), *Les Bamiléké de l'Ouest-Cameroun, L'Homme d'Outre-mer,* Paris, Berger-Levrault, 140p.

Tdjouen D. A. (1982), *Droits domaniaux et techniques foncières en droit camerounais (étude d'une réforme législative)*, Paris, Economica, 205p.

Tellier L.N. (2000), « Le couple mobilité-immobilité au cœur de l'étalement urbain : le cas montréalais », in *Cahiers scientifiques du transport*, n°37, pp. 31-58.

Thébert M. (2005), *Logiques de l'action publique dans le périurbain rennais : les élus face à la mobilité*, thèse de Doctorat, Université de Paris I Panthéon-Sorbonne, 488p.

Thomsin L., (2001), « Un concept pour le décrire : l'espace rural rurbanisé », *Ruralia*, 2001-09, [En ligne], mis en ligne le 19 janvier 2005. URL : http ://ruralia.revues.org/document250.html. Consulté le 10 août 2006.

Timnou J.P. (1993), *Migration, urbanisation et développement au Cameroun*, IFORD-Yaoundé, Cameroun, 115p.

Tribillon J. F. (2000), *Revisiter la question foncière urbaine en Afrique*, http ://www.globenet.org/aitec/chantiers/urbain/ppu/gesturb1.htm, consulté le 16 mai 2006.

Tsalefac M. (1999), *Variabilité climatique, crise économique et dynamique des milieux agraires sur les Hautes Terres de l'Ouest du Cameroun*, thèse de Doctorat d'État, université de Yaoundé 1, Cameroun, 564 p.

Uwizeyimana L., (2009), « Après le café, le maraîchage ? Mutations des pratiques agricoles dans les Hautes Terres de l'Ouest Cameroun », *Les Cahiers d'Outre-mer*, Vol. 247, pp.331-344.

Valette E. (2003), *Pour une analyse géographique de l'innovation sociale. L'exemple des territoires ruraux périurbains de la garrigue nord-montpelliéraine*, thèse de Doctorat, Université Paris VII - Denis Diderot, 356p.

Vanier M. (2001), « Le tiers espace, acte II de la périurbanisation », *Pouvoirs locaux*, n°48, pp.59-63.

Vanier M. (2002), « Périurbanisation : un tiers espace voué à l'innovation », *Economie et humanisme*, n°362, pp.53-58.

Vanier M. (2003), « Le périurbain à l'heure du crapaud buffle : tiers espace de la nature, nature du tiers », *Revue de géographie alpine*, Vol. 91, n°4, pp.79-89.

Vanier M. (2003), « Qu'est-ce que le tiers espace : territorialités complexes et construction politique », *Revue de géographie alpine*, Vol.1, tome 88, pp.105 – 113.

Vanier M. (2005), « Rural-urbain : qu'est-ce qu'on ne sait pas ? » in S. Arlaud et al. (sous dir.), *Rural-urbain, nouveaux liens, nouvelles frontières*, pp.25-32.

Vennetier P. (1993), (sous dir.), Villes africaines, activités et structures, CEGET-Espaces Tropicaux N°10, 222 p.

Vennetier P. (sous dir.), (1991), *Urbanisation et développement dans les pays tropicaux*, CEGET-Espaces Tropicaux, n°4, 198 p.

Vennetier P., (dir.), (1989), *La périurbanisation dans les pays tropicaux*, Talence, CEGET-CNRS (Coll. « Espaces tropicaux », n°1).

Vennetier, P., (dir), (1991), *Les villes d'Afrique tropicale*, Paris, Masson (Coll. « Géographie »), 2e éd., 190p.

Véron J. (2006), *L'urbanisation du monde*, Paris, La Découverte, 122p.

Warnier J.P. (1993), *L'Esprit d'entreprise au Cameroun*, Paris, Karthala, 312p.

Yemmafouo A. (2000), « Sécurité foncière dans les sociétés caféicoles bamiléké », *Acte du colloque international de Dschang*, novembre 2000.

Yemmafouo A. (2000), *Étude cartographique du morcellement foncier sur le bassin versant de la Métsé moyenne, pentes sud-est du mont Bamboutos*, mémoire de maîtrise géographie, université de Dschang, Cameroun, 135p.

Yemmafouo A. (2002), *La question foncière en pays bamiléké : état et angles d'approches* ; mémoire de DEA de géographie, université de Dschang, 114p.

Yemmafouo A. (2007), *Pratiques foncières et dynamiques des paysages périurbains de Mbouda : une contribution à l'étude des mutations spatiales autour des villes moyennes de l'Ouest-Cameroun*, Thèse de doctorat /Ph.D, Université de Dschang, Cameroun, 375p.

Yemmafouo A. (2008), « Morcellement foncier, mutations des modes d'accès à la terre et crises des rapports sociaux en pays bamiléké : quelles leçons ? » in *Revue Nkà,* n°7, FLSH, Dschang University Press, pp.137-157.

Yemmafouo A. (2010), « Morcellement et concentration foncière : des réalités complexes à l'Ouest Cameroun : cas du département des Bamboutos », pp.8-25 in François Nkankeu et Christopher Bryant (éds.), *Regards multidisciplinaires sur les conflits fonciers et leurs impacts socio-économico-politiques au Cameroun,* Laboratoire de Développement durable et dynamique territoriale, Département de Géographie, Université de Montréal, 335p.

Youana J. (1983), *Les quartiers spontanés péricentraux de Yaoundé. Une contribution à l'étude du problème de l'habitat du plus grand nombre en Afrique*, thèse de 3e cycle, université de Yaoundé, Cameroun, 309 p.

Postface

L'ouvrage d'Aristide Yemmafouo nous fait comprendre que l'Afrique est en train de dépasser le stade de l'urbanisme colonial et qu'elle embrasse, à sa manière, les nouvelles tendances de l'urbanisation mondiale. Personnellement, mon expérience du Cameroun, du Rwanda, du Burundi, de la Guinée-Conakry, et comparativement à l'Europe où je suis, me permet de lui donner raison. Ce livre mérite une place de choix dans les rayons de la littérature consacrée à la ville en Afrique subsaharienne depuis les années 2000.

Tant mieux si le débat lancé par Martin Vanier, Marie-Christine Jaillet, Jean-Michel Roux et bien d'autres prend corps en Afrique et ce malgré le fait que certains font semblant de ne pas le reconnaître ou restent dubitatifs. Sur les pas d'Alain Dubresson, Roland Pourtier et Jean-Luc Piermay, Aristide Yemmafouo nous a démontré que la ville africaine avance positivement dans le train de la modernité. Le périurbain africain s'inscrit dans un processus relativement long d'intégration à la ville, un processus structuré autour du foncier et mené comme d'habitude par les citadins eux-mêmes.

Je suis obligé de constater, sûrement avec tous ceux qui liront cet ouvrage, que la périurbanisation en Afrique n'est pas un fait de pauvreté, mais plutôt un phénomène d'innovation qui construit des territoires de mixité fortement intégrés à la ville et sans aucun doute sur leurs aspects fonctionnels et urbanistiques. Le cas du Cameroun et particulièrement celui des villes de l'Ouest est suffisamment éloquent pour illustrer cette relation entre la périurbanisation, le foncier et les paysages. Il invite chaque lecteur à s'interroger sur la meilleure manière de prendre en compte ce processus dans les politiques urbaines.

Mon souhait ardent est d'ailleurs que les gestionnaires des villes africaines se saisissent de cette étude pour mieux réfléchir concrètement sur leur manière d'agir. En effet, l'urbanisme d'après-coup ne peut que conduire au spectacle désolant de bâtiments détruits au bulldozer que l'on observe un peu partout dans les capitales africaines, après 50 ans d'indépendance.

Fait à Toulouse le 11/07/2012,
Laurien UWIZEYIMANA
Professeur, Université de Toulouse 2-Le Mirail (France)

Tables des illustrations

Tableaux

Figures

Planches photographiques

Encadrés

Table des matières

Le Cameroun
aux éditions L'Harmattan

Dernières parutions

CAMEROUN (LE) FACE AU DÉFI DU DÉVELOPPEMENT
Atouts, obstacles et voie à suivre
Fodouop Kengne - Préface de Jean-Louis Chaleard - Postface de Benjamin Steck
Le Cameroun est un pays doté de multiples atouts favorables à son développement. Exploités à bon escient, ils en feraient un pays qui pourrait garantir à ses habitants de meilleures conditions de vie. Mais le Cameroun accédera à un véritable développement si ses dirigeants politiques et ses citoyens renoncent au tribalisme et privilégient l'intérêt général, si l'État applique les règles de droit et de justice, si les intellectuels camerounais s'impliquent dans la lutte.
(Coll. Racines du Présent, 35.00 euros, 360 p.)
ISBN : 978-2-336-00545-4, ISBN EBOOK : 978-2-296-51288-7

CAMEROUN, LE TEMPS DES INCERTITUDES
Espace de risque et dynamique de populations
Mbiaga Cyrille
Le Cameroun est en crise depuis son indépendance, et cette crise a conduit à l'émergence de grandes injustices. Le Cameroun subit des influences externes et souffre de ses influences internes. La dynamique des populations camerounaises montre une aspiration au bien-être et au progrès social dans un environnement tapi de risques et d'incertitudes. Ce livre décrit les déterminants qui accélèrent ou qui freinent le développement.
(Coll. Points de vue, 21.00 euros, 218 p.)
ISBN : 978-2-296-99825-4, ISBN EBOOK : 978-2-296-51457-7

JEUNESSE AFRICAINE ET DYNAMIQUE DES MODÈLES DE LA RÉUSSITE SOCIALE – L'exemple du Cameroun
Manga Jean-Marcellin
Voici une lecture des imaginaires de la réussite sociale de la jeunesse urbaine camerounaise contemporaine. Quelles sont les voies et les figures les plus significatives de la promotion sociale pour les jeunes de la capitale camerounaise ?
(Coll. Sociétés africaines et diaspora, 24.00 euros, 244 p.)
ISBN : 978-2-336-00188-3, ISBN EBOOK : 978-2-296-51333-4

PENSÉE POLITIQUE DE PAUL BIYA
Amougou Bernard - Préface de Jacques Fame Ndongo
Ce livre tente de clarifier et d'expliquer la pensée politique de Paul Biya. L'auteur cible bon nombre d'idées structurantes du «Renouveau» et aborde les idées que sont : le libéralisme communautaire, la moralisation, la liberté d'entreprendre, le devoir de solidarité, la démocratie, les droits de l'homme, les devoirs du citoyen, l'intégration nationale, l'État fort, la justice sociale, la nation, le spiritualisme culturel, la diplomatie et la croissance.
(Coll. Harmattan Cameroun, 15.50 euros, 148 p.)
ISBN : 978-2-336-00038-1, ISBN EBOOK : 978-2-296-51329-7

BAMILÉKÉ (LES) AU CAMEROUN – Ostracisme et sous-développement
Tchatchoua Thomas
La question ethnique est la problématique épicentrale de la gouvernance du Cameroun. L'auteur relance un vieux débat sur un fléau panafricain toujours d'actualité : l'ostracisme, qui culmine au Cameroun dans la question bamiléké. Le rejet dont souffre cette ethnie dans la société camerounaise a éclaté à maintes occasions pour marquer de ses crises aux effets parfois douloureux et tragiques l'histoire du pays.
(Coll. Harmattan Cameroun, 20.50 euros, 234 p.)
ISBN : 978-2-336-00889-9, ISBN EBOOK : 978-2-296-51376-1

ÉLEVEURS (LES) MBORORO DU NORD-CAMEROUN
Une vie et un élevage en mutation
Kossoumna Liba'a Natali
A l'insécurité foncière et fiscale affectant la préservation des espaces de pâturage et des pistes à bétail et favorisant une agriculture minière ou extensive, s'est ajoutée l'insécurité physique, avec des prises d'otages et les fortes rançons demandées aux Mbororo. Ces derniers tentent tant bien que mal de s'adapter et/ou d'atténuer de telles contraintes. Tout en sédentarisant habitat et activités, ils maintiennent la pratique de la transhumance, mais en la modifiant.
(Coll. Etudes africaines, 28.00 euros, 274 p.)
ISBN : 978-2-336-29078-2, ISBN EBOOK : 978-2-296-51377-8

PROVERBES ET EXPRESSIONS BASSA
Traduits en français
Momha Bellnoun - Préface du Révérend Pasteur Bernard Mayémi Ma Ndinjock
L'auteur met au service de tous les *Proverbes et expressions bassa*, un outil véritablement indispensable pour l'apprentissage et la maîtrise de la langue bassa. Cette langue devient enfin ce que les ancêtres ont toujours voulu qu'elle soit : un bassa à la portée de son public, qu'il entraîne sans difficulté dans ses divers imaginaires.
(26.00 euros, 262 p.) *ISBN : 978-2-296-96427-3, ISBN EBOOK : 978-2-296-51317-4*

GÉRARD ESSOMBA MANY, L'ACTEUR REBELLE
Art et esthétique du comédien africain
Soh Tatcha Charles
Attachant, contradictoire, fascinant, tels sont les adjectifs qui servent à dépeindre l'un des acteurs les plus charismatiques du continent africain, dont la liberté d'expression irrite, horripile, dérange, embarrasse, et dont la carrière est marquée par une mosaïque de succès et d'échecs, à la mesure des dimensions hors normes d'une personnalité insaisissable, faite de doutes et de douleurs. L'enfant terrible du 7e art africain se livre ici avec sincérité et humour.
(Coll. Harmattan Cameroun, 17.00 euros, 172 p.)
ISBN : 978-2-336-00911-7, ISBN EBOOK : 978-2-296-51452-2

DROITS DE L'HOMME ET GOUVERNANCE EN MILIEU PARLEMENTAIRE AU CAMEROUN
Bessolo Soya Marie Thérèse B. - Préface du Pr. Hon. Lekene Donfack
Cet ouvrage se veut une référence en matière d'évaluation de la dynamique des droits de l'homme au Cameroun ; en ce sens l'auteur a choisi ce concept à la fois comme cadre théorique et champ disciplinaire, désormais base de toute politique publique cohérente. Ce livre a le mérite de se revendiquer, non seulement des sciences du management, mais aussi des sciences historiques. Aussi présente-t-il des propositions concrètes pour une action parlementaire plus efficace et plus soutenue (Dr Gérard Marie Messina).
(Coll. Harmattan Cameroun, 19.00 euros, 192 p.)
ISBN : 978-2-336-00888-2, ISBN EBOOK : 978-2-296-51292-4

PARLONS DOUALA – Langue bantoue du Cameroun
Ewane Valerie
Le douala est une des langues véhiculaires du Cameroun, parlée par les Sawa dans les provinces du littoral, du sud-ouest, et dans le département de l'Océan. Cet ouvrage présente la langue dans sa structure grammaticale et verbale, des éléments de conversation courante, un vocabulaire riche et varié, des éléments culturels et des repères historiques, ainsi que deux lexiques : français-douala et douala-français. (CD en complément : 15 €/ISBN : 978-2-336-00778-6).
(Coll. Parlons..., 18.00 euros, 182 p.)
ISBN : 978-2-336-00087-9, ISBN EBOOK : 978-2-296-50770-8

PRINCIPE (LE) DE DOUBLE NATIONALITÉ AU CAMEROUN
Tsimi Eric Essono
La loi camerounaise «portant code de la nationalité» est un objet juridique insolite. Promulguée en 1968, cette loi mérite d'être précisée en plusieurs de ses termes. Pour l'auteur, le «code de

la nationalité» de 1968 est assurément l'un des plus permissifs au monde. Cette réflexion s'ouvre sur la nécessité de définir et de construire la nationalité camerounaise et se clôt sur l'inéluctabilité d'une évolution à pas comptés.
(Coll. Harmattan Cameroun, 11.50 euros, 82 p.)
ISBN : 978-2-336-00884-4, ISBN EBOOK : 978-2-296-51152-1

ENSEIGNEMENT TECHNIQUE ET PROFESSIONNEL AU CAMEROUN
Ngo Melha Ernestine Antoinette
Le Cameroun, en tirant les leçons de la crise des années 90, a développé l'enseignement technique et la formation professionnelle ETFP. Comment est organisé ce sous-secteur ? Quelle articulation avec l'enseignement général et le marché de l'emploi ? Après une présentation globale du système éducatif, cet ouvrage décrit le sous-secteur de l'ETFP au Cameroun et la manière dont est organisée la formation des formateurs.
(Coll. Etudes africaines, 10.00 euros, 66 p.)
ISBN : 978-2-336-00183-8, ISBN EBOOK : 978-2-296-51127-9

DOMANIALITÉ PUBLIQUE ET EXPROPRIATION POUR CAUSE D'UTILITÉ PUBLIQUE AU CAMEROUN
Owona Joseph
A l'heure des «grandes réalisations» (ports, barrages, routes, ponts), les questions de domanialité et d'expropriation publique sont devenues d'une brûlante actualité au Cameroun. Ainsi devient-il utile d'avoir un aperçu ou de cerner les notions de domaine public ou privé, d'en maîtriser la constitution, la structure et les modes de gestion. Voici un outil de vulgarisation des connaissances élémentaires pour les étudiants et candidats aux concours administratifs.
(Coll. Droits africains et malgache, 14.00 euros, 132 p.)
ISBN : 978-2-336-00124-1, ISBN EBOOK : 978-2-296-51181-1

APPROCHE MÉTHODOLOGIQUE DU DROIT CONSTITUTIONNEL
Travaux dirigés et concours administratifs
Bilong Salomon - Préface de Célestin Tchapnga Keutcha
Ce livre a vocation de rendre accessibles à tous des savoirs essentiels et parfois confisqués : la maîtrise des notions de base de droit constitutionnel dans son ensemble et l'idée que les sciences de la communication pénètrent la science juridique, à travers la méthode, le langage et les techniques d'argumentation.
(Coll. Harmattan Cameroun, 28.00 euros, 274 p.)
ISBN : 978-2-336-00108-1, ISBN EBOOK : 978-2-296-51162-0

PLAIDOYER POUR UN CAMEROUN SANS CORRUPTION
Nguini Charles - Préface de Mamy Raboanarijaona
Ce livre constitue un outil indispensable à la compréhension de la lutte contre la corruption au Cameroun. Il en présente le paysage juridique et institutionnel, en traitant de l'état du droit positif en la matière, des organes et des instruments de lutte contre la corruption, et du rôle des conventions anticorruption applicables au Cameroun.
(Coll. Harmattan Cameroun, 24.50 euros, 236 p.)
ISBN : 978-2-336-00118-0, ISBN EBOOK : 978-2-296-50938-2

FLEUVE (LE) NYONG FACE AUX MENACES ÉCOLOGIQUES, NATURELLES ET INDUSTRIELLES
Ateba A Valentin
Le fleuve Nyong arrose une bonne partie du plateau sud-camerounais. Long de 640 km, il nourrit environ 4 millions d'individus. Aux richesses variées et jadis abondantes, le Nyong est aujourd'hui en voie de subir une catastrophe écologique sans précédent. Ce fleuve est, depuis plusieurs années, le siège d'une série d'agressions (surpêche, feux de brousse, déforestation, érosion des berges, envasement, pollutions diverses...), qui affectent son milieu de vie et détruisent sa biodiversité.
(Coll. Harmattan Cameroun, 11.50 euros, 90 p.)
ISBN : 978-2-336-00099-2, ISBN EBOOK : 978-2-296-50825-5

PROBLÉMATIQUE (LA) DE LA RETRAITE SOUS LES TROPIQUES
Mani Pascal - Préface de Bruno Bekolo-Ebe - Postface de Robert Evola
Le développement du niveau de vie, des sciences médicales et des technologies de pointe va permettre d'avoir de plus en plus de vieilles personnes à charge en Afrique : comment les pouvoirs publics s'emploient-ils à gérer ce phénomène ? La prise de conscience individuelle face au risque de la vieillesse n'est-elle pas le premier pas vers la préparation de la retraite ? Cet ouvrage s'emploie à tirer la sonnette d'alarme pour que la retraite ne soit plus une mort annoncée.
(Coll. Harmattan Cameroun, 19.00 euros, 194 p.)
ISBN : 978-2-336-00097-8, ISBN EBOOK : 978-2-296-50823-1

BILINGUISME OFFICIEL AU CAMEROUN
Étude linguistique et sociolinguistique
Echu George
Ce livre fait une description linguistique et sociolinguistique du bilinguisme officiel au Cameroun. Après en avoir fait l'historique, l'auteur se penche sur les modalités d'application de la politique du bilinguisme dans les différents domaines où elle se manifeste : les dispositions juridiques et institutionnelles, l'éducation, la traduction et l'interprétation, la politique, l'administration, les médias, les activités économiques et le secteur socioculturel.
(Coll. Harmattan Cameroun, 28.00 euros, 272 p.)
ISBN : 978-2-336-00121-0, ISBN EBOOK : 978-2-296-50963-4

PRODUCTION (LA) LITTÉRAIRE CAMEROUNAISE
Théâtre, roman, cinéma
Randall Laurence
Dans le cadre des études postcoloniales francophones, cet ouvrage examine la société camerounaise par le prisme de sa production culturelle dans les domaines du théâtre, du roman et du cinéma. Il analyse la représentation des tendances actuelles de la société entre les pôles tradition et modernité, à partir d'une sélection d'oeuvres camerounaises.
(Coll. Etudes africaines, 37.50 euros, 368 p.)
ISBN : 978-2-336-00110-4, ISBN EBOOK : 978-2-296-50880-4

DIDACTICA PRACTICA – Cuadernos pedagogicos
Youadjeu Christian Tiako - Prefacio de Dieudonné Emmanuel Sol Tjock
Didactica practica pretende ser un auxiliar eficaz para profesores de Espanol Lengua Extranjera. El primero segmento precisa los contenidos necesarios en el proceso ensenanza apredizaje del espanol en varia areas de conocimiento en conformidad con el programa oficial. En el segundo segmento, viene operada una organizacion y secuensiacion de los contenidos para propiciar una explotacion ordenada. El ultimo segmento indica como se opera de modo inductivo, el proceso ensenanza aprendizake de algunas nociones selecionadas como muestras, en un contexto de clase.
(Coll. Harmattan Cameroun, 23.00 euros, 224 p.)
ISBN : 978-2-336-00113-5, ISBN EBOOK : 978-2-296-50921-4

UNE BELLE PAGE DE L'HISTOIRE DES LÔG BAKÖP DU CAMEROUN
Psychanalyse d'un peuple
Mounyemb-Tenwo Simon-Florent
Cet ouvrage est un travail de mémoire qui revisite l'histoire des peuples de l'Afrique subsaharienne. Il explore de nouvelles pistes sur l'origine de l'ensemble ethnolinguistique Basaa et suggère que les Basaa ne sont pas un peuple, mais un ensemble de peuples dont certains ont accédé à une organisation sociale de type monarchique comme le peuple Lôg Bakôp.
(Coll. Points de vue, 25.50 euros, 246 p.)
ISBN : 978-2-336-00138-8, ISBN EBOOK : 978-2-296-50678-7

L'HARMATTAN, ITALIA
Via Degli Artisti 15; 10124 Torino

L'HARMATTAN HONGRIE
Könyvesbolt ; Kossuth L. u. 14-16
1053 Budapest

ESPACE L'HARMATTAN KINSHASA
Faculté des Sciences sociales,
politiques et administratives
BP243, KIN XI
Université de Kinshasa

L'HARMATTAN CONGO
67, av. E. P. Lumumba
Bât. – Congo Pharmacie (Bib. Nat.)
BP2874 Brazzaville
harmattan.congo@yahoo.fr

L'HARMATTAN GUINÉE
Almamya Rue KA 028, en face du restaurant Le Cèdre
OKB agency BP 3470 Conakry
(00224) 60 20 85 08
harmattanguinee@yahoo.fr

L'HARMATTAN CAMEROUN
BP 11486
Face à la SNI, immeuble Don Bosco
Yaoundé
(00237) 99 76 61 66
harmattancam@yahoo.fr

L'HARMATTAN CÔTE D'IVOIRE
Résidence Karl / cité des arts
Abidjan-Cocody 03 BP 1588 Abidjan 03
(00225) 05 77 87 31
etien_nda@yahoo.fr

L'HARMATTAN MAURITANIE
Espace El Kettab du livre francophone
N° 472 avenue du Palais des Congrès
BP 316 Nouakchott
(00222) 63 25 980

L'HARMATTAN SÉNÉGAL
« Villa Rose », rue de Diourbel X G, Point E
BP 45034 Dakar FANN
(00221) 33 825 98 58 / 77 242 25 08
senharmattan@gmail.com

L'HARMATTAN TOGO
1771, Bd du 13 janvier
BP 414 Lomé
Tél : 00 228 2201792
gerry@taama.net

603931 - Avril 2015
Achevé d'imprimer par

1livre.com
du rêve à la réalité !

www.ingramcontent.com/pod-product-compliance
Lightning Source LLC
LaVergne TN
LVHW011312061026
849535LV00005B/1516
* 9 7 8 2 3 3 6 0 0 9 2 5 4 *